Heli P.

DAVID FILKIN

STEPHEN HAWKINGS UNIVERSUM

WILHELM HEYNE VERLAG
MÜNCHEN

HEYNE SACHBUCH
19/731

Titel der englischen Originalausgabe:
STEPHEN HAWKINGS UNIVERSE
Erschienen 1997 bei BBC Books, London

Für die hellsten Sterne in meinem Universum:
Neil, Jonathan und Matthew.

Die Abbildung auf Seite 2 zeigt den Orionnebel durch ein optisches Teleskop betrachtet. Ein Bild, das die geheimnisvolle Schönheit des Universums nachdrücklich unterstreicht.

Taschenbucherstausgabe 10/2000
Copyright © 1997 by David Filkin
Copyright © der deutschsprachigen Ausgabe 1999
by Wilhelm Heyne Verlag GmbH & Co. KG, München,
by arrangement with BBC Worldwide Limited
Aus dem Englischen von Hainer Kober
Umschlagillustrationen: Science Photo Library und Manni Mason's Pictures
Umschlaggestaltung: Hauptmann & Kampa Werbeagentur, CH-Zug
http://www.heyne.de
Printed in Great Britain 2000
Satz: Leingärtner, Nabburg
Druck und Verarbeitung: Butler & Tanner Ltd., Großbritannien

ISBN 3-453-17268-X

INHALT

Danksagung 6

Vorwort 9

Einleitung **DER STEUERMANN** 11

Kapitel 1 **SONNE, HIMMEL UND INSPIRATION** 19

Kapitel 2 **CHRISTLICHE STOLPERSTEINE** 35

Kapitel 3 **DAS LICHT WIRD SICHTBAR** 57

Kapitel 4 **AM ANFANG ...** 79

Kapitel 5 **RELIKTE, SINGULARITÄTEN UND KLEINE UNREGELMÄSSIGKEITEN** 95

Kapitel 6 **MATERIE UND ATOME** 113

Kapitel 7 **DIE GRUNDLEGENDE ENERGIE** 131

Kapitel 8 **SUCHE IN DER DUNKELHEIT** 153

Kapitel 9 **EXOTISCHE EXKURSIONEN** 167

Kapitel 10 **AUSSERIRDISCHE INTELLIGENZ UND RÄTSELHAFTE QUASARE** 181

Kapitel 11 **AUF DER SUCHE NACH SCHWARZEN LÖCHERN** 197

Kapitel 12 **KOSMISCHES WACHSTUM** 215

Kapitel 13 **STRINGS ODER DIE FUNDAMENTALE EBENE** 229

Kapitel 14 **STEPHEN HAWKINGS UNIVERSUM** 243

Register 253

DANKSAGUNG

Reichlich anmaßend, ja geradezu absurd wäre es, wollte ich behaupten, ich hätte auf mich allein gestellt und ohne fremde Hilfe versuchen können, ein vollständiges Bild des Universums zu entwerfen – gar nicht zu reden von einer einleuchtenden und allgemeinverständlichen Erklärung. Dazu wußte ich anfangs viel zuwenig über so exotische Begriffe wie *weiße Zwerge*, *Urknall* und *Schwarze Löcher*. Ich hatte sogar – ich muß es gestehen – den höchst ketzerischen Verdacht, daß es sich dabei um die bizarren Ausgeburten einer allzu regen wissenschaftlichen Phantasie handeln könnte und nicht um wichtige Teile eines wissenschaftlichen Puzzles. Doch ich empfand das leidenschaftliche Verlangen, mehr zu erfahren, und besaß die Überzeugung, daß es Millionen von anderen Menschen ebenso ging. Also bemühte ich mich um die Unterstützung eines Mannes, den ich während meiner Studienzeit Anfang der sechziger Jahre kennengelernt hatte – Stephen Hawking. Auf der Basis seines Buches *Eine kurze Geschichte der Zeit* wollte ich eine Fernsehserie drehen und anschließend ein Buch schreiben. Der beispiellose Erfolg von Stephens Bestseller hatte gezeigt, daß es weltweit ein ungeheures Interesse für die Kosmologie gibt, wenn auch viele seiner Leser verzagt eingestehen mußten, daß sie nicht alles verstanden hatten. Daher war ich überzeugt davon, daß mein Projekt durchaus mit Resonanz rechnen konnte.

Zu großem Dank bin ich Michael Jackson, dem damaligen Intendanten von BBC 2, verpflichtet, der mir zutraute, einen Weg durch das Labyrinth der modernen Physik zu finden und die sechs Beiträge für die geplante Dokumentation zusammenzustellen. Mit der geduldigen Hilfe von Simon Singh, der im Gegensatz zu mir über solide naturwissenschaftliche Kenntnisse verfügte, verfaßte ich ein Konzept, mit dem ich mich auf die Suche nach Koproduzenten und Geldgebern machte. Brian Whitt, ein Kollege von Stephen Hawking, der bei der Niederschrift der *Kurzen Geschichte der Zeit* eng mit Stephen zusammengearbeitet hatte, half mir in stundenlanger Arbeit dabei, das Konzept zu präzisieren, bevor es in Druck ging. Michael Attwell, damals Leiter der Abteilung Dokumentation bei der BBC, und Bill Grant in New York ließen sich davon überzeugen und zu der Zusage bewegen, daß sich BBC und WNET in den Vereinigten Staaten an der Produktion beteiligen würden. Ihnen allen bin ich zu Dank verpflichtet. Ohne ihr Vertrauen und ihren Zuspruch hätte ich das Projekt nie in Angriff nehmen können.

DANKSAGUNG

Patrick Uden, William Miller und Mary Phelbs stellten mir bei Uden Associates die Büroräume zur Verfügung, die ich für die Produktion der Reihe brauchte. Wir gewannen ein hochqualifiziertes Produktionsteam für unsere Arbeit. Zu ihm gehörten Philip Martin, Steve Davis, Joanna Haywood, Dan Gluckman, Kate Cox, Jessica Whitehead und Katie Gwyn, die die Fakten zusammenstellten und ihnen jenen magischen Hintergrund verliehen, der aus soliden Daten informative Unterhaltung macht. Ohne sie hätte ich die Fernsehdokumentation nicht produzieren können und wahrscheinlich nicht genug Kenntnisse erworben, um das Buch in Angriff zu nehmen. Ich kann ihnen nicht genug danken.

In diesem Zusammenhang dürfen auch Sue Masey und all die anderen Menschen nicht unerwähnt bleiben, die mit Stephen Hawking zusammenarbeiten. Wann immer ich mich mit Fragen und Bitten an sie wandte, haben sie mir prompt, ausführlich und auf freundlichste Weise geantwortet. Doch an erster Stelle ist natürlich Stephen selbst zu nennen, der sein Licht so gerne unter den Scheffel stellt. Ich hatte ihm einige Absätze mit der Bitte geschickt, sie zu korrigieren und zu ergänzen. Unter anderem hatte ich geschrieben: »... Stephen Hawking, der als eine der maßgeblichen Autoritäten auf dem Gebiet der Schwarzen Löcher gilt.« Als ich die eng beschriebenen Seiten zurückbekam, hatte Sue Masey in ihrer gut leserlichen Handschrift Stephens Anmerkungen am Rande notiert. Die zitierte Stelle war säuberlich durchgestrichen, und statt dessen stand dort zu lesen: »... Stephen Hawking, der zur Erforschung der Schwarzen Löcher beigetragen hat.«

Mag Stephen seinem wissenschaftlichen Rang auch noch so wenig Bedeutung beimessen, für mich steht fest, daß er meine wichtigste Inspirationsquelle war. Ich finde keine angemessenen Worte für meinen Dank.

VORWORT

1994 unterbreitete mir David Filkin den Vorschlag zu einer mehrteiligen Fernsehdokumentation, die sich an meinem Buch *Eine kurze Geschichte der Zeit* orientieren sollte. Ich war begeistert von der Idee. Zwar war bereits ein Film mit demselben Titel wie das Buch gedreht worden, doch so gut er auch war, er hatte eine Fülle biographischen Materials enthalten und nicht die Möglichkeit gehabt, so ausführlich auf die wissenschaftlichen und historischen Hintergründe einzugehen wie eine ganze Serie. Mein Wunsch ist es, so viele Menschen wie möglich an der Freude und dem Staunen teilhaben zu lassen, das ich angesichts unserer Entdeckungen empfinde. Es ist erst wenige tausend Jahre her, seit die Menschen ihr Dasein als Jäger und Sammler aufgaben und seßhaft wurden, um Land zu bestellen. Das führte zur Entwicklung der Schrift und schriftlicher Aufzeichnungen, in denen das Wissen über das Universum um uns herum festgehalten und an die nachfolgenden Generationen weitergegeben werden konnte. Dabei hat sich unser Wissen nicht kontinuierlich entwickelt. Zwar haben die Griechen die Grundlagen gelegt, doch bis zum Ende des 15. Jahrhunderts gab es nur wenige Fortschritte – eher Rückschritte. Seither haben sich unsere Erkenntnisse jedoch in steigendem Tempo erweitert, vor allem im gegenwärtigen Jahrhundert. Wir haben neue Kräfte und die Gesetze, die sie bestimmen, entdeckt. Ferner haben wir herausgefunden, daß das Universum nicht einfach ein passiver Hintergrund ist, vor dem die beobachteten Ereignisse stattfinden, sondern daß es eine eigene Dynamik und Evolution besitzt. Eine unserer größten Entdeckungen war die Erkenntnis, daß es das Universum nicht schon seit ewigen Zeiten gibt, sondern daß es mit dem Urknall einen eindeutig zu bestimmenden Anfang hat, der rund 15 Milliarden Jahre zurückliegt. Ob das Universum eines Tages in einem Großen Endkollaps enden wird, wissen wir noch nicht genau, aber wir können mit Sicherheit sagen, daß bis dahin noch einmal mindestens 15 Milliarden Jahre vergehen werden. Um den Anfang und das mögliche Ende des Universums zu verstehen, müssen wir Einsteins allgemeine Relativitätstheorie mit der Unschärferelation der Quantenmechanik vereinigen. Zwar machen wir dabei bemerkenswerte Fortschritte, aber die Natur ist raffiniert und hält fortwährend neue Überraschungen für uns bereit. Das endgültige Ziel einer vollständigen und vereinheitlichten Theorie ist möglicherweise zum Greifen nahe, könnte aber auch außerhalb unserer Reichweite liegen.

Stephen Hawking, Cambridge 1997

EINLEITUNG

DER STEUER-MANN

Sirius, der hellste Stern am Nachthimmel. Eine wichtige Orientierungshilfe für Seefahrer und Reisende.

DER STEUERMANN

Wir hatten uns an ungewohntem Ort zusammengefunden. Acht Mitglieder der Rugbymannschaft des University College in Oxford, unter ihnen auch ich, standen mit etwas gemischten Gefühlen auf dem schönen alten Collegekahn und warteten auf ihren ersten Einsatz im Ruderachter – ein bunt gemischtes Häufchen mit höchst unterschiedlichen körperlichen Voraussetzungen, die einen hoch aufgeschossen und schlaksig, die anderen athletisch und durchtrainiert, je nachdem, an welchen Positionen wir in der Rugbymannschaft eingesetzt wurden. Unsere einzige Gemeinsamkeit waren die blaugoldenen Trikots und die Überzeugung, daß uns irgend jemand schon zu einem siegreichen Ruderteam zusammenschweißen würde.

Bald merkte ich, daß wir nicht alleine waren. Neben unserer Gruppe stand ein Junge, der sich deutlich von uns unterschied: Er war sehr viel kleiner, trug kein Rugbytrikot, sondern einen Blazer, eine große dunkle Hornbrille und auf dem Kopf eine nagelneue »Kreissäge«.

»Wer ist das denn?« fragte ich meinen Nachbarn flüsternd.

»Hawking. Stephen Hawking«, flüsterte er zurück. »Unser Steuermann.«

»Ein ziemlicher Lackaffe«, meinte ein anderer, »aber ein verdammt heller Kopf. Physik im zweiten Jahr.«

Unklar erinnerte ich mich, den Strohhut schon auf dem Collegehof gesehen und Stephens Stimme im Speisesaal gehört zu haben. Viel mehr wußte ich nicht von ihm. Und ich sollte während unserer gemeinsamen Ruderzeit auch nicht mehr über ihn erfahren. Es saß am einen Ende des Bootes, ich am anderen, und viel Zeit zum Reden hatten wir ohnehin nicht. Drei Trainingsfahrten blieben uns bis zum Rennen, und in dieser Zeit mußten wir uns alles aneignen. Ich habe vergessen, wer uns trainierte, es spielt auch keine Rolle. Unser Trainer gab sich jedenfalls große Mühe, uns die Philosophie des Ruderns zu vermitteln, aber ich glaube, er und wir anderen machten uns keine Illusionen – wir würden es nicht sehr weit bringen. Nur Stephen sah die Sache anders. Er saß am Steuer, brüllte seine Befehle und schien von jedem Höchstleistungen zu erwarten. Irgendwie vermittelte er uns bis zum Tag unseres ersten Rennens das Gefühl, wir wären gar nicht so chancenlos, wie wir gedacht hatten.

Auf dem schmalen Flußabschnitt, wo in Oxford die Ruderrennen ausgetragen werden, haben die Boote keinen Platz, sich auf eigenen Bahnen Seite an Seite zu messen. Daher finden sogenannte *Bumping Races* statt: Jedes Boot jagt das vor ihm gestartete und wird seinerseits von dem Boot hinter sich gejagt. Sobald ein Boot das vor ihm liegende eingeholt hat, muß der Steuermann durch geschicktes Navigieren für eine Berührung der beiden Boote sorgen, so daß seine Mannschaft einen *Bump*, eine Kollision, verzeichnen kann. Daraufhin rudern beide Teams ans Ufer; mit der Kollision ist das Rennen für sie zu Ende. Am nächsten Renntag tauschen die beiden Boote

DER STEUERMANN

die Plätze in der Startfolge. An vier Renntagen kann also eine Mannschaft, die sich wacker schlägt, vier Plätze gutmachen.

Aus dem Vorjahr übernahmen wir als Rugby-Achter des University College einen Startplatz ziemlich weit hinten. Vom Startschuß an verlangte Stephen uns ein mörderisches Tempo ab. Dadurch blieben wir eine Zeitlang klar außer Reichweite der Mannschaft hinter uns, aber es gelang uns nicht, das Team vor uns einzuholen, das sich rasch an das nächste Boot herangearbeitet und es berührt hatte. Nun trieb uns Stephen noch verbissener an, wobei er unser Boot gleichzeitig so geschickt steuerte,

daß unseren Verfolgern keine Kollision gelang. Plötzlich verlangsamte es die Fahrt: Es war von dem hinter ihm fahrenden Boot gerammt worden.

Ein triumphierender Klang mischte sich in Stephens Anfeuerungsschreie. Er wußte, daß uns nun kein Boot mehr erwischen konnte. Erst allmählich wurde uns anderen klar, was das bedeutete: Wir mußten die ganze Länge der Rennstrecke rudern. Es würde keine Berührung mit einem anderen Boot geben, die uns aller Mühe enthoben und es uns gestattet hätte, ans Ufer zu rudern und die Hände in den

Der »Rugby-Achter« des University College, Oxford, 1962: David Filkin ist der zweite von links, Stephen Hawking – unverkennbar mit »Kreissäge« und Blazer – der Steuermann.

DER STEUERMANN

Schoß zu legen. Im Gedanken an den langen Weg, der noch vor uns lag, versuchten wir, es etwas ruhiger angehen zu lassen. Doch wir hatten unsere Rechnung ohne Stephen gemacht. Unerbittlich trieb er uns mit seinen Rufen an, bis wir hinter der Ziellinie erschöpft zusammensackten. Damit stand fest, daß wir am nächsten Tag aus derselben Position starten würden – mit der Aussicht, die ganze Strapaze erneut auf uns nehmen zu müssen.

Doch wir lernten rasch. Um nicht wieder das ganze Rennen von Anfang bis Ende rudern zu müssen, richteten wir es an den folgenden drei Tagen so ein, daß wir gleich zu Anfang gerammt wurden. Ich glaube, beim Anblick von Stephen, der sich so hingebungsvoll für unsere Sache einsetzte, empfand ich vage Schuldgefühle, aber sie verloren sich rasch in der Umtriebigkeit des Studentenlebens. Genauso erging es meiner Bekanntschaft mit Stephen Hawking. Doch vergessen habe ich ihn nicht – den jungen Mann mit Strohhut, Hornbrille und dem eisernen Willen, sich durchzusetzen, egal, worum es ging.

Eigentlich sprach nichts für eine erneute Begegnung mit ihm. Nach dem Studium fing ich als Volontär bei der BBC an und erlernte das Fernsehgeschäft. Von Stephen wußte ich lediglich, daß er nach Cambridge gegangen war, um dort in theoretischer Physik zu promovieren. Von Zeit zu Zeit erfuhr ich etwas über ihn, leider auch, daß er an amyotropher Lateralsklerose erkrankt war. Sicherlich wird er bald gewußt haben, daß ihm ein progressiver Verlust der Muskelkontrolle bevorstand – niederschmetternde Aussichten, mit denen sich wohl niemand so ohne weiteres abfinden kann. Aber Stephens eiserner Wille und seine Entschlossenheit, unter keinen Umständen aufzugeben, halfen ihm auch über diesen schrecklichen Schicksalsschlag hinweg. Er soll einmal gesagt haben, in gewisser Hinsicht habe sich seine Krankheit als Glücksfall für ihn erwiesen, denn sie habe ihn gezwungen, sich auf die eingeschränkten Möglichkeiten zu konzentrieren, die ihm das Leben noch lasse. Ihm war klar, daß er sich fortan auf die geistigen statt auf die körperlichen Aufgaben des Lebens würde konzentrieren müssen.

Den meisten Lesern dürfte bekannt sein, wie bewundernswert Stephen mit den furchtbaren Folgen seiner Krankheit fertig wird. Er sah sich gezwungen, sein Leben im Rollstuhl zu verbringen, verlor nach einem Luftröhrenschnitt auch die Stimme. Doch das nahm seinem Denken nichts von seiner brillanten Schärfe. Mit Hilfe eines Computers und eines Sprachsynthesizers, die auf seinen Rollstuhl montiert sind, vermag er den Pflichten seines akademischen Amtes noch immer nachzukommen. Mit winzigen Bewegungen eines Fingers und eines Daumens auf einem Touchpad kann er einen Curser auf dem Bildschirm steuern und so aus einer speziell für ihn entwickelten Datenbank häufig verwendete Wörter und Redewendungen auswählen. Auf diese Weise stellt er auf seinem Computer jeden beliebigen Text zusammen – die Scherze, die von seinem trockenen Humor zeugen, ebenso wie seine Vorlesungen und ganze Bücher. Wenn er sprechen möchte, aktiviert er den Sprachsyntheziser, der dann artikuliert, was er zuvor geschrieben hat.

Man sollte meinen, das müsse eine ziemlich unpersönliche Sprechweise zur Folge haben. Ganz und gar nicht – Stephen beherrscht die sterile Monotonie des Computers inzwischen so perfekt, daß er in solchen Gesprächen durchaus einen Eindruck von seiner Persönlichkeit vermittelt. Um Zeit zu sparen, spricht er in sehr kurzen Sätzen und kommt sofort zur Sache. Das mag zunächst den Anschein erwecken, als wäre er ungeduldig oder desinteressiert, doch sehr rasch bemerken Sie an einer liebenswürdigen Bemerkung hier, einer scharfsinnigen Äußerung dort, daß sein hochtrainierter Verstand eben alles sofort auf den Punkt bringt. Und dann gibt es da noch seinen ausgeprägten Sinn für Humor. Einmal wurde Stephen einem handverlesenen Publikum am Massachusetts Institute of Technology vorgestellt. Der Dekan hatte seine Verdienste vor dem gelehrten Auditorium in Tönen höchsten Lobes herausgestrichen. Auf ein Zeichen hin fuhr Stephen auf die Bühne und manövrierte seinen Rollstuhl geschickt in die vorgesehene Position, während sich das Publikum erhob und ihn mit Standing ovations begrüßte. Schließlich verklang der Applaus, und es entstand eine kleine Pause, in der die Zuhörer gespannt auf Stephens erste, bedeutungsschwere Worte warteten. Mit seinem untrüglichen Sinn für den richtigen Zeitpunkt schaltete er den in den Vereinigten Staaten hergestellten Sprachsynthesizer ein. Keine zehn Wörter brauchte Stephen, um die Herzen und hochintelligenten Hirne seiner Zuhörer für sich zu gewinnen. »Guten Morgen«, sagte er, »ich hoffe, Ihnen gefällt mein amerikanischer Akzent.«

Zunächst ist man natürlich beeindruckt von der Entschlossenheit, mit der sich Stephen über alle körperlichen Einschränkungen hinwegsetzt. Dabei reichen seine wissenschaftlichen Leistungen wahrlich aus, um uns höchste Bewunderung abzuverlangen – ungeachtet aller Behinderungen, die ihn beeinträchtigen. Als Lucasischer Professor für Mathematik an der Cambridge University reiht er sich in eine lange Folge herausragender Vertreter des Geisteslebens ein, von denen mindestens zwei – Sir Isaac Newton und Paul Dirac – in diesem Buch, wie in jeder Geschichte der Physik oder Kosmologie, eine Rolle spielen werden. Wie sie hat Stephen wissenschaftliche Leistungen vorzuweisen, die ihm einen Platz in der Geschichte sichern. Doch im Gegensatz zu vielen anderen, die sich auf einem Feld ausgezeichnet haben, das für Laien besonders schwer zugänglich ist, war Stephen entschlossen, die Kosmologie einem breiten Publikum nahezubringen. Deshalb entschloß er sich, in der *Kurzen Geschichte der Zeit* ganz auf die komplizierte Sprache der Mathematik zu verzichten, die man sonst für unentbehrlich hält, um das Universum zu beschreiben. In der Einleitung berichtet er, man habe ihm gesagt, daß er mit jeder mathematischen Gleichung, die er in den Text aufnehme, die Hälfte seiner Leser verlieren werde. Daher gestattete er sich nur eine einzige Gleichung (Einsteins $E = mc^2$) und äußerte

STEPHEN HAWKINGS UNIVERSUM

DER STEUERMANN

die – nicht ganz ernst gemeinte – Besorgnis, daß er damit den Absatz seines Buches möglicherweise bereits um 50 Prozent reduziert habe.

Seine Sorge erwies sich als unbegründet. Das Buch feierte sensationelle Erfolge. Weltweit stand es jahrelang auf Platz 1 der Bestsellerlisten. Das Fernsehen widmete dem faszinierenden Autor zwei oder drei Dokumentationen, ohne sich indessen genauer mit den wissenschaftlichen Inhalten auseinanderzusetzen. Als damaliger Leiter der Abteilung Wissenschaft und Film des BBC-Fernsehens war ich gerade auf der Suche nach einem neuen Projekt. Deshalb entschloß ich mich, Stephen aufzusuchen – 30 Jahre nachdem wir in Oxford gemeinsam im Ruderboot gesessen hatten.

Stephen Hawking wird *Fellow* am Gonville and Caius College in Cambridge. Eine frühe Version seines Sprachsynthesizers ist vorne auf seinen Rollstuhl montiert.

Etwas unbehaglich war mir schon zumute, als ich das unscheinbare Gebäude in Cambridge betrat, in dem sein Fachbereich untergebracht ist. Immerhin war Stephen bei unserer letzten Begegnung körperlich völlig unbeeinträchtigt gewesen. Ich wußte nicht genau, was mich erwartete. Doch die Sorge war gänzlich unbegründet. Stephen nahm mir sofort alle Befangenheit, indem er mich aufforderte, mich rechts neben ihn zu setzen und ihm über die Schulter zu blicken, während er eintippte, was er mir mitzuteilen hatte. In unserem Zweiergespräch ging das schneller, als wenn ich immer abgewartet hätte, bis der Sprachsynthesizer wiederholte, was Stephen geschrieben hatte. Manchmal erfaßte ich den Sinn dessen, was er tippte, bevor der Satz fertig war, und konnte der Versuchung nicht widerstehen, zu reagieren oder nachzuhaken, wenn ich meinte, daß er sich mit einem meiner Vorschläge einverstanden erklärte. Stephen ging sehr souverän mit meiner Ungeduld um. Außerdem hatte er einen Trick auf Lager, wenn es ihm zuviel wurde. Wollte er seinen Satz beenden, ohne von meiner vorschnellen Antwort unterbrochen zu werden, aktivierte er einfach seinen Sprachsynthesizer, der dann ein rasches, keinen Widerspruch duldendes »Ja« ertönen ließ, das jedesmal seine Wirkung tat.

Am Ende dieser ersten geschäftlichen Besprechung hatte Stephen mir unmißverständlich klargemacht, daß er an keiner Fernsehsendung mehr teilnehmen werde, die nach der sattsam bekannten Melodie »überragender Verstand in verkrüppeltem Körper« geplant sei. Interessiert sei er nur für den Fall, daß wissenschaftliche Inhalte im Vordergrund stünden. Ich erklärte mich einverstanden und meinte, man werde wohl nicht eine, sondern sechs Sendungen benötigen, um den Zuschauern die komplizierten Verhältnisse unseres Universums langsam und verständlich vor Augen zu führen. Doch wie sollte man diese Sendungen präsentieren?

Rasch nahm mich die Aufgabe gefangen. Skizzen für Stephen zu schreiben war sehr viel interessanter, als schwierige administrative Entscheidungen in der ausufernden Bürokratie der BBC zu treffen. Schon nach kurzer Zeit war mir klargeworden, daß ich wieder aus der Verwaltung in die Produktion wollte. Genauer: Diese Herausforderung begann mich so zu faszinieren, daß ich nicht bereit war, das Projekt jemand anders zu überlassen. Ich wollte es unbedingt selbst realisieren.

Der Reiz, diese scheinbar einfachen, aber ungeheuer weitreichenden und fundamentalen Fragen zu stellen, erwies sich als unwiderstehlich – Fragen wie: Warum sind wir hier? Wie ist das Universum beschaffen? Wie hat alles angefangen? Wie wird es enden? Entdeckte ich die Antwort auf eine Frage, warf sie sofort mehrere andere auf. Häufig waren die Antworten überraschend oder völlig unfaßbar. Und statt Klärung zu bringen, schienen sie alles nur noch komplizierter zu machen. Um Schwarze Löcher und Zeitkrümmungen zu begreifen, mußte ich Gravitation und Quantenmechanik verstehen, die mindestens genauso rätselhaft waren. Es war, als schälte ich eine Zwiebel. Jedesmal, wenn ich eine Wahrheit entdeckte, galt es, drei andere zu suchen. Die Schichten der Zwiebel schienen kein Ende zu nehmen.

Schließlich dämmerte es mir: Ich mußte in der Mitte der Zwiebel und nicht an ihrer Außenseite beginnen. Wenn ich überhaupt nichts über das Universum gewußt hätte, wie hätte ich dann begonnen, seine Geheimnisse zu entdecken? Schließlich müssen doch alle unsere Erkenntnisse an irgendeinem Punkt ihren Anfang genommen und Schritt für Schritt zu der komplexen mathematischen Theorie des Kosmos geführt haben, die heute unsere Vorstellungen bestimmt. Wenn eine Laie wie ich diese Schritte nachvollzog, mußte sich am Ende alles ins Bild fügen.

Je mehr ich mich mit diesem Gedanken vertraut machte, desto einleuchtender erschien er mir. Jetzt wußte ich, wie ich vorzugehen hatte. Nachdem Stephen sich einverstanden erklärt und die BBC meiner frühzeitigen Pensionierung zugestimmt hatte, um mir die Produktion der Sendungen und die Niederschrift des Buches zu ermöglichen, fügte sich in der Tat alles ins Bild. Wir hatten eine Strecke, der wir folgen wollten, und ein Boot, das wir rudern konnten. Wieder wagte ich mich unter Stephens kundiger Führung am Steuer als völliger Neuling auf den Fluß hinaus. Nur war ich diesmal entschlossen, bis zum Ende durchzuhalten, egal wie lange es dauerte und wie anstrengend das Rennen werden würde.

KAPITEL I

SONNE, HIMMEL UND INSPIRATION

Der Natur standen spektakuläre Mittel zur Verfügung, um unsere Vorfahren davon zu überzeugen, daß das Universum einer Kraft unterworfen war, die sich ihrem Verständnis entzog. Dieser Blitz ist tausendmal so energiereich wie der stärkste elektrische Strom, den wir im Haushalt benutzen.

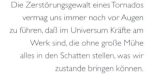

STEPHEN HAWKINGS UNIVERSUM

SONNE, HIMMEL UND INSPIRATION

Stephen Hawkings Modell des Universum ist, wie er als erster einräumen würde, nicht von ihm selbst entwickelt worden. So, wie es sich heute präsentiert, ist es das letzte Glied in einer langen Kette geduldiger wissenschaftlicher Beobachtungen und Experimente. Nach und nach entstand auf diese Weise ein Bild all dessen, was in einer befriedigenden Beschreibung des Universums erklärt werden muß. Jahrhundertelang haben sich die klügsten Köpfe mit diesen Problemen herumgeschlagen und mußten immer wieder feststellen, daß jede Erkenntnis, die sie aus ihren verblüffenden Daten gewannen, nur neue und größere Probleme aufwarf. Diese Detektivgeschichte, die das Leben selbst – oder die Natur – geschrieben hatte, offenbarte nach und nach ein Universum, das mit einem Urknall begonnen hat und seine Existenz möglicherweise in einem Großen Endkollaps beschließen wird. Schwarze Löcher und weiße Zwerge treten darin auf, Wurmlöcher, Wimps und Machos. Die Geschichte ist so ungewöhnlich, daß kein Romanautor sie seinen Lesern zumuten würde.

Um Stephen Hawkings Universum zu verstehen, müssen wir zu den ersten Anfängen der Kosmologie zurückkehren, lange bevor Stephen selbst auf der Bild-

Die Zerstörungsgewalt eines Tornados vermag uns immer noch vor Augen zu führen, daß im Universum Kräfte am Werk sind, die ohne große Mühe alles in den Schatten stellen, was wir zustande bringen können.

SONNE, HIMMEL UND INSPIRATION

fläche erschien, um sich in die lange Kette jener Maler einzureihen, unter deren Pinselstrichen ganz allmählich das heutige Bild des Universums entstand.

Der Schildkrötenturm

Wer entwarf die erste Skizze, und wo geschah das? Einige meinen, es sei ein Chinese gewesen. Andere schreiben sie den Babyloniern zu, deren Nachkommen heute im Irak leben. Niemand weiß genau, wer als erster eine wissenschaftliche Erklärung des Universums versucht hat. In jedem Fall hängt es davon ab, was man unter »wissenschaftlich« versteht. Offenbar glaubten die Babylonier, das Universum sei ein riesiger Berg, der sich aus dem Meer erhebe und über sich das Himmelsgewölbe trage. Jeden Tag betrete die Sonne das Gewölbe durch eine Tür, so sagten sie, und verlasse es durch eine andere. Auf Steinen zeichneten sie Sterne ein und entwickelten daraus astrologische Vorhersagen – nicht unbedingt Methoden, für die Wissenschaftler heute viel Zeit opfern. Doch warum sollte ein Bild des Universums glaubhafter sein als ein anderes? Wie können wir sicher sein, daß wir das Universum besser verstehen und nicht auch irgendwelchen Trugbildern unserer Phantasie erliegen?

SONNE, HIMMEL UND INSPIRATION

Lange Zeit scheint die Menschheit davon ausgegangen zu sein, daß solche Fragen ihre Erkenntnisfähigkeit überstiegen. Unschwer läßt sich ausmalen, was die frühen Höhlenmenschen empfunden haben müssen, wenn inmitten eines tobenden Gewitters Donner und Blitz niedergingen oder wenn sich an den Ufern des scheinbar grenzenlosen Meeres die unbändige Kraft der Wogen brach. Sicherlich waren sie davon überzeugt, daß ihr Verstand die Ursprünge dieser gewaltigen Erscheinungen nicht ergründen konnte und daß ihnen offenbar eine übernatürliche Macht anriet, diesen Kräften aus dem Wege zu gehen und sich den Schutz zunutze zu machen, den ihnen die Erde gewährte. Die ersten schriftlichen Überlieferungen, die Aufschluß über den Alltag und die Glaubenssysteme der frühen Hochkulturen geben, berichten fast ausnahmslos von zahlreichen Göttern und Göttinnen, die sich die Macht über Himmel, Meer und Erde teilten. Noch heute sprechen wir, wenn wir das Erntedankfest feiern, von der »Mutter Erde«, die uns hegt und ernährt.

So war es ganz selbstverständlich, daß man sich alle Abläufe des Universums innerhalb dieser religiösen Sphäre vorstellte. Jede Erklärung der Ursprünge mußte dem Platz des Menschen in dieser Ordnung der Dinge Rechnung tragen und die Rolle der Götter anerkennen – keinesfalls durfte sie in Frage gestellt werden. Unter diesen Einschränkungen wurden die ersten Erklärungen entwickelt. Im Laufe der Jahrhunderte entstanden einige außerordentlich phantasievolle Entwürfe, oft sehr poetisch und mit wunderbaren Details ausgeschmückt, aber kaum so beschaffen, daß man ihnen wissenschaftlichen Charakter zubilligen könnte. In seinem Buch *Eine kurze Geschichte der Zeit* erinnert Stephen Hawking an eines dieser Modelle: Dort ist die Erde eine flache Scheibe, die auf dem Rücken einer Schildkröte ruht, und die Schildkröte steht auf der Spitze eines unendlichen Schildkrötenturms. Wenn Sie nicht zufällig der Religion angehören, die dieses einprägsame Bild erfunden hat – vermutlich ist es in Indien oder nicht weit davon im Fernen Osten entstanden –, dann fragen Sie sich vermutlich, wie man auf eine derartige Idee verfallen kann. Aber ist sie denn wirklich auch nur um ein Jota unglaubwürdiger als das Bild eines Universums, das aus dem vollkommenen Nichts explodiert und zu Milliarden wirbelnder Kreisel expandiert, die Millionen explodierender Feuerbälle enthalten, deren einer von neun Kugeln umkreist wird, von denen eine unsere Erde ist? Und doch ist das genau die Theorie, an die wir heute nach allen Berechnungen der modernen Naturwissenschaft glauben sollen.

Wenn Sie allerdings der Überzeugung sind, daß die Frage, für welches Bild des Universums Sie sich entscheiden, keine Glaubensangelegenheit ist, dann brauchen Sie natürlich Beweise. Das Prinzip ist einfach, die Praxis allerdings, zumindest in der Kosmologie, weitaus schwieriger. Eine Idee oder Theorie gilt erst dann als wissenschaftlich bewiesen, wenn sie so überprüft wurde, daß sich dieser Test beliebig oft wiederholen läßt und das Ergebnis die Theorie immer wieder bestätigt. Falls Sie bei-

SONNE, HIMMEL UND INSPIRATION

spielsweise davon überzeugt sind, daß Druck und Temperatur gemeinsam bestimmen, wann sich Wasser in Dampf verwandelt, dann müssen Sie genügend Experimente durchführen, um zu beweisen, daß sich immer, wenn Sie das eine verändern, auch das andere verändert und daß die Beziehung zwischen Druck und Temperatur stets gleich bleibt. Leider ist es nicht so einfach, Experimente zu ersinnen, mit denen sich die Gültigkeit von kosmologischen Ideen überprüfen läßt. Die Scheibe auf dem Rücken der Schildkröte könnte beispielsweise so groß sein, daß niemand im Laufe einer Lebensspanne von dem kleinen Bereich in ihrer Mitte, wo Menschen leben, zu ihren Rändern gelangen kann. Und selbst wenn es einem kühnen Wissenschaftler gelänge, dorthin zu kommen, wäre er dann in der Lage, mit einem Blick über den Rand zu erkennen, ob sich unter der Schale eine Schildkröte befindet – ganz zu schweigen von einem unendlichen Turm dieser Tiere? So betrachtet, ist es kein Wunder, daß die Phantasie uns mühelos eine Fülle von Ideen geliefert hat, während sich die Wissenschaft lange Zeit an den ungeheuren Dimensionen des Universums die Zähne ausbiß.

Der Tag folgt auf die Nacht

Angesichts dieser Probleme verdienen die Menschen, die sich mit Fug und Recht als die ersten Kosmologen bezeichnen lassen, unsere höchste Bewunderung. Allerdings brauchten sie dem Glauben an ihre Götter nicht abzuschwören, um das Universum zu erklären. Aus den Mustern, die sie beobachteten, brauchten sie nur sorgfältige Schlußfolgerungen zu ziehen. Der Tag folgt immer auf die Nacht, die Sonne vertreibt den Mond und die Sterne, und im großen und ganzen erscheinen die Sterne jede Nacht am gleichen Ort. Als kundige Seefahrer lernten die alten Griechen rasch, sich beim Navigieren an der Position der Sterne zu orientieren. Sie wußten, daß es den Göttern, ungeachtet der schrecklichen Stürme und Fluten, die sie bisweilen schickten, aus irgendeinem Grund gefiel, den Gang des Universums an vorhersagbaren, regelmäßigen Gesetzen auszurichten. Die unersättliche Neugier der Griechen veranlaßte sie, diesen Gesetzen mit ihrer ausgeprägten Beobachtungsgabe auf den Grund zu gehen. Stephen Hawking nennt Aristoteles einen der ersten Kosmologen, doch dessen Akademie war nur eine von vielen Philosophieschulen im antiken Griechenland, die die Geheimnisse der Natur zu ergründen trachteten.

Natürlich begingen sie Fehler – meist allzu verständliche. Nichts fühlte sich so fest und sicher an wie die Erde unter ihren Füßen. Wer es nicht besser wußte, mußte den Eindruck gewinnen, sie befände sich in unerschütterlicher Ruhe. So erschien die babylonische Idee einer unbewegten Erde, die der Himmel wie ein gewölbtes Dach bedecke, nicht nur den Griechen höchst einleuchtend, sondern allen Menschen, die sich im Laufe der nächsten dreitausend Jahre darüber Gedanken machten. Aristoteles hielt die Vorstellung, daß die Erde sich in Ruhe befinde, für ebenso selbstver-

SONNE, HIMMEL UND INSPIRATION

ständlich wie alle seine Zeitgenossen. Aus metaphysischen Gründen nahm er ferner an, daß es nichts Vollkommeneres gebe als die Kreisbewegung. Danach stünde die Erde also im Mittelpunkt, und alle anderen Himmelskörper umkreisen sie. Allerdings konnte Aristoteles keine Methode zur wissenschaftlichen Überprüfung seiner Ideen vorschlagen. Es blieb anderen vorbehalten, aus den wenigen Beobachtungen, die sie mit bloßem Auge vornehmen konnten, wissenschaftliche Beweise für die Beschaffenheit des Universums zu gewinnen.

Stäbe und Schatten

Es heißt, den Griechen sei aufgefallen, daß der Nachthimmel, gleichzeitig von Samos und Alexandria aus betrachtet, dieselben Sterne in der gleichen räumlichen Beziehung zueinander zeige, jedoch in verschiedenen Positionen am Himmel. Wie die Griechen es angestellt haben, Himmelsbilder von Orten zu vergleichen, die so weit auseinanderliegen, ist nicht ganz klar, aber immerhin waren sie große Seefahrer, die auch große Entfernungen ohne Probleme zurücklegten. Es heißt auch, der griechische Mathematiker Eratosthenes habe bemerkt, daß ein in den Boden gesteckter Stab zu verschiedenen Tageszeiten Schatten von unterschiedlicher Länge wirft. Steht die Sonne senkrecht über dem Stab, gibt es praktisch keinen Schatten. Im Morgengrauen oder in der Abenddämmerung, wenn die Sonne sehr tief am Himmel steht, also gerade noch über den Horizont lugt, ist der Schatten am längsten. Von Eratosthenes wird ferner berichtet, er habe es irgendwie geschafft, die Schatten zweier Stäbe von gleicher Länge zur gleichen Tageszeit zu beobachten – der eine war in Assuan, der andere in Alexandria in den Boden gesteckt. Vielleicht hat er die Hilfe eines Freundes in Anspruch genommen, vielleicht ist er zwischen den beiden Orten hin und her gereist und hat die Beobachtungen an verschiedenen Tagen vorgenommen. Wie er es genau bewerkstelligte, spielt keine Rolle. Entscheidend ist, daß die beiden Schatten zur gleichen Tageszeit unterschiedliche Längen aufwiesen.

Daraus zog Eratosthenes eine ganz außergewöhnliche Schlußfolgerung. Bei jedem Stab war sorgfältig darauf geachtet worden, daß er aufrecht stand, das heißt, einen rechten Winkel zur Erdoberfläche bildete. Wenn die Erde also flach sei, meinte Eratosthenes, dann wären die beiden Stäbe parallel. Und da die Sonne so weit entfernt sei, daß die Lichtstrahlen, die jeden der beiden Stäbe erreichten, ebenfalls so gut wie parallel seien, könne man erwarten, daß beide Schatten zu jeder beliebigen Tageszeit die gleiche Länge hätten.

Das war eine einfache Anwendung der euklidischen Mathematik, der elementaren Geometrie. Wenn sich die Sonne auf einer flachen Erde direkt über einem Stab befände und keinen Schatten würfe, müßte man davon ausgehen, daß sie auch exakt über dem anderen Stab stünde und sich kein Schatten zeigte. Die sorgfältig aufge-

Moderne Teleskope und fotografische Techniken registrieren eine Fülle von Einzelheiten. Den Griechen genügten im wesentlichen Sterne wie diese, die sie mit bloßem Auge sahen, um die ersten Berechnungen über die Beschaffenheit des Universums anzustellen.

SONNE, HIMMEL UND INSPIRATION

zeichneten Daten des Eratosthenes bewiesen hingegen, daß die Schatten beider Stäbe zu jeder gegebenen Tageszeit unterschiedlich lang waren. Dafür konnte es nur eine Erklärung geben: Obwohl beide Stäbe rechtwinklig zur Erdoberfläche eingesteckt worden waren, verliefen sie nicht parallel. Das wiederum war nur möglich, wenn die Erdoberfläche gekrümmt war.

Um ehrlich zu sein, so ganz neu war diese Erkenntnis nicht. Aufgrund ihrer nautischen Erfahrung vermuteten die Griechen schon lange eine derartige Krümmung der Erdoberfläche. Schiffe schienen am Horizont langsam emporzuwachsen. Wie sollte das möglich sein, wenn die Erdoberfläche nicht gekrümmt war?

Links: Lange Zeit ging man in den Modellen des Universums davon aus, daß die Erde der Mittelpunkt aller Dinge und der Himmel ein Deckel mit Löchern sei. Nach dieser Vorstellung leuchteten Feuer, die dahinter brannten, durch die Löcher und erreichten die Erde als Sternenlicht. *Rechts:* Eratosthenes' Experiment mit Stäben und Schatten.

Viel entscheidender war wohl, daß Eratosthenes seine Erkenntnis mit Hilfe der Mathematik und der Logik gewonnen hatte. Mit einer Mischung aus sorgfältiger Beobachtung und diszipliniertem, theoretischem Denken hatte er eine allgemein anwendbare Methode gefunden, mit der sich eine wissenschaftliche Untersuchung des Universums leisten ließ. Tatsächlich wenden wir diese Methode heute noch an. Allerdings zeigten sich die Griechen von ganz anderen Aspekten angetan. Für sie besaßen Kreise und Kugeln große religiöse Bedeutung. Eine Theorie, nach der die Erde kugelförmig war, galt ihnen als vollkommene Theorie, und genau das schien

SONNE, HIMMEL UND INSPIRATION

STEPHEN HAWKINGS UNIVERSUM

Eratosthenes' Experiment mit den Stäben zu belegen. Außerdem erklärte seine Theorie auch die unterschiedlichen Erscheinungsformen am Nachthimmel über Samos und Alexandria. Ferner bestätigte sie Aristoteles' Beobachtungen der Mondfinsternisse (er hatte die Auffassung vertreten, daß die Erde nicht stets einen runden Schatten auf die Sonne werfen könne, wenn sie keine Kugel sei). Schließlich ließen sich das Stabexperiment und andere Beobachtungen beliebig wiederholen und führten stets zum gleichen Ergebnis. Das hatte wissenschaftlichen Charakter. Eratosthenes und seine Vorgänger im antiken Griechenland hatten den wissenschaftlichen Beweis erbracht, daß die Erde eine Kugel ist.

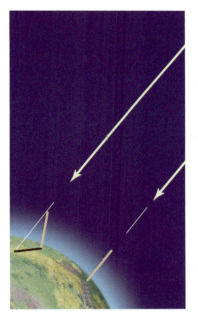

Damit gab sich Eratosthenes aber noch nicht zufrieden. Er führte aus, daß man jeden Stab mit einer vorgestellten Linie tief in die Erde hinein verlängern könne. Im Schnittpunkt dieser Linien müsse der Erdmittelpunkt liegen. Wiederum mit den Mitteln der euklidischen Geometrie vermochte er auch den Winkel zwischen diesen Linien zu berechnen. Wenn ein Stab keinen Schatten warf, mußte dieser Winkel gleich dem Winkel zwischen dem anderen Stab und einer Linie von der Spitze des Stocks zur Spitze seines Schattens sein. Auf dem Papier klingt das ziemlich kompliziert, aber aus einer einfachen Abbildung ist es leicht zu ersehen.

SONNE, HIMMEL UND INSPIRATION

Offenbar kannte Eratosthenes auch die Entfernung zwischen Assuan und Alexandria (mit anderen Worten, die Entfernung zwischen seinen beiden Stäben). Damit war ihm auch die Länge des Kreisbogens über dem Winkel im Erdmittelpunkt bekannt, den er mit Hilfe des einen Stabs und seines Schattens errechnet hatte. Aus der Kenntnis dieser Entfernung und des Winkels, der sie umschloß, war es ihm möglich, die Länge des ganzen Kreises zu errechnen, der die Erde umgibt. So hatte er nicht nur bewiesen, daß die Erde eine Kugel ist, sondern auch ihren Umfang errechnet. Und sein Ergebnis kam der Zahl bemerkenswert nahe, von der wir heute ausgehen.

Das war ein enormer Fortschritt. Mit der Möglichkeit, den Erdumfang auszurechnen, hatte man den Beweis, daß die Mathematik in der Lage war, die Beschaffenheit des Universums weit über die Grenzen der unmittelbaren Beobachtung hinaus zu erklären. Eine Zeitlang ließ sich die griechische Philosophie – vor allem unter dem Einfluß des Pythagoras – von den Wundern der Mathematik gefangennehmen. Zunächst berechnete man die Entfernung von der Erde zum Mond und zur Sonne (leider wichen die Ergebnisse ziemlich weit von den tatsächlichen Zahlen ab, aber die verwendeten Methoden wurden verbessert und behielten über Jahrhunderte ihre Gültigkeit). Die mathematischen Prinzipien der Griechen halten jeder Prüfung stand, nur waren ihre Messungen zu ungenau.

Pythagoras sah die Mathematik in der Musik verkörpert. Er glaubte, alles lasse sich durch mathematische Formeln ausdrücken. Mit seiner umfassenden Theorie der »Sphärenharmonie« schuf er eine Verbindung zwischen der wissenschaftlichen Genauigkeit der Mathematik und dem traditionellen griechischen Glauben an die Vollkommenheit von Kugeln (»Sphären«) und Kreisen. Doch da zu viele Versuche, harmonische mathematische Beschreibungen der Welt zu liefern, mit Zahlen von häßlicher Unvollkommenheit endeten (statt mit den einfachen, grundlegenden Zahlen, die nach Pythagoras' Vorstellung der Ursprung aller Dinge hätten sein müssen), verlor dieses Ideal ein wenig von seinem Glanz. Dennoch hatte die Einführung der Mathematik dem Menschen endlich die Möglichkeit eröffnet, das Universum wissenschaftlich zu erforschen, über die Grenzen hinauszugehen, die dem Blick des bloßen Auges entzogen sind.

Allerdings gab es einige Beobachtungsdaten, die nicht recht zu der mathematischen Erklärung passen wollten. Eines davon war ein Makel, der die vollkommene Anordnung des Nachthimmels beeinträchtigte. Der griechische Astronom Hipparch beobachtete, daß nicht alle Sterne ihre Position so verläßlich beibehielten wie die große Mehrheit. Diese sogenannten »Wandelsterne« schienen sich in eine Richtung zu entfernen und auf dem gleichen Weg wieder zurückzukehren. Zeitweilig wurden sie offenbar auch heller oder dunkler. War das nur ein weite-

Sphärenharmonie

Die Griechen konnten natürlich nicht wissen, was die moderne Technik noch alles über das Universum in Erfahrung bringen würde. Aber das, was sie sahen, überzeugte sie davon, daß alle Vorgänge im Universum auf der unübertrefflichen Schönheit vollkommener Kugeln und Kreise beruhen müsse.

SONNE, HIMMEL UND INSPIRATION

res Beispiel für die mathematischen Unregelmäßigkeiten, die Pythagoras' Vision von der vollkommenen Harmonie widerlegten?

Anklänge dessen, was er gesehen hat, sind in unserer heutigen Beschreibung des Universums noch erhalten. Das griechische Wort für »Wanderer«, *planetos*, ist die Wurzel des Namens, mit dem wir die von Hipparch beobachteten »Sterne« belegten. Wie sich herausstellte, waren sie keine Sterne, sondern eben »Planeten«: Wanderer am Nachthimmel, deren Bewegungen im Kontext des neu entstehenden Bildes vom Universum erklärt werden mußten. Damals waren fünf Planeten mit bloßem Auge zu sehen: Merkur, Venus, Mars, Jupiter und Saturn. Zwar hatten die Griechen die Kugelgestalt der Erde schon erkannt, aber da sie auf ihr standen, während sie die Bewegungen der Himmelskörper beobachteten, fühlte sie sich fest und unbeweglich an. Gab es ein mathematisches Modell, das schlüssig erklärte, wie wir von der Sonne und dem Nachthimmel mit seinen Wandersternen und allen anderen Objekten umkreist wurden – was doch außer Frage zu stehen schien?

Eingehende Beobachtungen im Laufe unzähliger Nächte ermöglichten es den Griechen, die Bahnen der Planeten nachzuzeichnen. Schon bald bemerkten sie, daß viele Abschnitte dieser Bahnen gekrümmt waren. Handelte es sich möglicherweise um Kreisbögen? Platon rief alle griechischen Akademien auf, ein System vollkommener Kreise zu entwickeln, das die scheinbar regellosen Bahnen der Wandersterne erklären konnte. Wenn sich herausgestellt hätte, daß die Planeten zusammen mit Mond und Sonne die Erde umkreisen, dann hätte die Symmetrie triumphiert, und die mathematische Vollkommenheit des Universums wäre gerettet gewesen. Alles hätte sich genauso verhalten, wie Aristoteles es sich vorgestellt hatte.

Umlaufbahnen in Umlaufbahnen

Eine Anzahl höchst einfallsreicher Vorschläge wurde vorgelegt. In einem hieß es, wenn die Erde nicht genau im Mittelpunkt einer Planetenbahn liege, müsse der Planet an einem Punkt seiner Umlaufbahn der Erde näher kommen als an jedem anderen. Und am entgegengesetzten Punkt erreiche er seine weiteste Entfernung von der Erde. Das hätte seine Helligkeitsschwankungen erklärt, nicht aber die Richtungsveränderungen bei seiner Bewegung über den Himmel. Nach einer anderen Hypothese folgt der Planet zwar insgesamt einer kreisförmigen Umlaufbahn, in deren totem Punkt die Erde liegt, führt aber zusätzlich kleinere kreisförmige Bewegungen, sogenannte Epizyklen, aus. Der Planet würde also einer kleinen Umlaufbahn um einen Mittelpunkt folgen, der seinerseits die Erde in einem vollkommenen Kreis umrundete. Unter diesen Voraussetzungen würde sich der Abstand des Planeten zur Erde verändern, was seine Helligkeitsschwankungen erklärte; andererseits würde er auch immer wieder auf dem gleichen Weg zurückkehren. Doch auch dieses Modell

SONNE, HIMMEL UND INSPIRATION

wies Mängel auf. Keine der beobachteten Planetenbahnen entsprach dieser Konfiguration so genau, daß die Theorie überzeugen konnte.

Im zweiten Jahrhundert n. Chr. entwickelte der hochgabte Astronom Ptolemäus ein komplexes Modell, das diese beiden Ideen miteinander verband. Die Planeten bewegten sich zwar in Epizyklen, erklärte er, aber die Erde liege trotzdem nicht genau im Mittelpunkt der Gesamtumlaufbahnen der einzelnen Planeten. Nach diesem Prinzip zeichnete Ptolemäus Modelle, die zeigten, auf welchen Umlaufbahnen die fünf bekannten Planeten, die Sonne und der Mond die Erde umkreisen. Sie alle umfaßte wie eine Schale eine äußere Sphäre, die Sphäre der Fixsterne. Ptolemäus nahm für die Erde verschiedene Entfernungen von den Mittelpunkten der sieben Umlaufbahnen an. Außerdem fügte er eine Reihe von Epizyklen ein. Auf diese Weise konnte das Modell alle Helligkeitsschwankungen und unregelmäßigen Bewegungen der Planeten, wie sie sich von der Erde aus darstellten, erklären. Damit schien endlich der Wunsch von Aristoteles, Pythagoras und Platon in Erfüllung gegangen zu sein: Das ganze Universum war durch Kugeln und Kreise exakt zu beschreiben.

Was Ptolemäus und alle anderen Himmelsforscher eine Zeitlang nicht bemerkten: Mit dieser Methode läßt sich ein Schema für jede Umlaufbahn, ungeachtet ihrer

Links: Die mittelalterlichen Gelehrten haben das ptolemäische System fast immer als eine Folge einfacher, kreisförmiger Umlaufbahnen dargestellt, in deren Mittelpunkt sich die Erde befindet. Doch Ptolemäus selbst (*rechts*) konnte Sonne, Mond und Planeten nur um die Erde kreisen lassen, indem er die kreisförmigen Umlaufbahnen durch komplizierte Epizyklen ergänzte.

SONNE, HIMMEL UND INSPIRATION

wirklichen Form, finden. Wenn ein Planet für seine Umlaufbahn länger braucht, als es bei einem vollkommenen Kreis möglich ist, kann man die zusätzliche Zeit ohne Schwierigkeiten durch ein paar Extraschleifen auf seiner Bahn erklären. Die Größe der Schleifen läßt sich so bemessen, daß der Planet für sie genau die Zeit braucht, die es plausibel zu machen gilt. Doch die Vorstellung, daß die Erde das stationäre Zentrum sei, um das sich alles bewege, war so überzeugend, daß dieses Bild des Universums Jahrhunderte überdauern sollte.

Mindestens ein größeres Problem wies das ptolemäische Modell aber doch auf. Der Mond ließe sich in dieses Gesamtschema nur einfügen, wenn er der Erde gelegentlich doppelt so nahe rückte wie zu anderen Zeiten. Doch dann müßte er an manchen Tagen doppelt so groß aussehen wie an anderen. Dieses Problem weckte gewisse Zweifel am ptolemäischen Modell. Trotzdem kam es der beobachteten Wirklichkeit so nahe, daß es im großen und ganzen überzeugte. Möglicherweise war es nicht das erste wissenschaftliche Modell des Universums, aber es bildete sicherlich das Fundament, auf dem unser späteres Verständnis aufbaute. Und es hatte den unschätzbaren Vorteil, daß es niemanden vor den Kopf stieß. Ein Universum, das sich aus schalenförmig ineinandergefügten Sphären aufbaute, konnten die meisten Religionen mühelos mit ihrem Glaubenssystem vereinbaren. Natürlich steigerte es das Ansehen einer Religion, wenn sie nachwies, daß sie bereits enthielt, was die Wissenschaft als aktuelle Version der Wahrheit präsentierte. Hatten der Gott oder die Götter der Religion das Universum erschaffen, dann beschrieb das wissenschaftliche Modell einfach dessen Beschaffenheit und Abläufe.

Auf der ersten Sprosse der Leiter

Frühe Modelle des Universums wurden oft in Bildern dargestellt, die der Kunst genauso verpflichtet waren wie der Wissenschaft. Trotzdem lassen sie deutlich die Hingabe erkennen, mit der die Gelehrten ihrer Überzeugung nachgingen, daß sich das ganze Universum wissenschaftlich erklären lasse.

Daß sich das Modell am Ende als falsch erwies, schmälert die Leistung nicht. Die Wissenschaft muß Hypothesen aufstellen und sie unter den beschränkten Bedingungen ihrer Zeit überprüfen. Ihre Entdeckungen sind nur so lange gültig, wie Experiment und Beobachtungen die Hypothesen bestätigen. Ewige Wahrheiten kann die Wissenschaft nicht versprechen, nur die Widerlegung falscher Hypothesen und den Entwurf dessen, was zur jeweiligen Zeit die wahrscheinlichste Erklärung eines Wirklichkeitsaspektes ist. Ungeachtet aller Mängel, die ihre Theorien möglicherweise gehabt haben, ist es den Griechen gelungen, die Menschheit auf die erste Sprosse jener Leiter zu stellen, die am Ende zu unserem heutigen Weltbild führen sollte. Ohne sie wäre Stephen Hawking kaum in der Lage gewesen, sein Modell des Universums zu entwickeln. Auf die Arbeiten des Hipparch und Eratosthenes gestützt, entwarf Ptolemäus ein wissenschaftliches Weltbild, das länger Bestand hatte als irgendein anderes Modell des Universums. Dabei standen ihm keine anderen Hilfsmittel zur Verfügung als Beobachtungen mit bloßem Auge, ein paar Experimente mit Stäben und ihren Schatten – und der grenzenlose Scharfsinn des menschlichen Verstandes.

SONNE, HIMMEL UND INSPIRATION

STEPHEN HAWKINGS UNIVERSUM

KAPITEL 2
CHRISTLICHE STOLPERSTEINE

Hat Gott die Erde im Mittelpunkt des Universums erschaffen? Oder sind wir lediglich, wie dieser Maler meint, eine Randerscheinung auf der Bühne des Kosmos, aus großer Ferne betrachtet? Für die christliche Kirche gab es keinen Zweifel: Der Mensch hatte im Mittelpunkt aller Dinge zu sein.

STEPHEN HAWKINGS UNIVERSUM

CHRISTLICHE STOLPERSTEINE

Das ptolemäische Modell erwies sich für die christliche Kirche als genauso akzeptabel, wie es für die Religionen der Antike gewesen war. Nach der Kreuzigung Jesu hatte das Christentum seinen Siegeszug in Europa angetreten und rasch alle anderen Glaubenssysteme verdrängt. In seiner Heiligen Schrift verkündete es unmißverständlich die Erschaffung der Welt durch Gott, mit Mann und Frau – in Gestalt von Adam und Eva – und der Erde als Mittelpunkt. Das deckte sich mit dem geozentrischen Universum des Ptolemäus, das die Erde als ruhenden Mittelpunkt sah.

Die Gelehrsamkeit verlagerte sich mehr und mehr in den Schoß der Kirche. Lesen und Schreiben sollten der Beschäftigung mit der Bibel dienen, und nur die Kirche verfügte über die Mittel, die Menschen lesen zu lehren. Am Ende waren alle Gelehrten auf die Förderung der Kirche angewiesen, wenn sie ihren Studien nachgehen wollten, ohne zu verhungern. So waren die Wissenschaftler zugleich Priester oder Mönche, die sich neben ihren wissenschaftlichen Studien auch um die Verbreitung der kirchlichen Lehre zu kümmern hatten. Reinen Gewissens konnten sie die göttliche Schöpfungsgeschichte mit dem ptolemäischen Weltbild vereinbaren. Wissenschaft und Religion bildeten eine Einheit.

Die kopernikanische Wende

So ist es keine Überraschung, daß das ptolemäische Modell des Universums bis ins 15. Jahrhundert unangefochten das Feld behauptete. Erstens vertrug es sich hervorragend mit der christlichen Lehre, und zweitens wurden keine technischen Geräte entwickelt, die die Beobachtungsmöglichkeiten merklich verbessert hätten. Allerdings kamen dann eine Reihe intelligenter theoretischer Spekulationen auf. Der polnische Priester Nikolaus Kopernikus gelangte zu der Überzeugung, daß die von Ptolemäus vorgeschlagenen Planetenbahnen auf viel zu viele Korrekturen in Form von Extraschleifen oder Epizyklen angewiesen seien. Er erkannte, daß er das Modell erheblich vereinfachen konnte, wenn er die Sonne anstelle der Erde zum Mittelpunkt machte. Ihm war durchaus bewußt, daß er damit

Nikolaus Kopernikus (1473-1543) schlug eine revolutionäre Alternative zum ptolemäischen System vor. Nach seiner Auffassung befand sich die Sonne und nicht die Erde im Zentrum des Universums.

für die Kirche zum Ketzer wurde. So war es eine mutige Tat, daß er seine Überlegungen 1543 veröffentlichte. Offenbar hatte er zuvor das Terrain sondiert, indem er sein Modell anonym in Umlauf brachte. Erst als es nicht sofort verdammt wurde, bekannte er sich öffentlich dazu. Da lag er allerdings schon auf dem Totenbett. Trotzdem hatte er sich offenbar erst auf Bitten seines Sekretärs Rheticus bereit gefunden, seine Schrift zu veröffentlichen.

Die ziemlich gelassene Reaktion der Kirche war offenbar nur darauf zurückzuführen, daß sie Kopernikus nicht ernst nahm. Zwar vereinfachte sein Vorschlag das ptolemäische Modell, aber es besaß den schwerwiegenden Nachteil, daß die beobachteten Bewegungen der Planeten, falls diese die Sonne tatsächlich umrundeten, nicht ganz den kreisförmigen Umlaufbahnen entsprachen, die Kopernikus vorschlug. So vermochte er Ptolemäus' kreisförmige Extraschleifen nur durch eine fehlerhafte Alternative zu ersetzen. Aus Sicht der Kirche war das vermutlich keine sonderliche Verbesserung, jedenfalls keine, die in der Lage gewesen wäre, das seit Jahrhunderten gültige Weltbild zu erschüttern. Doch auch wenn es Kopernikus nicht gelang, die Kirche aus der Ruhe zu bringen, so weckte er doch das Interesse anderer Wissenschaftler.

Einer von ihnen war Johannes Kepler, der deutsche Astronom, der sich in Prag niederließ. Zu Beobachtungen hatte er kaum Gelegenheit, aber er war ein brillanter theoretischer Kopf. Zunächst einmal versuchte er herauszufinden, warum Himmelskörper einander umkreisen, und verfiel auf die Idee, daß eine magnetische Kraft am Werk sein müsse. Falls sie konstant war, mußte sie zumindest einen Körper in einem regelmäßigen Abstand zum anderen halten und auf diese Weise für kreisförmige Umlaufbahnen sorgen. Doch der Gedanke, daß eine Kraft über so große Entfernungen wirkte, flößte ihm Unbehagen ein.

Der Denker und der Informationssammler

Noch stärker dürfte ihn seine nächste Eingebung beunruhigt haben, die Idee nämlich, daß Umlaufbahnen von anderer Gestalt – elliptisch und nicht kreisförmig – alle Mängel des kopernikanischen Modells beseitigen könnten. Mit anderen Worten: Wenn alles um die Sonne und nicht um die Erde kreiste und wenn die Umlaufbahnen oval waren, dann konnte jeder Planet am Himmel womöglich seiner Bahn ohne Umschweife folgen, waren keine komplizierten Epizyklen und andere Korrekturen mehr erforderlich. Die Beobachtungen ihrer Bewegungen wären erschöpfend durch einfache, elegante Umlaufbahnen beschrieben gewesen. Andererseits wäre dann der vollkommenere Kreis als allgemein akzeptierte Grundgestalt der Umlaufbahnen nicht haltbar gewesen, und auch die magnetische Kraft als wichtigen Bestandteil seiner Theorie hätte Kepler aufgeben müssen. Es gab nur einen Ausweg: Er mußte neue und genauere Beobachtungsdaten über die Umlaufbahnen der Planeten zusammentragen.

CHRISTLICHE STOLPERSTEINE

Kepler hatte von einem Mann gehört, der ihm hierbei möglicherweise helfen konnte – Tycho Brahe. Der war beträchtlich älter als Kepler und galt als exzellenter astronomischer Beobachter. Am dänischen Hof bekleidete er eine wichtige Stellung. Damals war es üblich, daß Astronomen und Mathematiker bei mächtigen europäischen Monarchen als Ratgeber tätig waren. Als Gegenleistung für ihre astrologischen Vorhersagen, die den gekrönten Häuptern ihre politischen Entscheidungen erleichterten, bekamen diese einflußreichen Hofleute Unterstützung bei ihren stärker wissenschaftlich ausgerichteten Forschungsinteressen. So kam es, daß der König von Dänemark Tycho Brahe eine Insel überlassen hatte, auf der dieser seine Himmelsbeobachtungen vornehmen konnte. Aus der königlichen Schatzkammer wurden auch die Kosten für die Herstellung der exaktesten Beobachtungsinstrumente bestritten, die es damals gab (obwohl sie im Grunde kaum mehr als Verfeinerungen der Instrumente waren, die die alten Griechen nach ihren Experimenten mit den schattenwerfenden Stäben entwickelt hatten). Kepler hatte gehört, daß Brahe den Himmel methodisch studierte und mehr Beobachtungsdaten gesammelt hatte als irgend jemand zuvor.

Was dann geschah, wird in verschiedenen Versionen überliefert. Die schönste ist wahrscheinlich nicht authentisch (leider ist die Wahrheit meist viel nüchterner, als uns lieb wäre). Danach beschloß Kepler, eine lange und mühsame Reise quer durch Europa zu unternehmen, um Brahe aufzusuchen und festzustellen, ob dessen Beobachtungsdaten irgendeine Bestätigung für seine Theorie der elliptischen Umlaufbahnen brachten.

Wenn die Geschichte stimmt, muß Kepler nach seiner Ankunft verzweifelt gewesen sein, denn der dänische Astronom weigerte sich, ihn zu empfangen, angeblich weil er befürchtete, Kepler würde mit Hilfe seiner, Brahes, Daten neue, grundlegende Erkenntnisse über das Universum verkünden und dabei Brahes Verdienste unter den Tisch fallen lassen. Nach dieser Fassung der Geschichte war Brahe ein außerordentlich sorgfältiger Beobachter, aber ziemlich phantasielos, was die Interpretation seiner Daten anging. Ihm war der Gedanke unerträglich, er könnte einen wichtigen Aspekt übersehen haben, den Kepler erkannt hatte, ohne irgendwelche Beobachtungen vorzunehmen.

Weiter heißt es, Kepler sei von seiner langen Reise mit leeren Händen zurückgekehrt. Brahe setzte seine Beobachtungen systematisch fort, doch ihre Bedeutung blieb ihm nach wie vor verschlossen. Schließlich hatte er eine Idee. Wenn er Kepler die Daten über einen einzigen Planeten zugänglich machte, fand er vielleicht heraus, was Kepler mit ihnen anfing, und erhielt so einen Ansatz, um die Bewegung aller übrigen Himmelskörper zu interpretieren. Auf diese Weise würde Kepler das Verdienst für die Erklärung einer Umlaufbahn einheimsen, doch ihm, Brahe, würde die Deutung aller anderen Bewegungen gutgeschrieben. Die Überlieferung sagt, daß die-

Links: Kopernikus führte sorgsam Protokoll über die Sterne, die er beobachtete, indem er ihre Positionen und Größen genauestens festhielt. Es war jene Form systematischer Beobachtung, der Johannes Kepler (1571-1616; rechts) schließlich seine Theorie verdankte. Er bekannte sich zur These von Nikolaus Kopernikus, daß die Sonne und nicht die Erde den Mittelpunkt des Universums bilde.

CHRISTLICHE STOLPERSTEINE — STEPHEN HAWKINGS UNIVERSUM — 39

CHRISTLICHE STOLPERSTEINE

ses Mal Brahe die lange Reise auf sich nahm, um Kepler die Daten zu zeigen, die er über den Planeten Mars zusammengetragen hatte. Natürlich war Kepler hoch erfreut, vor allem, als sich zeigte, daß die Umlaufbahn des Mars gar nicht anders als elliptisch sein konnte.

Man stelle sich jedoch Brahes Entsetzen vor, als Kepler ihm mitteilte, er brauche die Daten über die anderen Planeten nicht mehr zu sehen. Was er über den Mars erfahren habe, zeige eindeutig, daß die Planetenbahnen nicht kreisförmig seien. Sie müßten alle elliptische Umlaufbahnen haben.

 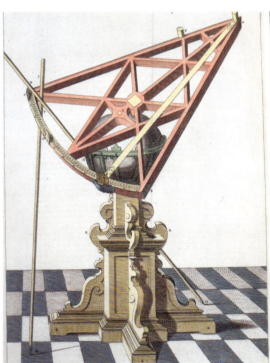

Oben: Tycho Brahe, der vor der Erfindung des Teleskops lebte und Instrumente wie seinen Sextanten (*Mitte*) benutzte, um die Sterne zu katalogisieren. Alle seine Beobachtungen führte er mit bloßem Auge durch. *Rechts:* Einige Instrumente seines Inselobservatoriums waren riesige und kostspielige Konstruktionen.

Romantische Naturen werden mit Bedauern zur Kenntnis nehmen, daß die wahre Geschichte wohl weit weniger aufregend war. Als der dänische König starb, wurde Brahe offenbar von dessen Nachfolger entlassen. Dem Astronomen wird Eitelkeit und Arroganz nachgesagt. Es heißt, er sei schwierig im Umgang und, vom alten König abgesehen, bei jedermann am Hofe unbeliebt gewesen. Trotzdem fand er an einem anderen Hof – in Prag – eine neue Stellung. Dort hörte er von Kepler und

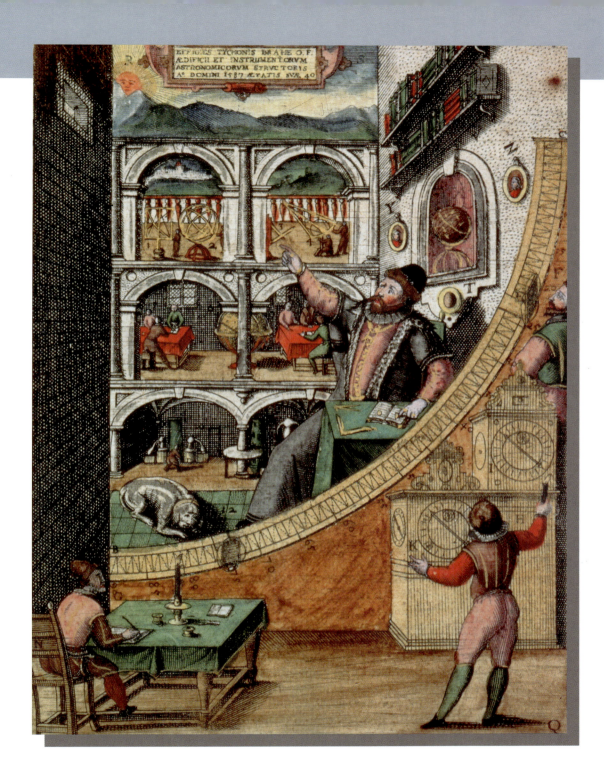

beschloß, ihn zu seinem Assistenten zu berufen. Vielleicht begann er, da er schon älter war und immer noch nicht herausgefunden hatte, welche Rückschlüsse seine sorgfältigen Beobachtungen über das Universum zuließen, zu fürchten, er könnte sterben, ohne sein großes Werk vollendet zu haben. Obwohl Brahe und Kepler offenbar wenig Sympathien füreinander empfanden – jeder hoffte insgeheim, die Theorie beweisen zu können, die ihm am Herzen lag –, wurde Kepler Brahes Assistent. Sie verbrachten also viel Zeit miteinander. Gemeinsam werteten sie Brahes Beobachtungen der Marsbewegungen aus, bis Kepler schließlich auf den Gedanken kam, die Umlaufbahnen könnten elliptisch sein. Auch wenn es zwischen den beiden Männern eine erbitterte Rivalität gab, haben sie im Endeffekt sicherlich zusammengearbeitet. Beides – Brahes sorgfältige Beobachtungen und Keplers genialer theoretischer Verstand – war erforderlich, um die elliptische Gestalt der Umlaufbahnen zu entdecken, die die Sonne umkreisen, wie Kopernikus vorhergesagt hatte, und nicht die Erde. Leider, so hat es den Anschein, starb Brahe, bevor die Bedeutung seiner Beobachtungen öffentlich anerkannt wurde.

Galilei, der Ketzer

Merkwürdigerweise zeigte sich die Kirche noch immer nicht sonderlich beunruhigt. Vielleicht erschienen ihr Prag und Dänemark in zu weiter Ferne, um sich ernstliche Sorgen zu machen, zumal Italiens führende Autorität, Galileo Galilei, nach wie vor lehrte, im Mittelpunkt des Universums befinde sich die Erde. Galilei war Mathematikprofessor in Padua und ein hochgeachteter Wissenschaftler. Auch in seinem Fall gibt es verschiedene Lesarten: Die einen halten ihn für einen überragenden Forscher, die anderen für einen üblen Plagiator, der den Ruhm für die Ideen anderer Leute eingestrichen hat. Stephen Hawking hat keinen Zweifel daran, daß Galilei der Vater der modernen Naturwissenschaft ist, nicht zuletzt weil er sich weigerte, neue Ideen zu lehren, bevor sie einer ausreichenden experimentellen Überprüfung unterzogen worden waren. Doch sobald er davon überzeugt war, daß etwas wissenschaftlich bewiesen war, vertrat er es, ungeachtet der Schwierigkeiten, die ihm daraus möglicherweise erwuchsen.

Egal, wie man zu ihm steht – Galilei steuerte einen immensen Beitrag zur Entwicklung der modernen Naturwissenschaft bei. (Übrigens starb er auf den Tag genau dreihundert Jahre vor Stephen Hawkings Geburt. Der merkwürdige Zufall hat wahrscheinlich nicht das geringste damit zu tun, daß wir beiden Männern wesentliche Bausteine zu unserem Verständnis des Universums verdanken – trotzdem ist er voller Symbolkraft.)

Unter anderem hat Galilei Bedeutendes für die Entdeckung der Bewegungsgesetze geleistet. So errechnete er, was geschieht, wenn eine Kugel aus einer gewissen Höhe auf den Boden fällt. Unabhängig von der Größe der in dem Experiment ver-

CHRISTLICHE STOLPERSTEINE

wendeten Kugeln ist ihre Beschleunigung immer gleich. Mag es die Legende auch ganz anders schildern, er hat diese Hypothese dadurch überprüft, daß er zwei Kugeln unterschiedlichen Gewichts auf einer schrägen Ebene hinabrollen ließ – ohne den Schiefen Turm von Pisa zu erklimmen, um sie von dort herabfallen zu lassen. Die allgemeingültige Schlußfolgerung, daß alle Gegenstände mit der gleichen Beschleunigung fallen, solange keine andere Kraft es verhindert, lassen beide Versuchsanordnungen zu. Durch die Verwendung der schiefen Ebene, für die Galilei sich entschied, war es aber erheblich leichter, die Bewegung der Kugeln zu beobachten und die Zeit zu stoppen. So schuf er die Grundlage zum Verständnis der Gravitation, einem zentralen Aspekt der Physik. Zunächst aber waren einige andere Beobachtungen, die er machte, von größerer Bedeutung, denn sie brachten den Konflikt zwischen Kirche und Wissenschaft zum Ausbruch.

Entscheidend war, daß sich Galilei eine wichtige technische Neuerung zunutze machen konnte. Im Grunde erfand er das astronomische Teleskop nicht wirklich, sondern fügte nur auf höchst intelligente Weise Elemente zusammen, die andere andernorts entwickelt hatten. Linsen wurden schon seit geraumer Zeit als einfache Vergrößerungsgläser benutzt, doch die Vergrößerung, die eine einzelne Linse leistete, war ziemlich begrenzt. Es heißt, zwei Kinder hätten beim Spiel in einem Amsterdamer Geschäft für wissenschaftliche Instrumente zufällig entdeckt, was geschieht, wenn

Oben: Galileo Galilei (1564-1642) baute einige überraschend einfache Teleskope, denen allen das gleiche Konstruktionsprinzip zugrunde lag. Diese Fernrohre (*unten*) befanden sich zweifellos in seinem Besitz, aber niemand weiß, ob er mit einem von ihnen die historischen Beobachtungen machte, die ihn in große Konflikte mit der Kirche brachten.

CHRISTLICHE STOLPERSTEINE

man gleichzeitig durch zwei Linsen blickt. Daraufhin habe der Ladenbesitzer zwei Linsen in eine Röhre gesteckt, jede an einem Ende, und das Ganze als neuartiges Vergrößerungsinstrument verkauft. Der holländische Gelehrte Leeuwenhoek entwickelte aus diesem Prinzip ein Mikroskop, bevor Galilei das Instrument im Jahre 1609 auf den Himmel richtete und es als Fernrohr benutzte. Was er in der Folgezeit erblickte, überzeugte ihn von dem kopernikanischen Modell des Universums mit der Sonne im Mittelpunkt. Nun ließ der italienische Professor öffentlich und unüberhörbar die verblüffende Auffassung – verblüffend zumindest für die katholische Kirche – verlauten, Ptolemäus' geozentrisches Modell des Universums lasse sich wissenschaftlich nicht länger halten.

Galilei hatte mit seinem Teleskop auf Anhieb eine solche Fülle von Abweichungen und Ausnahmen entdeckt, daß er sich sofort von der Vorstellung verabschiedete, das Universum bestehe aus vollkommenen Kreisen und Kugeln. Auf den nahen Himmelskugeln waren deutlich Makel zu erkennen – die Sonnenflecken zum Beispiel und die zerklüfteten Mondkrater. Viel vernichtender für das ptolemäische Universum waren jedoch zwei andere Phänomene, die Galilei durch sein Teleskop erblickte. Erstens: die Monde, die Jupiter umkreisten (die Kirche hatte sich stets für das ptolemäische Universum ausgesprochen, weil dort alles die Erde umkreist; nun gab es hier Himmelskörper, die offenkundig ein anderes kosmisches Objekt umkreisten), zweitens: Schatten auf der Oberfläche der Venus. Als Galilei untersuchte, wie sich diese Schattenmuster im Laufe der Zeit veränderten, wurde ihm klar, daß sie nur entstehen konnten, falls Venus die Sonne umkreiste. Die Beweisführung zugunsten eines geozentrischen Weltbildes brach zusammen. Offenkundig sprachen weit mehr Anhaltspunkte für das kopernikanische Modell.

Diesmal blieb die Kirche bei weitem nicht so gelassen. Dafür gab es vermutlich drei wichtige Gründe: Erstens, sie konnte nicht übersehen, daß Galileis Ideen große Wirkung zeitigten. Da Galilei seine Ansichten auf italienisch und nicht in der Gelehrtensprache Latein veröffentlichte, begannen sie sich in der breiten Öffentlichkeit durchzusetzen, was die konservativeren Professoren veranlaßte, die Kirche zur Verteidigung des ptolemäischen Weltbildes aufzurufen.

Zweitens verschlimmerte Galilei die Angelegenheit durch die Behauptung, daß die Bibel dort, wo sie dem gesunden Menschenverstand und den wissenschaftlichen Erkenntnissen widerspreche, allegorisch zu verstehen sei. Er verstieg sich sogar zu der Behauptung, daß jeder, der nicht erkenne, wie schlüssig die Beweise gegen ein geozentrisches Universum seien, mit Dummheit geschlagen sei. Das lief fast auf Blasphemie hinaus, denn damit erklärte er den Papst und seine Berater praktisch zu Dummköpfen. Drittens: Die Ausbreitung des Protestantismus bedrohte die katho-

Links: Galilei war als Publizist so erfolgreich, daß die Menschen überall mit Himmelsbeobachtungen anfingen, um selbst zu sehen, was er entdeckt hatte.
Unten: Da er keine anderen Mittel hatte, seine Beobachtungen aufzuzeichnen, fertigte Galilei sorgsam diese Skizzen an, die zeigen, wie der Mond sich im Zuge seiner Teleskopbeobachtungen veränderte.

CHRISTLICHE STOLPERSTEINE

Vorherige Seite: 1979 hat die Raumsonde Voyager Jupiter und seine Monde fotografiert. Die vier größten entdeckte Galilei: (von links) Ganymed, Europa, Io und Calisto. Dabei nahm er in seinem Fernrohr allerdings nur ihre »Flecken« wahr, deren Positionen sich Tag für Tag veränderten.

lische Kirche. Es war für sie an der Zeit, ihre Autorität zu behaupten und ihrem traditionellen Weltbild Geltung zu verschaffen. So erklärte sie im Jahre 1616, das kopernikanische System sei ein Irrtum im Glauben, und verlangte von Galilei, seiner Theorie abzuschwören.

Wahrscheinlich hatte Galilei kaum eine andere Wahl, als sich damit einverstanden zu erklären, wenn er seine wissenschaftliche Arbeit auf anderen Gebieten fort-

Oben: Hätte Galilei seine Beobachtungen nicht in *Nuncius Sidereus,* der »Nachricht von neuen Sternen«, einem breiten Publikum zugänglich gemacht, dann hätte ihn vielleicht der Zorn der Kirche nicht so ungebremst getroffen. *Rechts:* Joseph-Nicolas Robert-Fleury (1797-1890) stellte Galileis Streit mit den Kirchenbehörden dar, kurz bevor er von der Inquisition verurteilt wurde.

setzen wollte. Die Welt über die wahre Beschaffenheit des Universums aufzuklären dürfte für ihn keine so grundlegende Bedeutung gehabt haben, daß er bereit gewesen wäre, alles andere dafür aufzugeben. Also tat er, was man von ihm verlangte, und schien für diesen Gehorsam auch belohnt zu werden. 1626 wurde nämlich ein neuer Papst gewählt, der ein langjähriger Freund des Gelehrten war. Sofort bemühte sich Galilei um die Aufhebung des Dekrets von 1616. Doch der neue Papst maß der Kirchenpolitik hohe Bedeutung bei und war nur zu einem Kompromiß bereit. Er gestattete Galilei lediglich, in einer neuen Veröffentlichung beide Modelle des Universums darzustellen, das traditionelle ptolemäische und das kopernikanische, untersagte

CHRISTLICHE STOLPERSTEINE

ihm aber, sich für eines der beiden auszusprechen. Außerdem verlangte er von Galilei das Eingeständnis, daß es letztlich nicht in des Menschen Macht stehe, Einblick in die Abläufe des Universums zu gewinnen, da damit die Allmacht Gottes beeinträchtigt werde. (Interessanterweise erhielten Stephen Hawking und einige seiner Kollegen einen ganz ähnlichen Bescheid, als sie rund 300 Jahre später dem nunmehr amtierenden Papst die neuesten kosmologischen Theorien erklärten.)

Obwohl sich Galilei in seinem neuen Buch strikt an alle päpstlichen Auflagen hielt, geriet es ihm zu einem noch eindeutigeren Plädoyer für die kopernikanische Lehre. Er wollte – oder konnte – kein überzeugendes Argument für das ptolemäische Modell finden, ohne die Beobachtungsdaten zu verraten, die er mit seinem Fernrohr zusammengetragen hatte. Schließlich ließ ihn die Kirche vor die Inquisition bringen und verurteilte ihn zu Hausarrest. Ein zweites Mal mußte er sich von der kopernikanischen Lehre lossagen, aber es war zu spät. Obwohl sich Galilei dem Willen der Kirche fügte, war längst bekannt geworden, daß die Wissenschaft neue Erkenntnisse über das Universum gewonnen hatte, die von der kirchlichen Lehre nicht widerlegt werden konnten.

Es hat nie viel Zweck, der Erkenntnis Fesseln anlegen zu wollen. Über kurz oder lang mußte die Kirche die Ergebnisse der wissenschaftlichen Beobachtungen zur Kenntnis nehmen. Keplers elliptische Umlaufbahnen und Galileis Beobachtungen sprachen eindeutig für das kopernikanische Weltbild. Zu erklären blieb lediglich die Kraft, die die Planeten auf ihren Bahnen hielt. Sobald das geschehen war, mußte die Kirche ihre Niederlage eingestehen. Sie brauchte unbedingt einen Ausweg, der es ihr erlaubte, sich mit den neuen Ansichten auszusöhnen, ohne den Eindruck zu erwecken, eine vollkommene Kehrtwendung zu vollziehen.

Newtons unwiderstehliche Kraft

Ohne es zu wollen, eröffnete Isaac Newton der Kirche diesen hochwillkommenen Ausweg. In der landläufigen Vorstellung ist sein Name natürlich unauflöslich verbunden mit Äpfeln, die von Bäumen fallen, und der Entdeckung der Gravitation. Doch die Wissenschaft verdankt ihm auch auf anderen Gebieten Erkenntnisse von

CHRISTLICHE STOLPERSTEINE

unschätzbarem Wert. Vielfach wird er – und nicht Stephen Hawkings bevorzugter Kandidat Galilei – als »Vater der modernen Wissenschaft« bezeichnet. Doch letztlich zählt nur, daß beide außerordentliche Bedeutung für die Entwicklung der Naturwissenschaft hatten. Im Grunde hat Newton Galileis Arbeit fortgeführt, indem er die unmittelbare Beziehung zwischen einer Kraft und einem Objekt mit Hilfe einer Reihe mathematischer Formeln erklärte.

Obwohl Newton in der Schule keine mathematischen Kenntnisse erworben hatte, brachte er eine so große Begabung für diese Disziplin mit, daß er schon bald Lucasischer Professor für Mathematik an der Cambridge University wurde – die Stellung, die heute Stephen Hawking bekleidet. Newton ging von dem Gedanken aus, daß sich jedes Objekt in gerader Linie und mit gleichbleibender Geschwindigkeit fortbewegt, wenn nicht eine Kraft wirksam wird, die diesen Zustand verändert. Befindet sich ein Objekt in Ruhe, liegt das daran, daß eine Kraft seine Bewegung zum Stillstand gebracht hat – die Reibung zum Beispiel und der Luftwiderstand, die dafür sorgen, daß eine rollende Kugel irgendwann zur Ruhe kommt. Und wenn irgendein Gegenstand sich schneller oder langsamer bewegt oder seine Richtung ändert, dann muß eine Kraft auf ihn eingewirkt und diese Veränderung hervorgerufen haben.

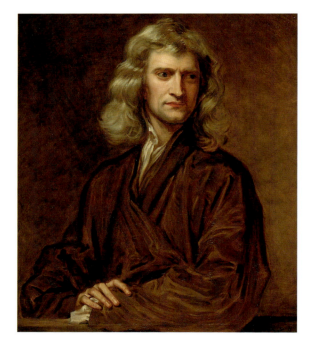

Oben: Sir Isaac Newton wuchs unter unglücklichen Familienverhältnissen auf. Es heißt, der Umgang mit ihm sei schwierig gewesen. *Rechts:* Möglicherweise haben fallende Äpfel Newton inspiriert, aber die komplizierten mathematischen Verfahren, die er für seine Gravitationstheorie verwendete, lassen darauf schließen, daß zur Entwicklung dieser Theorie mehr als nur ein Augenblick der Eingebung gehörte.

Newton wies mit Hilfe der Mathematik nach, daß sich Veränderungen in Geschwindigkeit und Bewegungsrichtung immer proportional zur Masse des Objekts und zur Stärke der wirkenden Kraft verhalten. Die Masse eine Objekts ist eine Eigenschaft, die von seiner Größe und seinem Gewicht abhängt. Genauer: Die Masse eines Objekts ist definiert durch die Anstrengung oder die Kraft, die erforderlich ist, um das Objekt in Bewegung zu setzen oder um seine Geschwindigkeit zu erhöhen, wenn es sich bereits in Bewegung befindet.

Diese Bewegungsgesetze, die heute noch zu den Grundlagen der Physik gehören, schufen die Voraussetzungen für eine Erklärung der Gravitation: Newton vertrat die Ansicht, daß jeder Körper oder jeder Gegenstand von jedem anderen Körper oder Gegenstand durch eine Kraft namens Gravitation oder Schwerkraft angezogen werde. Ein Körper mit einer sehr großen Masse zieht einen Körper mit einer weit geringeren Masse an – ein Vorgang, den man sehen kann:

CHRISTLICHE STOLPERSTEINE

Die Erde zieht einen Apfel, der sich von seinem Zweig löst, an ihre Oberfläche. Auch der Apfel zieht die Erde an, aber seine Masse ist so gering, daß diese Anziehung nicht wahrzunehmen ist. Daher hat es den Anschein, als wirke die Anziehung nur in eine Richtung – als falle der Apfel zur Erde. Tatsächlich ist die Gravitation eine so schwache Kraft, daß sich zwei Objekte von begrenzter Masse nur unmerklich beeinflussen. Wir können nicht erkennen, daß ein Apfel einen anderen anzieht, obwohl es eine solche Anziehungskraft gibt. Außerdem gilt: Je größer die Entfernung zwischen den beiden Objekten, desto geringer die Gravitation.

Diese Erklärung deckte sich vollkommen mit Galileis Beobachtung, daß Objekte von unterschiedlicher Größe und unterschiedlichem Gewicht stets mit gleicher Geschwindigkeit zur Erde fallen. Die Masse der Erde ist nämlich im Vergleich zu jedem Objekt, das ein Mensch in der Nähe der Erdoberfläche fallen lassen kann, so gewaltig, daß mögliche Massenunterschiede zwischen fallenden Objekten vernachlässigt werden können. Schließlich kann man auch nicht zwischen der Wirkung eines Sturms auf ein Eichen- und ein Birkenblatt unterscheiden.

Doch wenn man sehr massereiche Körper betrachtet – die Sonne beispielsweise oder den Mond und die Planeten – und ihre Beziehung zur Erde untersucht, dann fällt die Gravitationsanziehung, wie Newton erkannte, auch über größere Entfernungen durchaus ins Gewicht. Wenn keine andere Kraft ihnen Einhalt geböte, würden sich diese Himmelskörper alle in die eine oder andere Richtung des Alls bewegen. Normalerweise wäre diese Bewegung vollkommen geradlinig, bis das betreffende kosmische Objekt unter den Gravitationseinfluß eines anderen Körpers geriete. Vielleicht ist die Kraft nicht stark genug, um die beiden Körper zur vollständigen Annäherung zu veranlassen, aber sie reicht sicherlich aus, um zumindest die Bahn des einen zu krümmen. Möglicherweise zieht sie sogar das Objekt mit geringerer Masse in eine Umlaufbahn um das massereichere, allerdings nur, wenn die Masse der Objekte, ihre Geschwindigkeit, ihre Bewegungsrichtung und ihre Entfernung im richtigen Verhältnis zueinander stehen.

Zur Beschreibung dieser Beziehung entwickelte Newton eine mathematische Gleichung und untersuchte dann, ob sie sich auf das Sonnensystem anwenden ließ. Als er versuchte, Keplers elliptische Umlaufbahnen mit Hilfe der Formel zu beschreiben, stellte er fest, daß es ohne Probleme möglich war. Die Umlaufbahnen von Mars, Jupiter und Saturn ließen sich exakt beschreiben, nur bei Merkur ergab sich, wie man später erkannte, eine winzige Abweichung. Unbedenklich wurde sie auf Beobachtungsfehler zurückgeführt, da Newtons Gleichungen alle anderen Umlaufbahnen so befriedigend erklärten. Der Schluß war klar: Kopernikus und Kepler

CHRISTLICHE STOLPERSTEINE   STEPHEN HAWKINGS UNIVERSUM

hatten recht gehabt, und Newton hatte gezeigt, daß die Planeten durch die Gravitation in elliptischen Umlaufbahnen um die Sonne gehalten werden.

Newtons Gesetze, vor mehr als dreihundert Jahren formuliert, haben sich als so exakt erwiesen, daß man mit ihnen noch heute die Geschwindigkeit und die Bahn von Satelliten ausrechnet. Das war wahrlich eine geistige Meisterleistung, und die Kirche konnte sich den Beweisen dafür, daß sich die Sonne und nicht die Erde im Mittelpunkt des Universums befindet, nicht länger verschließen. Indirekt wurde ihr dieser Schritt durch eine andere Annahme von Newton erleichtert. Der Gedanke, daß das Universum eine äußere Grenze haben könnte – im ptolemäischen System die Sphäre der Fixsterne –, behagte ihm nicht. Newton hatte sich an der Entwicklung neuer, leistungsfähigerer Teleskope beteiligt, die den Beweis erbracht hatten, daß es sich nicht in allen Fällen um »fixierte« Sterne handelte. Sorgfältige Beobachtungen zeigten, daß sie sich sehr wohl bewegten, wenn auch um fast unmerkliche Strecken.

Ausgehend von seinen Bewegungsgesetzen, deren Grundidee lautet, daß sich von Natur aus nichts in Ruhe befindet, gelangte er zu dem Schluß, daß sich alle Himmelskörper wie die Planeten verhalten, die uns näher und daher leichter zu beobachten sind. Sie befinden sich ständig in Bewegung und werden in ihrer Bahn von der Schwerkraft bestimmt, sobald sie gegenseitig in ihre Gravitationsfelder geraten. Wenn alles dergestalt in Bewegung ist, so Newton, wo läßt sich

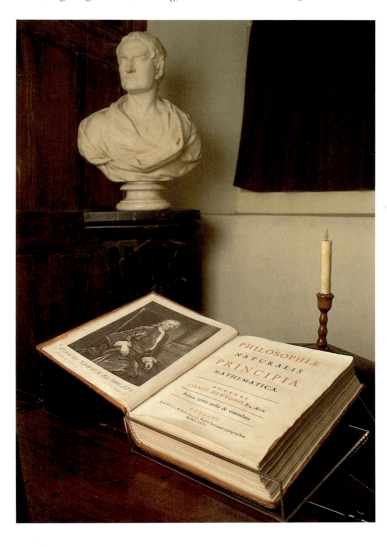

In seinem berühmten Buch *Principia Mathematica* lieferte Newton die erste vollständige mathematische Beschreibung des Universums, die sich exakt mit den damals vorliegenden Beobachtungen deckte.

CHRISTLICHE STOLPERSTEINE

STEPHEN HAWKINGS UNIVERSUM

dem Universum dann eine Grenze ziehen? Es gab keine logische Notwendigkeit, einen Rand des Universums anzunehmen. So gelangte er zu der Auffassung, daß das Universum keine Grenzen habe. Für ihn war es endlos in Raum und Zeit.

Obwohl dieser Entwurf der kirchlichen Lehre in gewisser Hinsicht widersprach (denn er erschwerte es, einen Ort und eine Zeit für den Schöpfungsaugenblick zu bestimmen), so verkörperte er doch wenigstens die Idee der Unendlichkeit und der Ewigkeit. Und das entsprach weitgehend dem Bild, das sich die Kirche von Gott machte. Sie ging davon aus, daß Gott in seiner grenzenlosen Macht und Weisheit das Universum so unendlich und ewig wie sich selbst erschaffen habe. Wie das vor sich gegangen war, konnte sich dem Verstand des sterblichen Menschen mit seiner begrenzten Lebensspanne nicht erschließen.

Für den Augenblick hatten also Wissenschaft und Religion einen vorläufigen Frieden geschlossen, aber sie waren beide nicht unbeschadet aus dem Ideenstreit hervorgegangen. Die Religion mußte der Wissenschaft zugestehen, daß die Erde nur einer von einer Reihe anderer Planeten war, die die Sonne umkreisten, und daß sie, kosmologisch betrachtet, keinen Mittelpunkt darstellte. Ferner vermochte die Kirche den Schöpfungsaugenblick, der immer Teil ihrer Lehre gewesen war, nicht mehr exakt zu datieren. Andererseits konnte die Wissenschaft keinen überzeugenden Grund für das Vorhandensein des Universums nennen. Außerdem blieb sie die Antwort auf ein zentrales Problem schuldig, das Newtons unendlichem, dem Einfluß der Gravitation unterworfenen Universum innewohnte: Wenn jedes Objekt auf jedes andere eine Anziehungskraft ausübt, warum sind dann alle Sterne im Universum so lange voneinander getrennt geblieben? In einem unendlichen und ewigen Universum müßte die Schwerkraft am Ende alles zu einem einzigen, riesigen Materieklumpen zusammenballen. Das schien sich aber nicht mit dem Universum vereinbaren zu lassen, das die Menschheit nun schon seit Jahrtausenden beobachtete.

Trotzdem – Newtons mathematische Gesetze der Bewegung und Gravitation erklärten diese Beobachtungen so vollkommen, daß sein Modell eines unendlichen, ewigen Universums rasch die uneingeschränkte Anerkennung fand, die das ptolemäische System einst besessen hatte. Doch anders als der geozentrische Entwurf des Ptolemäus sollte Newtons Unendlichkeitsmodell lediglich zweihundert Jahre überdauern.

Links: Das Sternbild Orion (nach dem gleichnamigen Jäger der griechischen Mythologie) ist den meisten Menschen vertraut, aber das Teleskop offenbart viel mehr Einzelheiten als das unbewaffnete Auge. *Unten:* Mit seinem winzigen Spiegelteleskop dürfte Newton viel von dem gesehen haben, was diese moderne Fotografie zeigt. Als erster baute er einen Spiegel in ein Fernrohr ein, wodurch er schärfere und stärkere Vergrößerungen mit einer sehr viel kürzeren Röhre erzielte. Sein Teleskop, kaum länger als eine Handspanne, wurde zum Vorbild für spätere Riesengeräte, die mit ihrer Größe die Beobachter weit in den Schatten stellten.

KAPITEL 3
DAS LICHT WIRD SICHTBAR

Newton sah keinen Grund, eine Grenze für die Ausdehnung des Universums anzunehmen; Sterne wie diese im Sternbild des Stiers (Mitte) und dem der Plejaden (der Sternenhaufen darüber) würden sich demnach endlos erstrecken. Aber gäbe es eine Grenze für unser Sehvermögen?

STEPHEN HAWKINGS UNIVERSUM

DAS LICHT WIRD SICHTBAR

Noch mehr Sterne

Mit dem Newtonschen Bild von einem unendlichen und ewigen Universum entwickelte sich eine ganz neue Begeisterung für die Himmelsbeobachtung. Dank immer leistungsfähigerer Teleskope konnten die Menschen tiefer und tiefer ins All blicken und darüber spekulieren, was dort noch alles zu entdecken sei. Durch den Einbau von Spiegeln in sein Teleskop war es Newton gelungen, alles, was Galilei beobachtet hatte, noch erheblich zu vergrößern. Doch zunächst brachten die verbesserten technischen Möglichkeiten keine nennenswerten neuen Erkenntnisse. Zwar hatten die Astronomen mit den Planeten und Kometen genügend neue Objekte, mit denen sie sich beschäftigen konnten, doch alles, was sie darüber hinaus zu sehen vermochten, waren die vertrauten Lichtpunkte – immer nur neue und wieder neue Sterne. Die nächsten Sterne stellten sich bei genauerer Betrachtung exakt als das heraus, was die ersten Beobachter schon mit bloßem Auge in ihnen gesehen hatten – strahlend helle Lichtquellen. Selbst die modernsten Teleskope zeigten nur, was schon beobachtet worden war; lediglich ein paar mehr Sterne gab es, und im Fernrohr sahen sie größer aus.

Statt also in den Tiefen des Alls neuartige Himmelskörper zu entdecken, stellten die Astronomen nun Spekulationen darüber an, was wohl die wachsende Zahl von Sternenentdeckungen bedeuten könnte. 1750 fand Thomas Wright heraus, daß man in einer bestimmten Richtung eine größere Häufung von Sternen entdeckte als in anderen Richtungen. So kam man auf die Idee, wir könnten in einer Art Sternenfamilie leben, und es gäbe möglicherweise noch andere Familien oder Sternenhaufen wie den unseren. Der deutsche Philosoph Immanuel Kant beobachtete »dunkle Wolken« oder Nebel und meinte, es könne sich um ferne Sternenhaufen wie den unseren handeln. Unsere Sternenansammlung sei eine Galaxie – wie die heutige Bezeichnung lautet –, und diese Nebel seien andere Haufen oder Galaxien. Inzwischen begann der französische Astronom Charles Messier die Nebel zu katalogisieren und versuchte, ein erkennbares Muster im Universum zu erkennen.

DAS LICHT WIRD SICHTBAR — STEPHEN HAWKINGS UNIVERSUM — 59

Unten: Als die Astronomen mit leistungsfähigeren Teleskopen über die nächsten Sterne hinausblickten, schienen sie zunächst lediglich mehr Sterne zu sehen. Doch einige der Lichtpunkte waren offenbar nicht die punktförmigen Lichtquellen von Sternen, sondern unregelmäßige Lichtflecken. Thomas Wright (1711-1786) zeichnete diese fiktiven Sternenhaufen (*rechts*), um zu erklären, wie sie sich seiner Meinung nach anordnen könnten, um wie ein einziger Lichtfleck auszusehen.

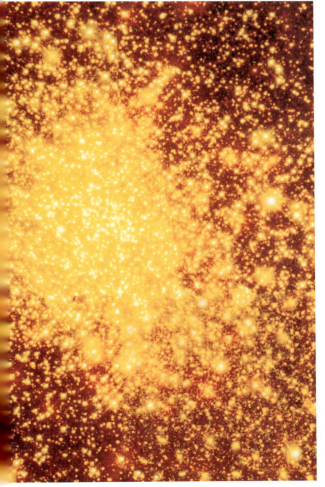

DAS LICHT WIRD SICHTBAR

Im Jahr 1785 entdeckten William Herschel und seine Schwester Caroline mit dem Planeten Uranus endlich einen neuen Himmelskörper. Außerdem machten sie in bestimmten Nebeln kleine Lichtpunkte aus, von denen sie behaupteten, es handle sich um einzelne Sterne in Wolken aus Staub und Gas. Dann erbaute William Parsons, der dritte Earl of Rosse, 1840 auf dem irischen Birr Castle sein Leviathan-Teleskop. Diese gewaltige, zehn Tonnen schwere Röhre war damals das leistungsfähigste Teleskop der Welt, mit dem sich endgültig nachweisen ließ, daß es innerhalb von Galaxien einzelne Sterne gibt. Während man früher die ungleichmäßigen Lichtflecken, die man mit den kleineren Teleskopen wahrgenommen hatte, für unregelmäßig geformte Sterne oder Sterne mit Staubhüllen gehalten hatte, erkannte man jetzt, daß es Gruppen vollkommen geformter Sterne waren, deren individuelles Licht sich in der verschwommenen Gesamthelligkeit der Galaxie verlor.

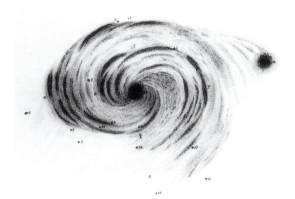

DAS LICHT WIRD SICHTBAR

Trotz der neuen Beobachtungsdaten, die die Astronomen sammelten, hielt ihre Enttäuschung an. Wenn jenseits der Grenzen unseres Sonnensystems nur Lichthaufen zu erkennen waren, dann ließen sich aus der Beobachtung allein offenbar kaum neue Erkenntnisse über das Universum gewinnen. Vielleicht war man an die Grenze der menschlichen Erkenntnisfähigkeit gestoßen. Ein Gedanke, der zugleich ernüchternd und erschreckend war.

Doch längst erzielten Forscher in anderen Disziplinen Fortschritte, ohne daß sie wissen konnten, wie wichtig ihre Arbeit eines Tages für die Kosmologie sein würde. 1816 untersuchte der Glastechniker Joseph von Fraunhofer in seinem Labor bei München das Glas, das er für seine Linsen verwendete. Bei künstlichem Licht war ihm etwas Ungewöhnliches aufgefallen, nun wollte er sehen, ob die gleiche Erscheinung zu beobachten war, wenn er das Sonnenlicht in das vollständige Farbspektrum zerlegte.

Alle Farben des Regenbogens

Rechts: Mit seinem riesigen Leviathan-Teleskop entdeckte William Parsons auf Birr-Castle in Irland als erster eine Spiralform am Himmel. *Links oben:* Er zeichnete die Spiralgalaxie, ohne zu wissen, um was es sich handelte. *Links unten:* Fotografien neueren Datums bestätigen, wie genau Parsons' Zeichnung war.

DAS LICHT WIRD SICHTBAR

Die Zerlegung des Lichts in die Farben des Spektrums hatte Newton bereits hundert Jahre zuvor entdeckt. Heute lernt man es in den ersten Jahren des Physikunterrichts: Mit einem dreieckigen Prisma wird ein Lichtstrahl in seine einzelnen Wellenlängen zerlegt. Das Ergebnis ist eine herrliche Farbfolge – von Rot und Orange am einen Ende über Gelb, Grün und Blau bis zu Indigo und Violett am anderen. Eigentlich wollte Joseph von Fraunhofer feststellen, ob sich in dem Regenbogenmuster, das die Lichtbrechung erzeugte, eventuelle Fehler seines Linsenglases zeigten. Zunächst hatte er mit künstlichem Licht gearbeitet (dem gelblichen Licht, das bei der Erwärmung von Natrium entsteht). Dabei hatte er bemerkt, daß das Licht einer solchen Lampe bei der Brechung ein oder zwei rätselhafte Lücken zeigte – dunkle Linien, an denen die kontinuierliche Ausbreitung der Farben jedesmal, wenn er das Lampenlicht zerlegte, an ganz bestimmten Stellen unterbrochen wurde. Allerdings erzeugte das Natriumlicht nur einen Teil des Spektrums, daher wollte Fraunhofer das ganze Spektrum prüfen, um herauszufinden, ob die Linien auch im Sonnenlicht auftraten. Unter den überaus sorgfältigen Bedingungen, für die er bei der Überprüfung seiner Linsen sorgte, konnte er nicht nur den Regenbogeneffekt sehen, den er durch die Lichtbrechung hervorrief, sondern er bemerkte auch eine große Anzahl deutlich erkennbarer Linien quer über das ganze Spektrum. Es gab einige tiefdunkle und einige andere, die heller und daher nicht ganz so gut sichtbar waren. Im Physiklabor einer Schule sind sie nicht gerade leicht auszumachen, doch unter Fraunhofers Versuchsbedingungen waren sie zweifelsfrei zu erkennen.

Bald darauf erhitzte er andere chemische Stoffe und zerlegte das von ihnen erzeugte Licht. Abermals zeigten sich die Linien oder Lücken, doch diesmal an anderen Stellen. Zwar wußte er nicht, wie sie zustande kamen, aber jeder chemische Stoff produzierte ein charakteristisches Linienmuster, das sich von dem der anderen unterschied. Ein bißchen glichen sie den Strichcodes, die heute in Supermärkten zur Kennzeichnung von Preisen und Waren dienen; jedes Muster aus hellen und dunklen Streifen im Farbspektrum war eine Art Lichtfingerabdruck, durch den man das betreffende chemische Element bei Erwärmung zu identifizieren vermag – was Fraunhofer allerdings noch nicht erkannte. Im Augenblick wußte er lediglich, daß er

DAS LICHT WIRD SICHTBAR

diese Linien gesehen hatte und daß er sie im Interesse der Wissenschaft veröffentlichen konnte.

Heute wissen wir, daß es sich bei diesen Linien in der Tat um Stellen im Spektrum oder bestimmte Wellenlängen des Lichts handelt, bei denen jedes Element Licht absorbiert – und dadurch Abwesenheit von Licht oder eine dunkle Linie erzeugt –, oder eine leuchtendere Farbe, also eine zusätzliche Aufhellung, produziert. Das hängt mit dem subatomaren Aufbau der einzelnen Elemente und der Art und Weise zusammen, wie sie auf Energiezufuhr reagieren. Um die Bedeutung von Fraunhofers Entdeckung zu begreifen, müssen wir diese Hintergründe nicht verstehen. Entscheidend ist, daß es in jeder Lichtprobe chemische »Fingerabdrücke« gibt, die sich durch Brechung des Lichts sichtbar machen lassen. Wenn wir diese Fingerabdrücke identifizieren, können wir sagen, welche chemischen Elemente in einer Lichtquelle vorhanden sind.

Im übrigen war Fraunhofer nicht der einzige, dem die Bedeutung seiner Entdeckung zunächst verschlossen blieb. Erst um 1880 fand William Huggins heraus, daß diese »Fraunhoferlinien« die Fingerabdrücke der Elemente sind. Noch wichtiger:

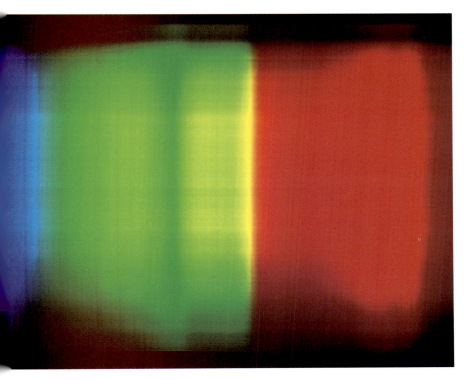

In diesem Spektrum sind die Fraunhoferlinien deutlich zu erkennen; ihr Muster offenbart detailliert die chemische Zusammensetzung der Lichtquelle.

Ihm wurde klar, daß sich mit ihrer Hilfe herausfinden ließ, woraus Sonne und Sterne bestehen. Als er das Licht der Sonne zerlegte und es mit dem Licht eines Sterns verglich, vermochte er nicht nur zu erkennen, daß beide Licht mit identischen Fingerabdrücken abstrahlen, sondern auch, daß in beiden die einander überlagernden Fingerabdrücke von Helium und Wasserstoff vorhanden sind. Daraus ergab sich unweigerlich der Schluß, daß die Sterne und die Sonne in ähnlicher Weise aus Wasserstoff und Helium aufgebaut sind und diese Stoffe durch einen Verbrennungsvorgang oder eine ähnliche Reaktion veranlassen, Wärme und Licht abzustrahlen – wie Riesenversionen von Fraunhofers Lampen.

Das war an sich schon eine Erkenntnis von hohem wissenschaftlichem Wert, aber ihre philosophische Bedeutung lag in dem Beweis, daß sich die Sonne und die Sterne nicht voneinander unterscheiden. Mit anderen Worten: Huggins hatte eine Tatsache entdeckt, die dem Rang des Menschen in der Natur viel größeren Abbruch tat als Galileis Beobachtung, daß sich die Erde nicht im Mittelpunkt des Universums befindet. Die Sonne, die das Herz unseres Planetensystems bildet, ist beileibe nicht einzigartig, sondern ein Stern unter anderen, Milliarden anderen, die alle aus den Elementen Wasserstoff und Helium bestehen und aus diesen – auf eine damals noch nicht bekannte Weise – Wärme und Licht erzeugen, um sie durchs All zu schicken. Es hatte also den Anschein, als wäre der Platz des Menschen im Universum beliebig und unbedeutend.

Diesmal machte weder die katholische Kirche noch eine andere religiöse Institution Anstalten, das wissenschaftliche Weltbild in Frage zu stellen. Wenn es die Bedeutung des Menschen im Vergleich zu Gott noch weiter herunterspielte, so konnte das Gottes ungeheure Macht und unendliche Weisheit nur unterstreichen. Für viele Wissenschaftler, die ohnehin schon Zweifel an der Gültigkeit religiöser Glaubenssätze hegten, bedeutete Huggins' Entdeckung, daß die Wissenschaft tatsächlich nichts mit der Religion zu schaffen hatte und daß die Erklärung des Universums letztlich nur von der wissenschaftlichen Forschung zu erwarten war. In diesem Weltbild war kein Platz mehr für die Schöpfung – das Universum erschien unwandelbar, grenzenlos und ewig. Es war schon immer dagewesen. Und der Mensch mit all seinen Flausen, seinen religiösen Überzeugungen und seiner Selbstüberschätzung war nur eine der erstaunlichen Folgen eines wissenschaftlich erklärten Phänomens. In der Folge davon bekannten sich einige Gelehrte zum Atheismus, zum Glauben an die Nichtexistenz Gottes, als dem einzigen verstandesmäßig zu rechtfertigenden Glauben.

Der Doppler-Effekt

Ausgerechnet als sich bei einigen Denkern die Überzeugung durchsetzte, daß die Wissenschaft das Ende der Religion heraufbeschwören werde, sahen sie sich durch neue physikalische Erkenntnisse veranlaßt, ihre Haltung noch einmal zu überden-

DAS LICHT WIRD SICHTBAR

ken. Die nächste wichtige wissenschaftliche Entdeckung, das Licht betreffend, sollte nämlich eher die kreatianistische Auffassung – die Schöpfungslehre – der Kirche als die Argumente der Atheisten stützen. Allerdings ahnte das damals noch niemand. Zwar erkannte Christian Doppler, anders als Fraunhofer, die astronomische Bedeutung dessen, was er 1842 in Wien herausfand, aber es sollten noch einmal rund 70 Jahre vergehen, bevor seine Entdeckung die Kosmologie revolutionierte und der kirchlichen Schöpfungslehre allem Anschein nach neue Glaubwürdigkeit verlieh.

Doppler stieß auf ein Prinzip, das gleichermaßen für Licht und Schall gültig ist. Vielleicht läßt sich die Grundidee leichter verstehen, wenn wir zunächst den Schall betrachten. Was wir heute als »Doppler-Effekt« bezeichnen, wird häufig unter Hinweis auf das Geräusch beschrieben, das ein Zug verursacht, der mit hoher Geschwindigkeit durch einen Bahnhof fährt. Jeder, der auf dem Bahnsteig steht, hört, wie sich das Geräusch des Zuges verändert, während er sich nähert, vorbeifährt und wieder entfernt. Natürlich wird das Geräusch bei der Annäherung lauter und bei der Entfernung leiser. Doch es gibt auch eine Veränderung in der Tonhöhe. Beim Näherkommen ist der Ton höher, beim Fortfahren erkennbar tiefer. Für einen Reisenden, der im Zug sitzt, gibt es jedoch keine Veränderung. Wie erklärt sich diese Veränderung der Tonhöhe, die der Beobachter auf dem Bahnsteig wahrnimmt?

Mit dem nach ihm benannten Effekt lieferte Christian Doppler ein unschätzbares Werkzeug zur Analyse des Sternenlichts, so daß wir heute die Geschwindigkeit und die Bewegungsrichtung ferner Sterne und Galaxien berechnen können.

Doppler erkannte, daß sich das Geräusch verändert, weil sich auch die Zeit verändert, die der Schall braucht, um den Beobachter auf dem Bahnsteig zu erreichen. Deutlicher wird das Phänomen, wenn wir die Fahrt des Zuges in eine Folge von mehreren Augenblicken zerlegen. Nehmen wir an, zum Zeitpunkt A ist der Zug 100 Meter vom Beobachter entfernt und nähert sich rasch. Diese 100 Meter muß der Schall zurücklegen, bevor er vernommen werden kann. Dazu braucht er zwar nur den Bruchteil einer Sekunde, aber es handelt sich um einen Zeitabschnitt von endlicher Größe – sagen wir, von 300 Millisekunden. Inzwischen, zum Zeitpunkt B, ist der Zug nur noch 90 Meter vom Beobachter entfernt.

Abermals muß das Geräusch des Zuges den Beobachter erreichen, bevor dieser es hören kann. Diesmal sind aber nur noch 90 Meter zurückzulegen. Da sich der Schall immer mit derselben Geschwindigkeit fortbewegt, braucht er jetzt nur noch 270 Millisekunden bis zum Beobachter: zehn Prozent weniger Zeit, um zehn Prozent weniger Entfer-

STEPHEN HAWKINGS UNIVERSUM

Das berühmteste Experiment zur Bestätigung des Doppler-Effekts hat Christopher Boys-Ballot in Holland durchgeführt. Er stellte einige Musiker auf einen Zug und bezog selbst Posten auf dem Bahnsteig eines Bahnhofs. Dann forderte er den Lokführer auf, so schnell es ging an ihm vorbeizurasen, während die Musiker angewiesen waren, einen bestimmten Ton zu spielen und zu halten. Auf diese Weise konnte Boys-Ballot die Doppler-Verschiebung feststellen – eine Veränderung der Tonhöhe, während der Zug an ihm vorbeifuhr. *Insert:* Hier ist der gleiche Effekt, wie er sich im Licht einer Galaxie zeigt. Wenn die Galaxie in der gleichen Entfernung zur Erde verharrt, werden die Fraunhoferlinien in der »Standardposition« des Lichtspektrums erscheinen (*oben*). Wenn sich die Galaxie von uns entfernt, sind die Wellen »gestreckt« und die Fraunhoferlinien rotverschoben (*Mitte*). Und wenn die Galaxie sich auf uns zubewegt, sind die Wellen gewissermaßen »zusammengequetscht« und die Linien blauverschoben (*unten*).

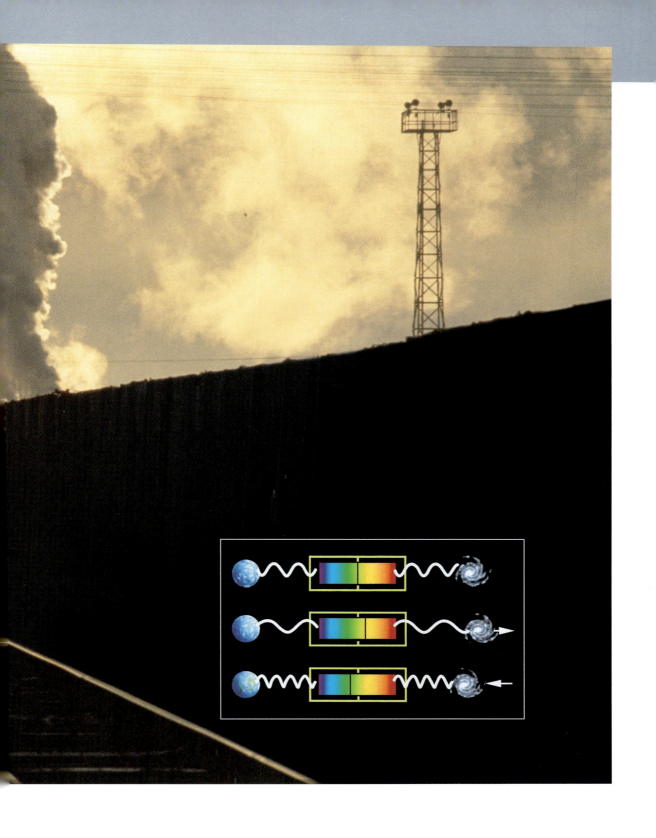

DAS LICHT WIRD SICHTBAR

nung zurückzulegen; 30 Millisekunden weniger als zum Zeitpunkt A. Entsprechend wird der Schall zu den nachfolgenden Zeitpunkten C, D und so fort immer weniger Zeit brauchen, um den Beobachter zu erreichen. Dadurch nimmt der Beobachter das Geräusch des näherkommenden Zuges in »zusammengequetschter« Form wahr.

Sobald der Zug am Beobachter vorbei ist, tritt das Gegenteil ein. Stellen wir uns jetzt vor, der Zug wäre zum Zeitpunkt X 100 Meter vom Bahnhof entfernt. Dann hätte der Schall zu diesem Zeitpunkt X 100 Meter zurückzulegen, um den Beobachter zu erreichen – wozu er 300 Millisekunden braucht. Inzwischen, zum Zeitpunkt Y, ist der Zug erneut 10 Meter weiter vom Beobachter entfernt. Folglich muß der Schall zum Zeitpunkt Y 110 Meter zurücklegen, wozu er 330 Millisekunden braucht – 30 Millisekunden mehr als zum Zeitpunkt X. Während der Zug sich weiter und weiter entfernt, erreicht der Schall das Ohr des Beobachters also »gestreckt«.

Dieser Vergleich mit Zügen, die durch Bahnhöfe fahren, scheint nun wenig mit der Kosmologie zu tun zu haben. Wie soll man unter solchen Umständen den Doppler-Effekt mit Licht, Sternen und der Entstehung des Universums in Verbindung bringen? Tatsächlich hat Doppler den nach ihm benannten Effekt zuerst am Licht und nicht am Schall festgemacht. Allerdings ist das Prinzip in diesem Kontext schwerer zu verstehen, weil es sich dort unserer alltäglichen Erfahrung entzieht. Der Doppler-Effekt liefert jedoch den Schlüssel zum Verständnis des neuen kosmologischen Weltbildes, das sich Anfang des 20. Jahrhunderts herausschälte. Sobald Sie sich an die Vorstellung gewöhnt haben, daß der Schall »zusammengequetscht« wird, wenn Sie ein Objekt beobachten, das auf Sie zukommt, und »gestreckt« wird, wenn Sie ein Objekt im Visier haben, das sich von Ihnen entfernt, sind die Zusammenhänge relativ leicht zu verstehen. Sie können sich auch die Kämme und Täler einer Schallwelle in »zusammenquetschter« Form vorstellen, wodurch eine höhere Frequenz und damit auch ein höherer Ton entstehen, oder in »gestreckter« Form, so daß eine niedrigere Frequenz und ein tieferer Ton hervorgerufen werden.

Natürlich breitet sich auch das Licht in Wellen aus – nur mit sehr viel größerer Geschwindigkeit als der Schall. Licht und Schall sind bestimmte Energieformen. Wir wissen alle, daß Glühbirnen und Kochplatten Licht beziehungsweise Wärme abgeben, wenn wir sie einschalten, um zu lesen oder zu kochen. Die praktische Nutzung der Schallenergie ist uns vielleicht nicht ganz so vertraut, aber Begriffe wie »Sonar« und »Echolot« vermitteln wohl doch ein gewisse Vorstellung. In der Regel verstehen wir unter Licht nur jenen Anteil, den wir mit den Augen sehen können, aber dieses sichtbare Licht bildet nur einen winzigen Ausschnitt im Gesamtspektrum der verschiedenen Energiewellenlängen. Als Newton mit Hilfe seines Prismas

DAS LICHT WIRD SICHTBAR

einen Regenbogen aus gebrochenem Licht hervorrief, zerlegte er das sichtbare Licht in seine verschiedenen Wellenlängen oder Frequenzen. Das Rot am einen Ende dieses Regenbogenspektrums weist eine geringere Frequenz auf als das Blau am anderen Ende. Über dem blauen oder violetten Ende des sichtbaren Lichtspektrums liegen noch höhere Frequenzen oder noch kürzere Wellenlängen – zunächst das ultraviolette Licht und dann, bei kürzeren Wellenlängen, die Röntgenstrahlen. Unter dem roten Ende des sichtbaren Lichtspektrums liegen größere Wellenlängen oder niedrigere Frequenzen – zuerst das infrarote Licht, das auf fotografischen Platten festgehalten werden kann, dann die Mikrowellen und die Radiowellen, die wir zur Übermittlung von Radio- und Fernsehsignalen verwenden. Das sichtbare Licht ist einfach ein schmales Frequenzband innerhalb eines breiten Spektrums von Wellen, die alle elektromagnetische Energiemanifestationen sind und sich auf vielfältigste Art nachweisen und nutzen lassen – vom medizinischen Röntgengerät bis zum Mikrowellenherd.

Dieses Spektrum der elektromagnetischen Wellen ist auch für Astronomen, die das frühe Universum beobachten, sehr nützlich. Wie sich Wärme und Licht entdecken lassen, ist uns allen vertraut; viele Menschen wissen darüber hinaus, daß man Röntgenstrahlen und infrarotes Licht auf fotografischen Platten nachweisen kann. Weniger bekannt ist vielleicht, daß Wissenschaftler auch andere Teile des elektromagnetischen Spektrums entdecken können, selbst wenn dort nur ein winziger Energiebetrag abgestrahlt wird. Auch bei fast völliger Abkühlung lassen sich die Wellen noch nachweisen – ähnlich, wie Sie noch die letzte schwache Wärme aus der Asche eines erloschenen Feuers spüren. Folglich können Astronomen die Spuren von Ereignissen aufzeichnen, bei denen sich einst zwar außerordentlich große Hitze entwickelte, die sich im Laufe der folgenden Jahrmillionen aber fast völlig abgekühlt haben. Manchmal ist die Strahlenquelle dabei so weit entfernt, daß die Wellen, obwohl sie sich mit Lichtgeschwindigkeit ausbreiten, Milliarden Jahre brauchen, um uns zu erreichen. Diese Lichtwellen verraten uns, wie das Universum vor Jahrmilliarden ausgesehen haben muß. Das gilt auch für das sichtbare Licht. Deshalb spricht man davon, bestimmte Objekte, die wir in sehr leistungsfähigen Teleskopen erblicken, seien soundso viele »Lichtjahre« entfernt. Wenn Astronomen sagen, die Distanz zu einem Stern oder einer Galaxie betrage eine bestimmte Anzahl von Lichtjahren, dann ist damit die Entfernung einfach durch die Zeit ausgedrückt, die das Licht braucht, um uns zu erreichen.

Da das Licht ferner Sterne auf dem Weg zu uns so große Strecken zurücklegen muß, ist es auch dem Doppler-Effekt unterworfen. Zwar hat schon Doppler erkannt, daß das von ihm entdeckte Phänomen nicht nur auf Schall-, sondern auch auf Lichtwellen zutreffen müßte, doch ließ sich diese Theorie durch ein einfaches Experiment auf der Erde kaum überprüfen. Da sich Licht äußerst schnell ausbreitet, war Doppler

DAS LICHT WIRD SICHTBAR

zu dem Schluß gekommen, daß sich sein Effekt beim sichtbaren Licht nur nachweisen ließ, wenn die Lichtquelle sehr weit vom Beobachter entfernt wäre und sich in sehr rascher Bewegung befände. Andernfalls wären alle »Quetsch-« oder »Streckeffekte« der Wellen so winzig, daß wir sie nicht wahrnehmen könnten. Nach seiner Auffassung waren die Sterne so ziemlich die einzigen Lichtquellen, deren Entfernung für den Nachweis des Doppler-Effekts ausreichte – vorausgesetzt natürlich, sie bewegten sich schnell genug von uns fort oder auf uns zu. Er entschied sich für die Untersuchung eines Sternenpaars, von dem die Astronomen meinten, es teile sich eine Umlaufbahn. Wenn das der Fall wäre, überlegte Doppler, dann müßte sich zu jedem gegebenen Zeitpunkt ein Stern von uns fort und der andere auf uns zu bewegen. Sie hätten also eine gewisse Ähnlichkeit mit zwei Stellen auf den gegenüberliegenden Rändern eines rotierenden Kreisels: Wenn die eine Stelle sich durch den Punkt des Kreises bewegt, der einem Beobachter am nächsten liegt, bewegt sich die andere durch den Punkt des Kreises, der die größte Entfernung zum Beobachter aufweist. Und wenn sich die erste Stelle vom Beobachter entfernt, beginnt die andere, sich ihm zu nähern.

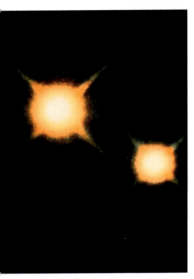

Die beiden Sterne von Alpha Centauri sind inzwischen so oft beobachtet worden, daß sich mit Gewißheit angeben läßt, wie sie sich relativ zueinander bewegen. Nachdem ihr Licht über einen längeren Zeitraum analysiert worden ist, haben sich eine Reihe von Veränderungen in ihren Spektren gezeigt. Der regelmäßige Wechsel von Blau- und Rotverschiebungen läßt erkennen, daß sich die beiden Sterne alle 80 Jahre einmal umkreisen.

Wenn die Sterne tatsächlich eine gemeinsame Umlaufbahn hätten, dann müßte die Untersuchung ihres Lichts, so errechnete Doppler, einen Unterschied der Wellenlängen ergeben, aus dem sich ersehen ließe, in welche Richtung sich jeder der beiden Sterne bewegte. Sorgfältig zerlegte er das Licht jedes Sterns und entdeckte die charakteristischen Fraunhoferlinien für Wasserstoff und Helium in beiden Spektren. Aber es gab einen entscheidenden Unterschied: Das identische Linienmuster der beiden Spektren befand sich in leicht voneinander abweichenden Positionen. Es sah aus, als wäre das eine zum blauen Ende des sichtbaren Lichtspektrums verschoben und das anderen zum roten Ende.

Und genau das hatte Doppler vorausgesagt. Eine Lichtquelle wurde in der höheren Frequenz des blauen Endes gesehen, entsprach also der »zusammengequetschten« Lichtwelle, die andere wurde in der niedrigeren Frequenz des roten Endes wahrgenommen, war also der »gestreckten« Welle zuzurechnen. Die Blauverschiebung resultierte in der Tat aus dem »zusammengequetschten« Licht des Sterns, der sich auf Doppler zubewegte – ähnlich dem »zusammengequetschten« Geräusch des näherkommenden Zuges. Die Rotverschiebung war die »gestreckte« Welle eines sich entfernenden Sterns – entsprechend dem »gestreckten« Geräusch eines sich entfernenden Zuges.

Mit anderen Worten: An dem Licht, das Sterne aussenden – an der Rot- oder Blauverschiebung –, läßt sich die Richtung ihrer Bewegung erkennen. Je stärker die Fraunhoferlinien zum roten oder blauen Ende des Spektrums verschoben sind, desto stärker müssen die Wellen »gestreckt« oder »gequetscht sein, das heißt, desto rascher bewegt sich der Stern von uns fort oder auf uns zu. So hatte Doppler mit seiner Licht-

DAS LICHT WIRD SICHTBAR

analyse plötzlich eine Möglichkeit geschaffen, die Richtung und die Geschwindigkeit jeder Lichtquelle am Nachthimmel zu bestimmen.

Zwar leugneten die Astronomen nicht, daß sie mit der Doppler-Verschiebung über ein neues Werkzeug zur Erforschung des Universums verfügten, doch hatten sie zunächst nicht das Gefühl, daß damit etwas Entscheidendes geschehen war. Keinesfalls war die Entdeckung dazu angetan, bei christlichen Wissenschaftlern den kreatianistischen Eifer zu neuem Leben zu erwecken oder Newtons Modell eines unendlichen und ewigen Universums in Frage zu stellen. Was Doppler sah, bestätigte lediglich die Erwartungen der Astronomen: Die Sterne bewegten sich. Newton hatte ein Universum voller Himmelskörper vorhergesagt, die sich in Bewegung befinden. Und seit den ersten griechischen Himmelsbeobachtungen, lange bevor Galilei die Jupitermonde entdeckt hatte, wußte man, daß das meiste, was sich dort oben bewegt, bestimmten Bahnen folgt. Und doch sollte sich die Anwendung der Doppler-Verschiebung auf die Untersuchung des Sternenlichts als ebenso umwälzend erweisen wie Galileis Beobachtungen oder Newtons Gravitationstheorie. Dazu war allerdings ein meisterhafter Handwerker erforderlich, der das neue Werkzeug richtig zu gebrauchen wußte. Auf einen solchen Mann mußte die Welt noch einmal 70 oder 80 Jahre warten.

Kartierung der Galaxien

Als er dann kam, erwies er sich in jeder Hinsicht als eine Persönlichkeit, die dieser Rolle gerecht wurde. Edwin Hubble, 1889 in den Vereinigten Staaten geboren, dachte als junger Mann an eine Laufbahn als Berufsboxer, machte seinen Doktor an der juristischen Fakultät in Oxford und beschloß schließlich, Astronom zu werden. Einige Kollegen, die in den zwanziger Jahren mit ihm am Mount-Wilson-Observatorium in Kalifornien zusammengearbeitet haben, schildern ihn denn auch als sorgsamen Beobachter, der geduldig und systematisch alle seine Beobachtungsdaten zusammenstellte – ganz wie ein Staatsanwalt, der einen Fall für die Verhandlung vorbereitet. Andere erinnern sich an die intuitiven Eingebungen eines Mannes, dem sich alle Zusammenhänge in jähen Geistesblitzen erschlossen. Vielleicht stimmt beides.

Hubble stand auf dem Mount Wilson das leistungsfähigste optische Teleskop seiner Zeit zur Verfügung, um die Objekte seines Interesses, die fernen Galaxien, zu untersuchen. Er wollte feststellen, ob er ihre Bewegung und ihre chemische Zusammensetzung herausfinden konnte, wenn er das von ihnen abgestrahlte Licht auf die Fraunhoferschen Fingerabdrücke und die Doppler-Verschiebung untersuchte. Außerdem konnte er auf ein weiteres nützliches Instrument zurückgreifen, um ihre Entfernung von der Erde zu bestimmen.

Vor dem Beginn des 20. Jahrhunderts hatten sich die grundlegenden Methoden

STEPHEN HAWKINGS UNIVERSUM

DAS LICHT WIRD SICHTBAR

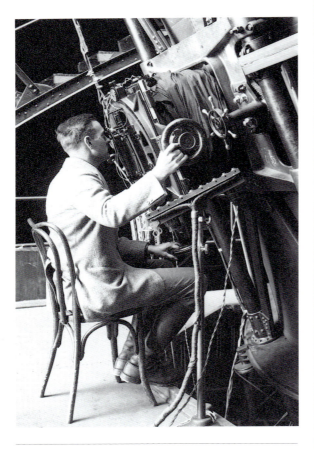

Oben: Edwin Hubble (1889-1953) bei der Beobachtung mit dem 253-cm-Hooker-Teleskop (*rechts*) auf dem Mount Wilson in Kalifornien. Die »253 cm« im Namen des Teleskops bezeichnen die Größe des Spiegels im Teleskop. Welche Ausmaße das gesamte Teleskop hatte, können Sie erahnen, wenn Sie auf den Stuhl achten, auf dem Hubble sitzt. Er ist auf der Beobachtungsplattform ganz rechts zu erkennen. Wenn sich das Dach des Observatoriums öffnet, wird das Teleskop in die richtige Stellung gefahren, während sich die Beobachtungsplattform auf den spiralförmigen Führungsschienen zur Spitze des Teleskops bewegt, wo sich das Okular befindet. Das Licht des beobachteten Sterns fällt in den Spiegel am unteren Ende der Röhre und wird von dort ins Okular an der Spitze geworfen.

DAS LICHT WIRD SICHTBAR

zur Berechnung der Entfernung zwischen Erde und Sternen in den vergangenen 2000 Jahren bemerkenswert wenig verändert. Natürlich hatte man seit Eratosthenes und seinen unmittelbaren Nachfolgern, die die Entfernung zur Sonne mit Stäben und geometrischen Lehrsätzen errechnet hatten, die Methoden verfeinert, aber das war nur in begrenztem Rahmen möglich gewesen. Die Mathematik hatte hinreichende Fortschritte gemacht, um die Entfernungen zu nahegelegenen Sternen in der Milchstraße zu berechnen; mehr ließ sich nicht machen. Doch 1912 hatte die amerikanische Astronomin Henrietta Leavitt einen Sternentypus entdeckt, der die Entfernungsmessung in der Astronomie revolutionierte. Vorauszuschicken ist, daß Sterne buchstäblich blinken; bei vielen schwankt die emittierte Lichtstärke von einer Zeitperiode zur anderen. Die Gründe dafür sind kompliziert und weniger wichtig als Leavitts Erkenntnis, daß die Schwankung der Lichtstärke sich bei einer bestimmten Sternenart außerordentlich genau vorhersagen läßt. Nach der Position der Galaxie, in der man den ersten Stern dieser Art beobachtete, bezeichnet man sie als Cephei-Sterne oder Cepheiden.

In der Milchstraße gibt es vergleichsweise wenige Cepheiden – Hunderte im Vergleich zu Milliarden anderer Sternenarten. Doch sobald man einen entdeckt hat, ist sein veränderliches Lichtmuster so charakteristisch und so verschieden von dem anderer Sterne, daß man ihn zweifelsfrei als Cephei-Stern identifizieren kann – so, als fiele der Blick auf eine gelbe Tulpe in einem roten Feld. Aufgrund dieser Vorhersagbarkeit besitzt ein Cephei-Stern eine bestimmte Gesamthelligkeit, abhängig von der Häufigkeit, mit der er vom hellsten zum schwächsten Licht wechselt. Damit stand Hubble ein Werkzeug zur Verfügung, mit dem er die Entfernung zwischen der Erde und den entlegensten Winkeln des Alls messen konnte. Mit traditionellen mathematischen Verfahren läßt sich errechnen, wie groß die Distanz zu einem nahen Cephei-Stern ist, und auch seine Leuchtkraft oder Helligkeit bestimmen. Das liefert einen Maßstab für Vergleiche. Nehmen wir an, Sie wollen die Entfernung zwischen der Erde und einer fernen Galaxie bestimmen. Dann müssen Sie zunächst einen Cephei-Stern in dieser Galaxie finden. Nun können Sie die Leuchtkraft dieses fernen Cephei-Sterns messen und ihn mit dem Licht des nahen Cephei-Sterns vergleichen, dessen Entfernung von der Erde bekannt ist. Der Helligkeitsunterschied der beiden ist zum Unterschied ihrer Entfernung zur Erde proportional.

Sofern also leistungsfähige Teleskope das unverkennbare, veränderliche Lichtmuster eines Cephei-Sterns in einer fernen Galaxie erfassen können, läßt sich die Entfernung der Galaxie zur Erde berechnen. Mit Hilfe dieser Methode machte Hubble sich an die ungeheure Aufgabe, das Universum Galaxie um Galaxie zu kartieren. Ihm war klar, daß er nicht nur erfassen konnte, wie weit die einzelne Galaxie von der Erde entfernt war, indem er einen Cephei-Stern dieser Galaxie mit einem sol-

Edwin Hubble entdeckte, daß andere Galaxien eine erstaunliche Distanz zu der unseren aufweisen. Diese Galaxie ist etwa 13 Millionen Lichtjahre entfernt. Mit anderen Worten, zu dem Zeitpunkt, da das Licht der Galaxie uns erreicht, sehen wir die Galaxie so, wie sie vor 13 Millionen Jahren ausgesehen hat.

DAS LICHT WIRD SICHTBAR

chen Stern in unserer Milchstraße verglich, sondern daß er auch herausfinden konnte, woraus die betreffende Galaxie bestand, indem er anhand der Fraunhoferlinien in ihrem Lichtspektrum die Elemente ihrer Sterne bestimmte. Und schließlich konnte er noch eine Vorstellung von Richtung und Geschwindigkeit der Galaxie bekommen, wenn er die Doppler-Verschiebung des Fingerabdrucks im Spektrum erfaßte.

Je weiter das Licht verschoben war, desto stärker war es »zusammengequetscht« oder »gestreckt« und desto rascher bewegte sich die Galaxie. Geduldig isolierte er mit seiner Forschungsgruppe das Licht jeder fernen Galaxie, zerlegte und analysierte es, bis sich ein möglichst vollständiges Bild ergab.

Die abgebildeten Spiralgalaxien hat Edwin Hubble 1925 selbst aus seinen Beobachtungsdaten als Beispiele für den betreffenden Galaxientyp ausgewählt. Hubbles Klassifikationsschema, das zwischen elliptischen Galaxien, unregelmäßigen und Spiralgalaxien unterscheidet, gilt in seinen Grundzügen heute noch.

Wie erwartet, stellten die amerikanischen Astronomen fest, daß Wasserstoff und Helium die häufigsten Elemente in allen Galaxien waren. Doch damit bestätigte sich lediglich, was William Huggins bereits entdeckt hatte. Viel überraschender war der Umstand, daß alles Licht, das sie untersuchten, rotverschoben war – alle Galaxien schienen sich also von uns fortzubewegen. Außerdem zeigten die gefundenen Cephei-Sterne, daß die Galaxien viel weiter entfernt waren, als alle Fachleute vermutet hatten. Bei einigen betrug der Abstand zur Erde Milliarden Lichtjahre. Hubble und seine Forschungsgruppe sahen also Licht, das nicht nur offenbarte, wie die Galaxien beschaffen waren, sondern das in manchen Fällen auch darauf schließen ließ, daß die betreffenden Galaxien schon vor etwa acht Milliarden Jahren entstanden sein mußten. Und dieses Licht war stärker rotverschoben als das aller anderen Galaxien. Mit anderen Worten: Die ältesten und von uns am weitesten entfernten Galaxien streben mit einer phänomenalen Geschwindigkeit von uns fort – schneller als die Galaxien, die uns näher sind.

DAS LICHT WIRD SICHTBAR

Hubbles Entdeckung kam so unerwartet, daß sie in ihrer vollständigen Bedeutung nicht sofort begriffen wurde. Es gibt nicht viele dynamische Systeme, in denen sich alles, ganz gleich, wohin man blickt, von einem fortbewegt. Ein schönes Beispiel ist ein Luftballon, der aufgeblasen wird. Stellen Sie sich vor, Sie malen irgendwo auf seiner Oberfläche einen Fleck und in dessen Umgebung eine beliebige Anzahl anderer Flecken auf. Wenn sich der Ballon nun aufbläht und sich seine Hülle dehnt, werden sich alle Flecken auf seiner Oberfläche von dem Fleck entfernen, den Sie zuerst gemalt haben. Das Universum muß also wie ein Luftballon, der aufgeblasen wird, in irgendeiner Weise expandieren.

Das expandierende Universum

Die Vorstellung, daß diese dynamische Eigenschaft des Universums ganz allein durch die Untersuchung von Sternenlicht entdeckt wurde, ist wirklich erstaunlich. Es war denn auch ein so verblüffender Befund, daß viele Physiker Hubbles Schlußfolgerungen zunächst in Frage stellten. Sie glaubten, es müsse noch eine andere Erklärung geben. Doch Hubble konnte nachweisen, daß eine konstante Beziehung zwischen der Geschwindigkeit einer Galaxie, die sich in ihrer Rotverschiebung ausdrückt, und ihrer Entfernung von der Erde, die sich aus der Helligkeit ihrer Cepheiden ergibt, vorliegt. Seine Beobachtungen zeigten eine erstaunliche Übereinstimmung; alles, was sich in einer gegebenen Entfernung von der Erde befand, bewegte sich mit gleicher Geschwindigkeit. Und je größer die Entfernung war, desto stärker nahm die Geschwindigkeit zu. So gleichbleibend war diese Beziehung, daß Hubble sie sogar durch eine mathematische Gleichung ausdrücken konnte – das Hubblesche Gesetz, das sich stets aufs neue bewährte, wenn die Daten einer weiteren Galaxie hinzukamen.

Die Mehrheit der atheistischen Naturwissenschaftler, die der Vorstellung eines unveränderlichen, unendlichen und ewigen Universums fest verhaftet war, konnte sich nur schwer mit dem Konzept eines expandierenden Universums abfinden. Daher war die Versuchung groß, Hubbles Entdeckung herunterzuspielen oder zu übergehen. Einige Forscher zeigten sich jedoch beeindruckt – vor allem ein junger, sehr ideenreicher Astronom. Er war Priester im Vatikan und schlug die wohl spektakulärste Erklärung für Hubbles expandierendes Universum vor.

KAPITEL 4
AM ANFANG...

Auffällige Staubwolken wie der Adler-Nebel – Milliarden Kilometer im Durchmesser und reich an Wasserstoffmolekülen – gelten heute als typische Orte der Sternentstehung. Nur ein kleines Teil in dem unglaublich umfangreichen Puzzle, das zusammengesetzt werden mußte, nachdem Hubble die Expansion des Universums durch seine Beobachtungen nachgewiesen hatte.

AM ANFANG...

1927 setzte sich Georges Lemaître, ein belgischer Jesuitenpater, der als theoretischer Kosmologe am Observatorium des Vatikans tätig war, mit einigen Ideen und mathematischen Gleichungen Albert Einsteins auseinander. Lemaître selbst erklärte mit großer Entschiedenheit, er habe lediglich nach einem Modell des Universums gesucht, das mit Einsteins Theorien zu vereinbaren sei. Andere waren hingegen überzeugt, er habe sich um eine wissenschaftliche Erklärung des Universums bemüht, die Raum für einen Schöpfungsaugenblick ließ – jenen Moment, den Newtons ewiges und unendliches Modell auszuschließen schien. Der katholischen Kirche war es wichtig, die kreatianistischen Darlegungen der Bibel in irgendeiner Weise mit den wissenschaftlichen Erkenntnissen über das Universum zu vereinbaren. Für die Wissenschaftler im Vatikan-Observatorium erwies sich das als schwierige Aufgabe. Offensichtlich suchte Lemaître nach neuen Anhaltspunkten, die darauf schließen ließen, daß das Universum endlich sei und deshalb einen eindeutig zu bestimmenden Anfang haben müsse.

Alles ist relativ

Mit Einsteins Theoremen beschäftigte er sich, weil der sich rasch einen Namen als einer der kreativsten Wissenschaftler seiner Zeit gemacht hatte. Einstein verdiente sich im schweizerischen Patentamt in Bern seinen Lebensunterhalt, während er seine bahnbrechenden physikalischen Theorien ausarbeitete. Seine erste größere Arbeit erschien 1905, die erste der beiden Relativitätstheorien, die »spezielle Relativitätstheorie«. Die zweite wurde 1915 veröffentlicht und wird als »allgemeine Relativitätstheorie« bezeichnet. Beide behandeln die Beziehung zwischen einem Beobachter und dem Ereignis, das er beobachtet. Die spezielle Relativitätstheorie beschäftigt sich mit der Frage, was geschieht, wenn das Ereignis und der Beobachter durch eine konstante Bewegung verbunden sind, während die allgemeine Relativitätstheorie die Gravitation ins Spiel bringt. Außerdem untersucht sie die Situation bei wachsender oder abnehmender Geschwindigkeit eines Ereignisses. Beide Theorien sind noch immer sehr schwer zu verstehen, trotzdem sind sie in erster Linie für Einsteins wissenschaftlichen Ruhm verantwortlich. Ursprünglich ging es Einstein gar nicht so sehr darum, das Universum zu erklären, doch seine Theorien fanden zwangsläufig das Interesse der Kosmologen, weil er die physikalischen Gesetze neu formulierte, die seit Newton widerspruchslos akzeptiert worden waren.

Einstein vertrat die Auffassung, die physikalischen Gesetze müßten sich gleichbleiben, egal von welcher Position sie beobachtet würden. Dieser Gedanke ergab sich aus der Erkenntnis, daß ein Ereignis zwei verschiedenen Beobachtern verschieden erscheinen kann, je nachdem, wo sie sich befinden. Man hat diverse alltägliche Beispiele bemüht, um diesen Punkt zu verdeutlichen. Eines, das wohl

AM ANFANG... STEPHEN HAWKINGS UNIVERSUM

jeder kennt: Zwei Züge halten nebeneinander in einem Bahnhof. Sie sitzen in dem einen Zug und blicken durchs Fenster auf den anderen, der sich plötzlich in Bewegung zu setzen scheint. Eine oder zwei Sekunden lang sind Sie sich nicht sicher, ob tatsächlich der andere oder nicht vielmehr Ihr Zug fährt. Sie wissen lediglich, daß sich der eine Zug relativ zum anderen bewegen muß – daher der Name *Relativitäts*theorie.

Stellen Sie sich nun vor, daß sich ein Beobachter im Zug befindet und ein anderer auf dem Bahnsteig steht, während ein Zug vorbeirauscht. Eine Tasse steht 60 Zentimeter vor dem Mann im Zug auf einem Tisch. Aus seiner Sicht bewegt sie sich nicht. Dagegen hat der Mann auf dem Bahnsteig den Eindruck, daß die Tasse (die er durchs Wagenfenster sieht) mit hoher Geschwindigkeit vorbeihuscht.

Entscheidend war Einsteins Erkenntnis, daß es die physikalischen Gesetze neu zu formulieren galt, damit die Bewegungsgesetze in sich schlüssig wurden. Sie mußten verwandte Konzepte wie Beschleunigung und Impuls erklären, die an diesen scheinbar unterschiedlichen Erscheinungsweisen der Tasse beteiligt waren. Dazu

Albert Einstein (1879-1955) hatte sich eigentlich nicht ausdrücklich vorgenommen, die kosmologischen Rätsel des Universums zu lösen, aber seine revolutionären Theorien wirkten sich auf die Kosmologie genauso nachhaltig wie auf alle anderen Bereiche der Physik aus.

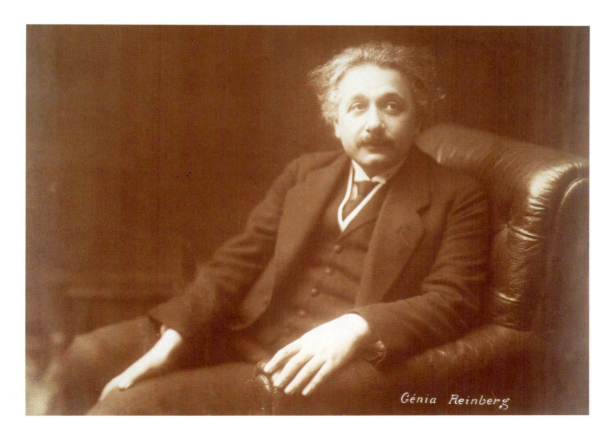

AM ANFANG...

war wiederum erforderlich, das Wesen und die Wirkung von Zeit und Raum zu verstehen. Denn verantwortlich für die beiden unterschiedlichen Erscheinungsweisen der Tasse sind die verschiedenen Positionen, die die beiden Beobachter relativ zur Tasse in Zeit und Raum innehaben. Der eine bewegt sich zusammen mit der Tasse durch Zeit und Raum, so daß ihre relative Position stets 60 Zentimeter vor ihm ist. Sie bleibt in seinem Blickfeld, solange beide auf gleiche Weise durch Zeit und Raum unterwegs sind. Dagegen befindet sich der andere Beobachter relativ zur Tasse in Ruhe, so daß diese innerhalb sehr kurzer Zeit in sein Blickfeld tritt und es wieder verläßt.

In die Raumzeit einsinken

Zur Beschreibung solcher Beziehungen entwickelte Einstein seine mathematischen Gleichungen. In ihrer Gesamtheit definieren sie Raum und Zeit – mit höchst bedeutsamen Folgen für die Kosmologen. Zunächst einmal stellte sich heraus, daß Zeit und Raum mathematisch identisch sind. Und daß infolgedes-

Häufig veranschaulicht man Einsteins Gravitationstheorie, indem man schwere Objekte, die Sterne oder ganze Galaxien verkörpern, auf einem Gummituch darstellt, auf dem die Linien eines Gitternetzes Raum und Zeit andeuten. Je massiver das Objekt ist, desto größer wird die Vertiefung sein, die es in der Raumzeit hinterläßt, und desto schwieriger wird es für jedes andere Objekt, das in der Nähe vorbeikommt, nicht in das Objekt hineingezogen zu werden.

AM ANFANG...

STEPHEN HAWKINGS UNIVERSUM

sen Newtons Erklärung der Gravitation trotz ihrer scheinbaren Genauigkeit vollkommen überarbeitet werden mußte. Einstein vertrat die Auffassung, daß sich zwei Objekte nicht direkt anzögen, wie Newton gemeint hatte, sondern daß jedes der beiden Objekte auf Raum und Zeit einwirke und daß sich alle gravitationsbedingten Effekte aus diesem Umstand ergäben. Wenn Sie Schwierigkeiten mit diesem Konzept haben, dann stellen Sie sich ein schweres Objekt (etwa eine Kanonenkugel) vor, das die Sonne verkörpert und auf der Mitte eines straffen Gummituchs liegt, der Raumzeit. Aufgrund ihres Gewichts sinkt die Kugel in das Gummituch ein und ruft in der Nähe eine trichterförmige Vertiefung hervor – so ähnlich wie die Oberfläche eines Wasserstrudels, der sich über einem Abflußloch bildet.

Immer wenn ein schwerer Körper die Raumzeit dergestalt krümme, meinte Einstein, dann beeinflusse das zwangsläufig die Bahn, die einen leichteren Körper in der Nähe vorbeiführe. Zum Beispiel könnte man eine kleine Kugel, die die Erde oder einen der anderen Planeten verkörpert, quer über das die Raumzeit darstellende

AM ANFANG...

Gummituch rollen – in Richtung der Vertiefung, die sich rund um die Sonnenkugel gebildet hat. Wäre die Geschwindigkeit der Kugel zu niedrig, würde sie in die Vertiefung rollen und rasch die Oberfläche der Sonne erreichen (wie Newtons Apfel einst zur Erde fiel). Wenn ihre Geschwindigkeit zu groß wäre, würde ihre Bahn zwar auch in Richtung der Kanonenkugelsonne abgelenkt werden, sie würde aber nur kurz in die Vertiefung eintauchen und sie auf der anderen Seite wieder verlassen, um ihren Weg fortzusetzen. Doch mit genau der richtigen Geschwindigkeit würde sich die kleine Planetenkugel rasch genug bewegen, um nicht in die Vertiefung zu fallen, andererseits aber auch zu langsam sein, um ihr ganz zu entkommen. Wenn kein anderer Einfluß wirksam wäre, um sie zum Stillstand zu bringen oder abzubremsen, würde sie sich im »Abhang« der Vertiefung eine bestimmte Höhe suchen und dort die Sonnenkugel umkreisen – wie ein Motorradartist in der »Todeswand«.

Die mathematischen Formeln, die eine solche Beschreibung der Gravitation lieferten, führten zu ganz ähnlichen Ergebnissen wie Newtons vergleichsweise einfache Gleichungen. Zusätzlich aber entsprachen sie exakt der Umlaufbahn des Merkurs um die Sonne, die Newtons Theorie, wie erwähnt, nicht exakt vorhersagte. Das war ein eindrucksvoller Beweis dafür, daß Einsteins Theorie richtig war oder zumindest eine Verbesserung gegenüber Newtons Erklärung der Gravitation darstellte. Weiterhin sollte ein Experiment, von dem später die Rede sein wird und das mit bestimmten Beobachtungen bei einer Sonnenfinsternis zu tun hatte, die Genauigkeit der Einsteinschen Vorhersagen belegen. Bei Physikern setzte sich die Auffassung durch: Wenn dieses Experiment Einsteins Theorien bestätigte, dann müßten sie wohl richtig sein.

Als Lemaître sich nun mit Einsteins Gleichungen beschäftigte, entdeckte er einen Umstand, der ihn in helle Aufregung versetzte. Unter anderem ergab sich aus Einsteins System der Schluß, daß das Universum nicht statisch, sondern dynamisch ist. Warum das so sein muß, ist leicht einzusehen. Wenn Zeit und Raum durch alle Objekte mit Masse »eingedellt« werden, dann müssen zwei Himmelskörper, wenn sie sich in nicht allzu großer Entfernung aneinander vorbeibewegen, enger zueinander hingezogen werden. Wäre das Universum statisch, dann müßten alle Objekte schließlich an einem Ort versammelt sein. Die gesamte Masse des Universums würde sich am Grund der tiefsten Delle von Raum und Zeit zusammenklumpen. Es ist das gleiche Problem, mit dem sich schon Newton herumgeschlagen hatte, als er seine Gravitationstheorie entwickelte: Warum ist die ganze Materie des Universums nach Jahrmilliarden noch so weit voneinander getrennt? Warum hat die Gravitation sie nicht zu einem einzigen, dichten Haufen zusammengezogen? Während sich Newton mit der Anziehungskraft der Objekte zufriedengegeben hatte, erklärt Einsteins Theorie, wie sich Raum und Zeit unter dem Einfluß eines massereichen

Abbé Georges Lemaître (1894-1966), katholischer Priester und der namhafteste Astronom Belgiens, hatte eine Schwäche für gutes Essen und guten Wein. Er bekleidete eine einflußreiche Stellung an der Päpstlichen Akademie der Wissenschaften, aber seine Theorie des »Uratoms« wurde in Fachkreisen nur zögerlich aufgenommen.

AM ANFANG...

Objekts verändern. Newtons System konnte nicht erläutern, warum es nicht schon längst zu dieser Konzentration aller Materie gekommen ist, Einsteins Formeln dagegen sind dazu sehr wohl in der Lage. Nach dessen Theorie müssen sich Zeit und Raum in der Gegenwart von Masse verändern können. Folglich sind sie dynamisch und nicht statisch. Die Raumzeit – und damit das Universum – kann sich nicht in einem Ruhezustand befinden. Veränderung in bezug auf die Raumzeit muß aber heißen, daß sie größer oder kleiner wird. Folglich muß sie ganz allmählich expandieren oder kontrahieren.

Einstein hatte das selbst bemerkt und war nicht gerade glücklich darüber. Als überzeugter Parteigänger des unendlichen und unwandelbaren Universums Newtonscher Provenienz glaubte er fest, es müsse ein physikalisches Gesetz geben, das die universelle Expansion oder Kontraktion ausschließe. Lokale Schwankungen könnte es zwar geben, wenn die Raumzeit sich unter der Einwirkung von Masse veränderte, aber das hätte keine Auswirkungen auf den Gesamtzustand des Universums. Daher ergänzte Einstein seine Gleichung durch einen zusätzlichen Faktor, die »kosmologische Konstante«: eine Art schwache Abstoßungskraft, die der gravitationsbedingten Anziehung entgegenwirken und damit eine dynamische Veränderung universeller Art verhindern sollte.

Einsteins Schnitzer

Nun konnte Lemaître aber beim besten Willen keinen Grund für die Einführung dieser »kosmologischen Konstante« erkennen. Nahm man dagegen an, man folgte dem mathematischen Modell eines allmählich expandierenden Universums, so würde das bedeuten, daß die Expansionskraft der Gravitationskraft entgegenwirkte und daß infolgedessen die ganze Materie des Universums voneinander getrennt bliebe. Nicht nur das: Wenn die Expansionskraft die Gravitationskraft nur ein wenig überträfe, würde das Universum wirklich expandieren und wäre morgen größer als heute. Das hieße auch, daß es gestern kleiner als heute gewesen sein müßte, um auf die heutige Größe expandieren zu können. Folglich müßte das Universum um so kleiner werden, je weiter wir in der Zeit zurückgingen. Irgendwann vor sehr, sehr langer Zeit hätte es, so gesehen, seine kleinstmögliche Größe aufgewiesen.

Lemaître vertrat die Auffassung, das sei der Ausgangspunkt des Universums gewesen, jener Schöpfungsaugenblick, nach dem seine Kirche schon lange suchte. Er glaubte, das ideale Modell gefunden zu haben: ein Universum, das Gott als »Uratom« erschaffen hatte und das daraus emporgewachsen war wie die Eiche aus der Eichel und sich wunderbar entfaltet hatte, aber zugleich ein Universum, das allen mathematischen Vorgaben Einsteins genügte, der wissenschaftlichen Lichtgestalt seiner Zeit. Außerdem löste es das Problem, das Einstein

AM ANFANG...

mit der von seinen ursprünglichen Gleichungen vorhergesagten Expansion hatte.

Zu Lemaîtres Kummer zeigte sich Einstein unbeeindruckt. Er unterstellte Lemaître, er habe die physikalischen Zusammenhänge nicht richtig begriffen, und behauptete, es sei »offenkundig«, daß das Universum unendlich, ewig und unveränderlich sei. Die Vorstellung einer Schöpfung aus einem Uratom halte er einfach für lächerlich. Wenn Einstein so sicher war, daß Lemaître irrte, welches Mitglied der wissenschaftlichen Gemeinschaft sollte dann noch an dessen ziemlich extravagante Theorie glauben?

Die katholische Kirche war natürlich begeistert und ermunterte Lemaître, seine Idee weiterzuverfolgen. Keine zwei Jahre später vernahm er die Nachricht, auf die er kaum noch gehofft hatte. Es gab weitere wissenschaftliche Anhaltspunkte, die auf eine Expansion des Universums schließen ließen. Hubble hatte beobachtet, daß das Licht ferner Galaxien rotverschoben war, was nach dem Doppler-Effekt bedeutete, daß das Universum expandierte.

Nun war es nur noch eine Frage der Zeit. Einstein interessierte sich schon lange für Hubbles Arbeit und beschloß, ihn am Mount-Wilson-Observatorium zu besuchen. Lemaître wußte es so einzurichten, daß er zu diesem Zeitpunkt einen Vortrag am California Institute of Technology hielt, was ihm Gelegenheit gab, mit Einstein und Hubble gleichzeitig zusammenzutreffen. Schritt für Schritt legte er seine Uratom-Theorie dar und erklärte, das ganze Universum sei an einem Tag erschaffen worden, »der kein gestern hatte«. Sorgsam breitete er seine mathematischen Beweise aus. Als er fertig war, wollte er seinen Ohren nicht trauen. Einstein stand auf und erklärte, das sei die schönste und befriedigendste Interpretation, die er je gehört habe, und bekannte, die Einführung der »kosmologischen Konstanten« sei der größte Schnitzer seines Lebens gewesen.

Das war ein großer Triumph für die katholische Kirche, konnte sie doch jetzt auf ein Modell des Universums verweisen, das einen Schöpfungsaugenblick enthielt. Und das Modell entsprach nicht nur der biblischen Vorstellung, sondern fand auch die Unterstützung des größten Wissenschaftlers seiner Zeit. Mehr noch: Von Hubbles Daten ausgehend, konnte man sogar den zeitlichen Rahmen dieser Entwicklung abstecken. Wenn man die Geschwindigkeit ermittelte, mit denen sich die Galaxien bewegten (aus dem Maß für die Rotverschiebung ihres Lichts) und wenn man berücksichtigte, wie weit sie zu verschiedenen Zeitpunkten von der Erde und voneinander entfernt waren (was man den Daten über die Cepheiden in jeder Galaxie entnehmen konnte), dann ließ sich der Zeitpunkt in fernster Vergangenheit errechnen, als alle Galaxien an einem Punkt zusammengeballt gewesen sein mußten.

Das wäre Abbé Georges Lemaîtres Schöpfungsaugenblick gewesen. Wie sich herausstellte, mußte er etwa 15 Milliarden Jahre zurückliegen. Dieses völlig an-

---

Albert Einstein (links) beim Besuch des Mount-Wilson-Observatoriums, wo Edwin Hubble seine bahnbrechenden Beobachtungen vorgenommen hatte. Bei dieser Gelegenheit traf er Hubble und Lemaître, um mit ihnen, wieder auf Höhe des Meeresspiegels angekommen, ihre Ideen zu erörtern. Dabei wurde Einstein klar, welcher Fehler ihm mit seiner »kosmologischen Konstanten« unterlaufen war.

dere Bild eines dynamischen Universums, das an einem ganz bestimmten Punkt in der Zeit seinen Anfang genommen hat, ließ darauf schließen, daß die Vorstellung eines unendlichen und unwandelbaren Universums möglicherweise völlig verfehlt war.

Doch einige namhafte Wissenschaftler – zumal die eingefleischten Atheisten – waren noch nicht überzeugt. Die Vorstellung eines Universums, das auf irgendeine Weise aus einem Gebilde hervorgewachsen war, das kleiner als ein Atom war, erschien ihnen zu absurd, um es ernst nehmen zu können. Eine einflußreiche Gruppe aus Cambridge machte sich auf die Suche nach einer alternativen Erklärung. Ist es nicht möglich, brachte sie vor, daß wir nicht das ganze Bild vor Augen haben? Vielleicht expandiert das Universum, das wir sehen – doch andere Teile, außerhalb unseres Blickfelds, könnten sich in die entgegengesetzte Richtung bewegen, also kontrahieren. Dann befände sich das Universum insgesamt in einem *steady state*, einem stationären Zustand, mit Nestern von Expansion und Kontraktion, auf ewig brodelnd und siedend wie ein riesiger Wasserkessel. Schließlich sei nach Einsteins Gleichungen, so die Anhänger dieser Theorie, sowohl eine Expansions- wie eine Kontraktionsbewegung möglich.

Leben und Sterben der Sterne

Zu den Vertretern der »Steady-state-Theorie« gehörte mit Fred Hoyle, einem Physiker und erklärten Atheisten, einer der bekanntesten Wissenschaftler seiner Zeit. Unter anderem ging diese Theorie von der Annahme aus, daß sich in unserem expandierenden Abschnitt des Universums ständig neue Sterne bilden und die Lücken füllen, die durch die Expansion, das heißt durch die wachsenden Abstände zwischen den Galaxien, entstehen. Eine der großen Leistungen Hoyles lag darin, daß er – zur Stützung der Steady-state-Theorie – den Lebenszyklus der Sterne erklärte.

Anfang des 20. Jahrhunderts machte die Wissenschaft große Fortschritte in ihrem Bemühen, die Struktur der Materie zu verstehen: die chemischen Elemente, aus denen das ganze Universum besteht, und die subatomaren Teilchen, die ihrerseits diese chemischen Stoffe aufbauen. Als sich Hoyle und seine Kollegen näher mit der Beschaffenheit der Sterne beschäftigten, war man sich bereits darüber klar, daß die primären chemischen Elemente im Universum nur an Orten entstanden sein konnten, wo ungeheure Temperaturen und Drücke herrschten – weit größer, als sie unter irdischen Bedingungen möglich waren. Damit rückten die Sterne als mögliche Entstehungsorte dieser primären Elemente in den Blick. Wenn die Lücken in einem expandierenden Teil des Universums durch die Geburt neuer Sterne geschlossen würden, so meinten die Anhänger der Steady-state-Theorie, dann müsse man möglicherweise von einem dynamischen Lebenszyklus mit Geburt und

Tod ausgehen, der diesen Himmelskörpern eine bestimmte Lebensspanne gewähre, um die vielen verschiedenen Elemente zu produzieren. Das Bild, das Hoyle und andere entwarfen, sah folgendermaßen aus: Wasserstoffatome im All werden von der Gravitation zu immer größeren und größeren kugelförmigen Gebilden zusammengezogen. Je größer die Kugel wird (einem rollenden Schneeball vergleichbar, dessen Masse unaufhaltsam wächst), desto stärker macht sich der Gravitationsdruck im Inneren bemerkbar. Schließlich werden einige Wasserstoffatome durch

den steigenden Druck so dicht zusammengedrückt, daß sie zu Helium verschmelzen – dem nächstschwereren Atom.

Wie bei jeder Kernreaktion werden auch beim Prozeß der Kernfusion gewaltige Energiemengen freigesetzt. (Das spektakulärste Beispiel für eine solche Energiefreisetzung auf der Erde ist die Explosion einer Atombombe; doch das ist ein bescheidener Energieausbruch, verglichen mit den Kernreaktionen im Inneren von Sternen – das Platzen eines Luftballons gemessen an der Explosion der ganzen Erde.) Wenn

Fred Hoyle (*links*) und Hermann Bondi (*rechts*) waren Vertreter der Steady-state-Theorie und Mitglieder der Gruppe, der es zeitweilig gelang, Zweifel an der Vorstellung zu wecken, das Universum könnte sich aus einem unendlich kleinen Anfangszustand entwickelt haben.

AM ANFANG...

Wasserstoffatome zu Heliumatomen verschmelzen, bewirkt die freigesetzte Energie zweierlei. Erstens: Als Explosionsdruck, der sich nach außen richtet, gebietet ein Großteil dieser Energie dem nach innen gerichteten Gravitationsdruck Einhalt. Infolgedessen kann der Stern seine Stabilität über Jahrmilliarden bewahren. Trotz der Fusionsreaktionen in seinem Inneren explodiert der Stern nicht wie eine Bombe, kollabiert aber auch andererseits nicht unter dem Gravitationseinfluß, sondern bewahrt einen Gleichgewichtszustand. Zweitens: Ein Teil der erzeugten Energie wird nicht zur Aufrechterhaltung des Gleichgewichts verwendet, sondern entweicht dem Stern in Form von Wärme und Licht, die nach außen abgestrahlt werden. Hoyles Theorie zur Entstehung der Elemente lieferte damit eine befriedigende Erklärung für ein Rätsel, das die Menschheit von altersher beschäftigte – sie erklärte, warum Sterne leuchten.

Schließlich kommt der Zeitpunkt, so die Überlegung von Hoyle und seinen Kollegen, da der Wasserstoff im Stern fast vollständig aufgebraucht ist und das Helium bei weitem vorherrscht. Sobald es am nötigen Wasserstoff fehlt, um die Kernreaktionen zu speisen, läßt der nach außen gerichtete Druck nach, und das Gleichgewicht mit dem Gravitationsdruck ist aufgehoben. Damit wächst der nach innen gerichtete Druck, der allmählich die neu entstandenen Heliumatome dichter und dichter zusammenpreßt. Daraufhin beginnen die Heliumatome zu verschmelzen und bilden Atome des nächstschwereren Elements. Dieser Prozeß setzt sich fort, wobei ein Element nach dem anderen die Vorherrschaft im Sterneninneren übernimmt und die Fusionsreaktionen speist, bis der Gravitationsdruck wieder anwächst und die Atome dieses Stoffs so dicht zusammenpreßt, daß das nächstschwerere Element entsteht.

Da die Stärke der Gravitationskraft von der Gesamtmasse des Sterns (und damit von seiner Größe und seinem Gewicht) abhängt, läßt sich errechnen, daß sich das endgültige Schicksal eines kleinen Sterns von dem eines großen unterscheidet. Wenn alle Elemente bis zum Eisen hinauf von den aufeinanderfolgenden Fusionsreaktionen erzeugt worden sind, ist ein gewaltiger Temperatur- und Drucksprung erforderlich, um die nächstschwereren Elemente herzustellen. Dazu sind kleine Sterne nicht in der Lage. Der nach innen wirkende Gravitationsdruck ist einfach nicht mächtig

Künstlerische Wiedergabe der Folgen, die der Endkollaps eines Sterns hätte. Im Vordergrund sehen wir einen braunen Zwerg (oben rechts), etwas weiter entfernt senden zwei weiße Zwerge noch immer ihr Licht aus (Mitte oben und Mitte links). Sie sind von dunkler Materie aller Art umgeben. Der Blick des Betrachters geht knapp über den Rand einer Galaxie hinweg (unten links). Die Linien des Gitternetzes (unten rechts) sollen deutlich machen, wie ein Schwarzes Loch (vgl. auch Kapitel 11) Raum und Zeit beugen würde.

AM ANFANG... STEPHEN HAWKINGS UNIVERSUM

genug. Daher kann der auf die Eisenerzeugung folgende Fusionsprozeß nicht mehr in Gang gesetzt werden, und der Stern beginnt zu sterben. Nun ist allerdings nicht der ganze Wasserstoff des Sterns vollständig aufgebraucht worden, bevor die Fusion von Helium begann, und auch nicht das ganze Helium, bevor die nächste Phase in dieser Kette anfing. Daher enthält der Stern eine gewisse Menge all der leichteren Elemente bis hin zum Eisen, wenn sein Todeskampf einsetzt. Diese Elemente – die Überreste der vorangegangenen Fusionsreaktionen – werden ins All geschleudert, während der Stern abkühlt. Zurück bleibt nur ein heißer Eisenkern, der noch eine Zeitlang leuchtet – ein sogenannter »weißer Zwerg« – und schließlich zu einem »braunen Zwerg« abkühlt: einer kalten Eisenkugel, die kein Licht mehr aussendet. Dieses erloschene Relikt des Sterns wird ewig im All bleiben, wenn nicht die Gravitation oder eine andere kosmische Kraft es erfaßt und mit anderen kosmischen Objekten kollidieren läßt.

Bei größeren Sternen ist der Druck der Gravitation jedoch so hoch, daß sie – selbst wenn sie die Fusionsreaktionen nicht auslösen kann, die erforderlich wären,

AM ANFANG...

um das Eisen in schwerere Elemente zu verwandeln – den Eisenkern so zusammenquetscht, daß der Stern schließlich implodiert. Dieser Vorgang setzt so viel Energie frei, daß sich der Tod des Sterns als spektakuläre Explosion im All vollzieht. Dabei herrschen für eine kurze Zeitspanne Temperaturen und Drücke, die hoch genug sind, um all die schwereren Elemente zu produzieren. In ihren Teleskopen haben Astronomen schon viele solcher gewaltigen Supernovä erblickt, wie diese kosmischen Großereignisse heißen: riesige Wolken aus hell leuchtendem Staub, der ins All geschleudert wird, wodurch die neu entstandenen Elemente weithin verteilt werden. (Wir wissen übrigens auch, daß aus solchen Supernova-Explosionen sehr dichte Neutronensterne oder Pulsare entstehen können – exotische neue Sterne, die in regelmäßigen Intervallen Radiosignale emittieren. Damit bestätigt sich die Annahme, daß die Hitze der Supernova heftige nukleare Aktivitäten auslöst, die für die Erzeugung der schwersten Elemente verantwortlich sind.

Tatsächlich hat die Beobachtung alle Vorhersagen belegt, die Hoyle und andere in diesem Zusammenhang geäußert haben. Anhand der Linien im Lichtspektrum, die Fraunhofer entdeckt hatte, konnte man das Licht von Supernovä analysieren und nachweisen, welche Elemente in ihnen vorhanden waren. Wie Hoyle und die anderen Anhänger der Steady-state-Theorie vorhergesagt hatten, ließen sich alle schwereren Elemente nachweisen. Die Teleskope, die mit Prismen zur Lichtbrechung ausgestattet waren, lüfteten nicht nur die Geheimnisse der Supernovä, sondern entdeckten bald auch Sterne, deren Licht alle Fingerabdrücke der Elemente bis zum Eisen aufwiesen. Manchmal war in diesen Fällen zu beobachten, daß ihre Leuchtkraft schwächer wurde, bis sie praktisch verloschen. Im übrigen ließ sich die Zwangsläufigkeit der Fusionsreaktionen um so eindeutiger vorhersagen, je vollkommener die mathematischen Grundlagen der Kernphysik wurden. Daher kann es keinen ernsthaften Zweifel daran geben, daß Hoyle den Lebenszyklus von Sternen zutreffend beschrieben hat.

Auf den ersten Blick schien diese bewundernswerte Arbeit die Steady-state-Theorie zu bestätigen, weil sie nicht nur zeigte, wie Sterne entstehen, sondern auch, wie sie für alle Elemente im Universum sorgen können. Der Entwurf wirkte sehr überzeugend, zumindest für die Atheisten, die versuchten, die Existenz des Universums ohne Rückgriff auf einen Schöpfungsaugenblick oder Lemaîtres Uratom zu erklären. Für den gegenwärtigen Zeitpunkt ließen sich die Rotverschiebungen, die Hubble entdeckt hatte, durch die Annahme eines unendlichen, ewigen Universums mit einem inneren, dynamischen System verstehen. Doch so scharfsinnig die Erklärung der Materieentstehung durch Sterne auch war – sie trug den Keim zu ihrer Widerlegung schon in sich. Der Steady-state-Theorie war es nicht beschieden, dem Urknall-Modell sehr lange Paroli bieten zu können.

Die farbige Druckwelle einer Supernova, mit dem Hubble-Space-Teleskop aufgenommen. Die intensive Hitze des explodierenden Sterns kann den Kosmos über Milliarden Kilometer erleuchten und alle Elemente erzeugen, die schwerer als Eisen sind.

KAPITEL 5
RELIKTE, SINGULARITÄTEN UND KLEINE UNREGELMÄSSIGKEITEN

Zahllose Sterne drängen sich in der Umgebung des Sternbildes Fliege (Musca) in einer dichtbevölkerten Region unserer Galaxis, der Milchstraße. Nur ein Bereich einer Galaxie – einer Galaxie unter Milliarden anderer, deren jede eine einzigartige Mischung aus Energie, Bewegung und Schönheit ist. Es ist kaum zu begreifen, wie sich eine derartige Vielfalt aus einer einzigen Urexplosion entwickelt haben soll.

RELIKTE, SINGULARITÄTEN UND KLEINE UNREGELMÄSSIGKEITEN

Kein Zweifel, die Erklärung des stellaren Lebenszyklus war eine enorme wissenschaftliche Leistung. Dadurch zog die Steady-state-Theorie von Hoyle und seinen Kollegen größere Aufmerksamkeit auf sich und galt eine Zeitlang als ernsthafte Alternative zum Urknallmodell. Infolgedessen erwarb sich Hoyle einen so glänzenden wissenschaftlichen Ruf, daß Stephen Hawking ihn Anfang der sechziger Jahre in Cambridge gern als Doktorvater gehabt hätte. Das ging dann zwar nicht, doch dafür wurde seine Doktorarbeit von einem anderen Befürworter des Steady-state-Modells betreut – Dennis Sciama, der sich jedoch später von Lemaîtres Ideen zum Ursprung des Universums überzeugen ließ. Dagegen scheint Hoyle bis auf den heutigen Tag an der Steady-state-Theorie festzuhalten.

Der Urknall wird erwachsen

Verschiedene Aspekte bewogen Wissenschaftler wie Dennis Sciama dazu, ihre Meinung zu ändern. Der hauptsächliche und vielleicht vernichtendste Einwand gegen die Steady-state-Theorie fand sich in der Erklärung, die die Anhänger dieses Modells selbst für die Entstehung der Elemente in den Sternen gefunden hatten. Die Annahme, daß alle Elemente im Lebenszyklus der Sterne aus Wasserstoff gewonnen werden können, war sehr überzeugend, warf aber natürlich eine entscheidende Frage auf: Woher kommt der Wasserstoff, aus dem sich die Sterne bilden? Nach allen Erkenntnissen der Teilchenphysik bedürfte es einer Explosion mit außerordentlich hohen Temperaturen, um Wasserstoff aus subatomaren Teilchen zu erzeugen. Es wäre denkbar, daß sich der Wasserstoff in der enormen Hitze gebildet hat, die bei der Explosion des Lemaîtreschen Uratoms geherrscht haben muß (von dieser Möglichkeit aber wollten die Vertreter der Steady-State-Theorie natürlich nichts wissen). In einer Radiosendung Ende der vierziger Jahre hatte Hoyle das Problem einfach beiseite geschoben und behauptet, es müsse sich auch auf andere Weise erklären lassen. »Wenn das Universum mit einem Urknall begonnen hätte«, spottete er, »dann hätte eine solche Explosion Relikte hinterlassen. Man zeige mir ein Fossil dieses Urknalls.«

Der Name, den er gewählt hatte, um die Theorie lächerlich zu machen – *Big Bang*, »Urknall« –, blieb haften und wurde ironischerweise zu ihrer offiziellen Bezeichnung. Seine Aufforderung an ihre Anhänger, ein Relikt des Urknalls zu suchen, hat dazu geführt, daß eine Fülle von Daten gefunden wurden, die die Theorie stützten. Statt das Urknallmodell also ad absurdum zu führen, hat Hoyle auf lange Sicht zu seinem Siegeszug beigetragen. Bereits 1948, kurz nachdem Hoyle und seine Cambridger Kollegen Hermann Bondi und Thomas Gold die Argumente für ihr Steady-state-Universum erstmals offiziell vorgetragen hatten, schickte sich eine andere Gruppe von Physikern an, die Cambridger Theorie zu widerlegen. Dem armen Fred Hoyle sollte das Jahr 1948 in keiner sehr angenehmen Erinnerung bleiben.

RELIKTE, SINGULARITÄTEN UND KLEINE UNREGELMÄSSIGKEITEN

Zunächst kamen George Gamow und sein Student Ralph Alpher zu dem Ergebnis, daß der Urknall tatsächlich ein Fossil hätte hinterlassen haben müssen, wenn er stattgefunden hätte. Nach ihren Berechnungen hätte der Urknall eine unvorstellbare Hitze erzeugen müssen, um den Wasserstoff zu bilden, aus dem sich dann die ersten Sterne gebildet hätten. Außerdem wäre bei dieser Gelegenheit neben dem Wasserstoff noch ein gewisser Anteil Helium entstanden. Die Vorhersage der beiden Forscher lautete: 80 Prozent Wasserstoff und 20 Prozent Helium – genau das Verhältnis, auf das die Fraunhoferlinien im Spektrum der frühesten Galaxien schließen ließen. Nach Auffassung von Gamow und Alpher konnte die Nachglut der ungeheuren Hitze, die zur Entstehung dieser Elemente geführt hatte, selbst nach vielen Milliarden Jahren nicht vollkommen erloschen sein.

Da das Universum vom Urknall aus in alle Richtungen expandiert wäre, so ihre Überlegung, müßte man diese schwache Hintergrundstrahlung entdecken können,

Kosmische Störungen

Ralph Alpher (links), Hans Bethe (Mitte) und George Gamow (rechts) veröffentlichten 1948 gemeinsam einen Artikel, an dem Bethe eigentlich gar nicht beteiligt war. Gamow hatte seinen Namen aus Spaß hinzugefügt. Der Artikel wurde dann auch als das Alpha-Beta-Gamma-Papier bekannt. Aber Bethe war weit mehr als ein Lückenbüßer: 1967 bekam er für seine Arbeit den Nobelpreis.

egal in welche Richtung man blickte. Wenn ihre Rechnung stimmte, mußte die Strahlung eine Temperatur von wenigen Grad über dem absoluten Nullpunkt aufweisen, der niedrigsten möglichen Temperatur – minus 273 Grad Celsius! Aber sie mußte nachweisbar sein und wäre die einzige Strahlung, die sich überall gleichmäßig verteilt hätte, so daß ein Detektor, der empfindlich genug war, sie in jeder Richtung

RELIKTE, SINGULARITÄTEN UND KLEINE UNREGELMÄSSIGKEITEN

hätte entdecken müssen. Jede Strahlung, die nach dem Urknall entstanden ist, muß einen bestimmten Ursprung innerhalb des Universums haben. Sie kann sich also nur von diesem Punkt aus nach außen bewegen. Eine Strahlung jedoch, die durch die Explosion zu Beginn des Universums hervorgerufen worden wäre, ließe sich nicht zu einem solchen Ausgangspunkt zurückverfolgen. Sie hätte sich durch die allgegenwärtige Expansion des Universums überall verteilt.

Gamow hatte einen ausgeprägten Sinn für Humor und nannte in der Arbeit, in der er diese Überlegungen vorstellte, noch einen dritten Physiker als Autor, Hans Bethe, vermutlich sogar, ohne ihn vorher davon in Kenntnis zu setzen. So hießen die drei Verfasser nun »Alpher, Bethe and Gamow«, was an die ersten drei Buchstaben des griechischen Alphabets denken ließ. Gamow kannte Bethe gut genug, um zu wissen, daß der den Scherz nicht falsch verstehen würde. Den viel größeren Scherz, der nun folgen sollte, hatte er indessen nicht vorhersehen können. Es ist ein klassisches Beispiel für jene wissenschaftliche Ironie, mit der die Wirklichkeit immer wieder aufwartet. Kein Gagschreiber in Hollywood hätte sich den Gang der Ereignisse hübscher ausdenken können.

In den sechziger Jahren war eine Arbeitsgruppe an der Princeton University in New Jersey eifrig auf der Suche nach der Hintergrundstrahlung, die Gamow in seinem Artikel vorhergesagt hatte: das »Relikt«, von dessen Unauffindbarkeit Hoyle so felsenfest überzeugt war. Langsam und methodisch entwickelten die Mitglieder des Teams ihre Versuchsanordnung. Sie brauchten Instrumente, die so geeicht waren, daß sie die schwache Strahlung, um die es ging, von allen übrigen Strahlungen im Universum unterscheiden konnten. Dazu benötigten sie eine sogenannte »Kältequelle«, deren Temperatur ihnen bekannt war und die als Vergleichsmaßstab für die Temperatur der von ihnen entdeckten Strahlung dienen sollte.

Oben: David Wilkinson von der Princeton University mit der Hornantenne, die er und sein Team gebaut hatten, um nach der Strahlung des Urknalls zu suchen, und die riesige Hornantenne von Bell Laboratories (*Mitte*), nur wenige Kilometer entfernt, die diese Strahlung zufällig auffing. 1978 bekamen Bob Wilson und Arno Penzias (*rechts*) den Nobelpreis für die epochemachende Entdeckung, die sie 1964 unabsichtlich gemacht hatten.

Robert Dicke und seine Arbeitsgruppe waren davon überzeugt, daß sie die ideale Versuchsanordnung gefunden hätten, und erörterten gerade bei ein paar Sandwiches die nächsten Schritte, als das Telefon läutete. Es war ein Anruf von zwei Wissenschaftlern der Bell Telephone Company nicht weit von Princeton, die mit den Vorarbeiten zu den ersten Satellitenübermittlungen von Rundfunksignalen beschäftigt waren und rätselhafte Störgeräusche über eine ihrer Antennen empfingen. Offenbar kamen sie mit ihrem Problem nicht weiter. Obwohl sie ihre Anlage sorgfältig gereinigt hatten – sie hatten sogar den Taubenkot abgekratzt, nachdem sie zwei nistende Vögel aus dem riesigen Trichter der Antenne vertrieben hatten –, wurden sie die

RELIKTE, SINGULARITÄTEN UND KLEINE UNREGELMÄSSIGKEITEN

merkwürdig gleichförmige Störung nicht los. Auch sie hatten ihren Detektor durch eine Kältequelle ergänzt, um die Temperatur dieser hartnäckigen Störung zu bestimmen. Von Dicke und seiner Forschungsgruppe wußten sie, daß sie Experten für Strahlung aus dem All waren. Daher hatten sie in Princeton angerufen, um sich Rat zu holen.

Arno Penzias und Robert Wilson, die beiden Forschungsingenieure der Bell Telephone Company, hatten die Merkmale der ärgerlichen Störung genauestens notiert. Langsam verstummten die Gespräche im Frühstücksraum, als sich Dickes Kollegen

den Inhalt des Telefonats aus dem zusammenreimten, was sie hörten. Ja, sie hätten sie mit einer Kältequelle verglichen. Ja, sie liege offenbar gleichbleibend bei 3 Grad Kelvin – nur drei Grad über dem absoluten Nullpunkt. Ja, egal, wohin sie die Antenne richteten. Dickes Gesicht wurde lang und länger, nicht anders erging es dem Rest seiner Mannschaft. Als er den Hörer auflegte, erklärte er: »Also, Leute, die sind uns zuvorgekommen.« Jemand hatte ihnen die Entdeckung, von der sie angenommen hatten, sie könnte ihnen den Nobelpreis eintragen, vor der Nase weggeschnappt. Zwei andere hochqualifizierte Wissenschaftler, in der Forschungabteilung der Telefongesellschaft beschäftigt, waren zufällig auf das Phänomen

RELIKTE, SINGULARITÄTEN UND KLEINE UNREGELMÄSSIGKEITEN

gestoßen, auf dessen Entdeckung sich die wissenschaftliche Arbeitsgruppe nur ein paar Kilometer weiter mit großem Aufwand vorbereitet hatte: das Fossil des Urknalls, wie Hoyle es formuliert hatte. So kam es, daß Penzias und Wilson den Nobelpreis erhielten.

Sturz in ein tiefes Loch

Doch ganz gleich, wer die Strahlung entdeckt hatte, sie war ein überzeugender wissenschaftlicher Beleg für den Urknall. Und da sich das zu dem Zeitpunkt ereignete, als Stephen Hawking an seiner Doktorarbeit saß, war es möglicherweise einer der Aspekte, die ihn veranlaßten, sich in seiner Dissertation auch mit der Urknalltheorie und Einsteins Relativitätstheorie zu beschäftigen. Wie erwähnt, hatte Einstein bei seinem Treffen mit Hubble und Lemaître eingeräumt, daß seine kosmologische Konstante ein großer Schnitzer gewesen sei, und damit anerkannt, daß seine Gleichungen ein allmählich expandierendes Universum vorhersagten. Und so war auch ganz nebenbei eines der Probleme gelöst, die Newton mit seinem Modell des unendlichen und unwandelbaren Universums gehabt hatte: wie es möglich ist, daß die Bewegungen in diesem Universum der Gravitation unterworfen sind – was unzweifelhaft der Fall zu sein scheint –, ohne daß das ganze Universum zu einem einzigen dichten Materieklumpen zusammengezogen wird. Nun gab es eine Antwort auf diese Frage. Die Expansion, die Hubbles Beobachtungen ans Licht gebracht und Einsteins Gleichungen vorhergesagt hatten, übt eine Kraft aus, die der gravitationsbedingten Anziehung genau entgegengesetzt ist.

Nach dem Examen in Oxford ging Stephen Hawking 1963 nach Cambridge, um dort zu promovieren.

Daraufhin begannen zahlreiche theoretische Physiker, andere Vorhersagen aus Einsteins Gleichungen abzuleiten, um zu sehen, welche Folgen sie möglicherweise für das Universum hatten. Da Stephen Hawking in seiner Dissertation ein Thema aus diesem Bereich behandeln wollte, hörte sich Dennis Sciama an, was der Mathematiker Roger Penrose von der Oxford University mit Einsteins Theoremen anstellte. Er arbeitete über eine andere Vorhersage der Einsteinschen Gleichungen, nach der die Gravitation riesige Materiemengen dazu veranlaßt, in sich zusammenzustürzen, bis sie einen immer kleineren und dichteren Punkt bilden, den Penrose »Singularitätspunkt« nannte.

In Fachkreisen war man bereit, unter bestimmten Bedingungen einzuräumen, daß diese Annahme theoretisch sinnvoll war. Doch wenn

RELIKTE, SINGULARITÄTEN UND KLEINE UNREGELMÄSSIGKEITEN

diese Bedingungen nicht galten und der Endkollaps dennoch einträte, dann, so das Dilemma, vor dem die Astrophysik stand, höbe er die Geltung eben jener physikalischen Gesetze auf, aus denen seine Vorhersage abgeleitet wurde. Um also die physikalischen Gesetze zu retten, hoffte die Fachwelt, es fände sich ein mathematischer Weg, mit dem sich eine Alternative zum Gravitationskollaps vorhersagen ließ. Statt des-sen entwickelte Roger Penrose einen mathematischen Beweis für die Unausweichlichkeit des Kollapses! Für die breite Öffentlichkeit hörte sich das alles

Roger Penrose (auf dem Trittbrett) wurde von Dennis Sciama (neben ihm) überredet, seine außergewöhnlichen mathematischen Fähigkeiten auf die Kosmologie zu konzentrieren. Gleichzeitig war Sciama Hawkings Doktorvater und ermöglichte dadurch dessen Zusammenarbeit mit Penrose.

RELIKTE, SINGULARITÄTEN UND KLEINE UNREGELMÄSSIGKEITEN

viel zu bizarr an, um glaubhaft zu klingen. Selbst die Fachleute hatten Schwierigkeiten, es in ihr reales Weltbild einzubauen; doch theoretisch war es, wie wir noch sehen werden, durchaus überzeugend. De facto beschrieb Roger Penrose ein Schwarzes Loch, das alle Materie, die es in sich hineinzieht, zu einer Singularität zusammenquetscht.

Stephen Hawking verdankte diesem Entwurf jedenfalls eine entscheidende Einsicht. Wenn man die Zeitrichtung umkehre und die Ereignisse, die Roger Penrose beschrieb, rückwärts ablaufen ließ, dann hatte man, wie Stephen klar wurde, ein ideales Modell für den Urknall. Eine Singularität ist, so überlegte er, in Einsteins Gleichungen das Gegenstück zu Lemaîtres Uratom. Als Urknall würde sie

RELIKTE, SINGULARITÄTEN UND KLEINE UNREGELMÄSSIGKEITEN

nach außen explodieren, also die Dynamik des Schwarzen Lochs auf den Kopf stellen und im Zuge ihrer Entfaltung Materie freisetzen. 1970 veröffentlichten Stephen und Roger Penrose einen Artikel, in dem sie mathematisch nachwiesen, daß eine Singularität – die Richtigkeit der Einsteinschen Theorien vorausgesetzt – der Endpunkt eines Schwarzen Lochs und der Anfangspunkt des Universums sein muß. Das stürzte die Physik in eine Krise: Wie kann diese Disziplin ihrem Anspruch gerecht werden und alles erklären, wenn ihre Gesetze ausgerechnet bei der Geburt des Universums versagen? Doch nach Ansicht vieler Physiker war damit die Auffassung bestätigt, daß das Universum mit einem Urknall begonnen hat. Wenn die Relativitätstheorie, hieß es in dem Artikel, so, wie Einstein sie entwickelt habe, richtig sei – und alle Beobachtungsdaten schienen sie zu bestätigen –, dann müsse das Universum mit einer Urknallexplosion aus einer Singularität seinen Anfang genommen haben. Einen anderen Schluß ließen die Gleichungen nicht zu.

Begeistert darüber, daß Stephen Hawking wissenschaftliche Beweise vorlegte, die offenbar jenen Ursprung des Universums stützten, den Pater Lemaître vorgeschlagen hatte, verlieh die katholische Kirche Stephen in Anerkennung seiner Arbeit die Medaille der Päpstlichen Akademie der Wissenschaften. Vielleicht war dieser Vorgang als kleines öffentliches Signal dafür zu werten, daß sich der Graben, den der Fall Galilei zwischen Kirche und Wissenschaft aufgerissen hatte, langsam wieder schloß. Allerdings wäre der Vatikan wohl doch unangenehm berührt gewesen, hätte er erfahren, daß Galilei zu Stephen Hawkings wissenschaftlichen Helden gehörte.

M it seiner Singularitätsarbeit lieferte Stephen Hawking wesentliche theoretische Beweise für das Urknallmodell. Die jüngsten experimentellen Beweise stammen von dem Satelliten COBE (eine Abkürzung für Cosmic Background Explorer). Nachdem Penzias und Wilson 1965 die vom Urknall übriggebliebene Hintergrundstrahlung entdeckt hatten, wiesen Hoyle und andere darauf hin, daß ihre Temperatur zu gleichmäßig sei. So lasse sich nicht erklären, wie die Galaxien entstanden seien, deshalb müsse man nach einer anderen Erklärung suchen. Damit schien sich doch noch eine Chance für die Steady-state-Theorie zu eröffnen. Das veranlaßte wiederum Anhänger der Urknalltheorie, nach kleinen Unregelmäßigkeiten in der Hintergrundstrahlung zu suchen (winzigen Temperaturfluktuationen oder -schwankungen, aus denen sich die Entstehung der Galaxien erklären ließe).

Ohne solche geringfügigen Temperaturunterschiede war nicht einzusehen,

Der Kollaps eines Sterns zu einer Singularität, den Roger Penrose untersuchte, war die vollkommene theoretische Beschreibung eines Schwarzen Lochs (vgl. Kapitel 11). Diese künstlerische Darstellung zeigt eine Singularität als schwarzen Fleck tief im Inneren des Schwarzen Lochs. Es ist so dicht, daß nichts, was einmal eingefangen wurde, sich dem Zugriff seiner Gravitation wieder entziehen kann, noch nicht einmal das Licht. Die drei äußeren Lichtstrahlen werden von der Gravitationsanziehung der Singularität und des von ihr geschaffenen Lochs gekrümmt, können aber alle letztlich entkommen. Der vierte endet genau auf der Schwelle zwischen Entkommen und Absturz. Er umkreist das Loch und markiert dessen äußere Grenze. Doch der fünfte, innerste Strahl wird auf Nimmerwiedersehen in das Loch gezogen.

Kleine Unregelmäßigkeiten im Kosmos

RELIKTE, SINGULARITÄTEN UND KLEINE UNREGELMÄSSIGKEITEN

Vorherige Doppelseite: Wenn das Universum mit dem Urknall begonnen hat, dann müssen einige entscheidende Dinge eingetreten sein, sonst könnte es nicht so aussehen, wie es sich heute präsentiert. Innerhalb einer Sekunde nach dem Urknall (1) müssen geringfügige Schwankungen in der erzeugten Temperatur aufgetreten sein. Erkennbar wurden sie erst, als sich der »Nebel« der Hitze genügend aufgeklart hatte (2). Das war, so die Theorie, 300 000 Jahre später der Fall.

Aus diesen winzigen Temperaturschwankungen haben sich schließlich die Galaxien und die Lücken zwischen ihnen gebildet (3).

warum das Universum seine heutige Form angenommen hatte. Wäre alles aus einer gleichförmig heißen Energiesuppe entstanden, dann hätten sich die subatomaren Teilchen vom Moment ihrer Entstehung an einheitlich ausgebreitet. Kein Bereich wäre dichter oder weniger dicht als der andere gewesen: nichts als eine einzige gleichförmige und einheitliche Materieverteilung. Nun hat sich aber das wirkliche Universum offensichtlich anders entwickelt. Die Materie hat sich zu Galaxien zusammengeballt, mit vollkommen leeren Riesenlücken dazwischen. In den frühen Entwicklungsstadien des Universums könnten schon winzige Temperaturschwankungen die Anfänge solcher Unterschiede erklären. Geringfügig wärmere Stellen hätten größere Energie aufgewiesen als geringfügig kühlere. An den heißen Stellen wären folglich mehr Teilchen als an den kühleren entstanden. Die Gravitation hätte diese dichteren Teilchengruppen zu Klumpen zusammengezogen, die sich schließlich unter dem Einfluß ihrer Gravitation auch die in kühleren Zonen entstandenen Teilchen einverleibt hätten. Aller Teilchen beraubt, hätten sich diese kühleren Zonen zu den Lücken zwischen den Galaxien entwickelt, während aus den wärmeren Stellen die ersten primitiven Galaxien entstanden wären.

Der Physiker George Smoot von der University of Berkeley wollte mit einer umfangreichen Arbeitsgruppe von Experimentalkosmologen die Richtigkeit der Urknalltheorie beweisen und war entschlossen, ein Verfahren zu entwickeln, mit dem sich die erforderlichen Temperaturschwankungen in der Hintergrundstrahlung entdecken ließen. Die Berkeley-Forscher gingen von der Annahme aus, daß der Detektor von Penzias und Wilson diese winzigen Fluktuationen nicht nachweisen konnte. Folglich mußten sie ein empfindlicheres System entwickeln und alle denkbaren Störquellen ausschließen, zum Beispiel die Erdatmosphäre, durch die winzige Temperaturunterschiede in der Hintergrundstrahlung hätten überlagert werden können.

So versuchten sie ihr Glück mit riesigen Heliumballons, oft so groß wie ganze Fußballfelder, mit denen sie die komplizierten Geräte bis zu den Grenzen der Erdatmosphäre beförderten – Geräte, die manchmal so groß und so schwer waren wie ein kleines Auto. Die Ballons waren empfindlich, nicht dicker als Plastiktüten, und jedem Wechsel der Windrichtung ausgeliefert. Daher wußte das Team nie, welche Beobachtungsposition sich am Ende ergeben würde. Mit Hilfe der Fernsteuerung konnten sie den Detektor zwar auf solche unerwarteten Positionen einstellen, so daß er trotzdem die erwünschten Daten sammelte. Durch das Zünden kleiner Sprengladungen holten sie die gesamte Ausrüstung wieder zur Erde zurück, wobei der Fall durch die ebenfalls ferngesteuerte Öffnung eines Fallschirms abgebremst wurde. Doch es gab natürlich keine Garantie dafür, daß die Geräte an einem sicheren und

RELIKTE, SINGULARITÄTEN UND KLEINE UNREGELMÄSSIGKEITEN

bequem erreichbaren Ort landeten. Und jede Beschädigung der sehr kostspieligen Ausrüstung war natürlich ein teurer Spaß.

Aus all diesen Gründen entschieden sich Smoot und seine Kollegen schon bald für ein Verfahren, auf das sie größeren Einfluß hatten – die Beförderung durch ein U2-Flugzeug. Die Cockpitverkleidung wurde mit einer speziellen Vertiefung versehen, damit der empfindliche Detektor außen montiert werden konnte. Selbst die Scheiben der Flugzeugfenster hätten die Meßwerte beeinträchtigt. Das geschah aber auch, wie sie zu ihrem Leidwesen feststellen mußten, durch die Bewegungen des Flugzeugs und die begrenzte Zeit, die für die Erfassung der einzelnen Himmelsabschnitte zur Verfügung stand. Das Flugzeug konnte nicht in einer bestimmten Position verharren wie der Ballon. Zwar bestand die Möglichkeit, daß es immer wieder an derselben Stelle vorbeiflog, aber bevor genügend Daten erhoben waren, ging in der Regel das Kerosin aus. Die einzige realistische Möglichkeit war, wie sie schon bald erkannten, der Einsatz eines Satelliten. Er könnte außerhalb der Erdatmosphäre operieren und sich durch die ferngesteuerte Zündung kleiner Motoren

George Smoot erörtert mit seinem Team die Einzelheit eines der ersten von ihnen verwendeten Detektoren. Sie mußten weit empfindlichere Systeme entwickeln als Penzias und Wilson, um sicherzugehen, daß sie wirklich alle Schwankungen in der Hintergrundstrahlung auffingen.

RELIKTE, SINGULARITÄTEN UND KLEINE UNREGELMÄSSIGKEITEN

in die gewünschte Umlaufbahn dirigieren lassen – parallel zur Erdrotation. Als Träger der Beobachtungsinstrumente würde er die gleiche Stabilität wie der Ballon besitzen, aber viel bessere Arbeitsbedingungen bieten.

Smoot und seine Leute wußten, daß es nicht leicht sein würde, die NASA von der Notwendigkeit ihres Experiments zu überzeugen, aber sie legten ihre Gründe so sorgfältig dar, daß sie zu ihrer großen Freude tatsächlich die Gelegenheit erhielten, einen Satelliten mit entsprechenden Geräten zu entwickeln, der dann in eine Umlaufbahn gebracht werden sollte. Doch nachdem sie den Satelliten gebaut, die Ausrüstung montiert und die Fernsteuersysteme getestet hatten, gab es eine weitere Verzögerung: Die NASA hatte technische Probleme und konnte ihren Zeitplan nicht einhalten. Schließlich waren die Dramen und Krisen des Raumfahrtprogramms aber überstanden, und im Jahr 1989 kam endlich der große Augenblick. COBE wurde mit einer Rakete ins All geschossen und begann augenblicklich, die deutlichsten Signale zu übermitteln, die das Team um Smoot je empfangen hatte. Schon bald konnte es die von Penzias und Wilson beobachtete Hintergrundstrahlung bestätigen. Allerdings waren noch zwei weitere Jahre erforderlich, um alle denkbaren Störquellen auszuschließen. Erst dann konnte man ein gesichertes und detailliertes Computerbild aus den COBE-Beobachtungen konstruieren.

Oben: Der COBE-Satellit im Bau. Seine Sensoren mußten die Belastungen des Raketenstarts überstehen können (*rechts*) und trotzdem in der Lage sein, Bruchteile von Graden in der Temperatur der von ihnen entdeckten Strahlung zu registrieren.

Anfang 1992 hatte George Smoot dann ein Bild vor Augen, das ihn in helle Aufregung versetzte. Der Computer hatte aus den COBE-Daten eine Karte des frühen Universums erzeugt, die in ihrer Struktur winzige Unregelmäßigkeiten offenbarte. Er zweifelte kaum an dem, was er sah, aber um ganz sicherzugehen, bat er einen Kollegen der Forschungsgruppe, die COBE-Daten einer unabhängigen Analyse zu unterziehen, und teilte ihm nur mit, offenbar sei eine bestimmte Methode besonders erfolgversprechend. Am nächsten Morgen fand Smoot ein Computerbild in seinem Büro, das der Kollege unter der Tür durchgeschoben hatte. Es zeigte haargenau die gleichen Einzelheiten wie Smoots Bild und trug ein kleines Zettelchen mit der Aufschrift »Heureka?«.

Smoot stellte die wärmeren und kälteren Teile des Bildes durch die willkürlich gewählten Farben Rot und Blau dar. Das Bild wurde rasch in der ganzen Welt bekannt. Die kleinen Unregelmäßigkeiten im Kosmos, die COBE entdeckt hatte, wur-

RELIKTE, SINGULARITÄTEN UND KLEINE UNREGELMÄSSIGKEITEN

den immer wieder hinterfragt und überprüft. Doch am Ende konnte sich niemand ihrer tieferen Bedeutung verschließen. Zweifellos gab es winzige Temperaturschwankungen in der aus dem Urknall stammenden Hintergrundstrahlung, Schwankungen, die der Ursprung dessen waren, was wir heute als Galaxien sehen. Die Urknalltheorie hatte sich auf geradezu sensationelle Weise bestätigt.

Von Lemaîtres Uratom, diesem hellsichtigen theoretischen Entwurf aus dem Jahr 1927, bis zu Stephen Hawkings Arbeiten über die Relativitätstheorie und COBEs Bestätigung des Urknallmodells waren nicht einmal 50 Jahre vergangen. Kein sehr langer Zeitraum, wenn wir bedenken, daß das ptolemäische System etwa 1500 Jahre lang als gültige Beschreibung des Universums galt, und daß sogar Newtons unendlichem und unwandelbarem Modell eine Lebensdauer von mehr

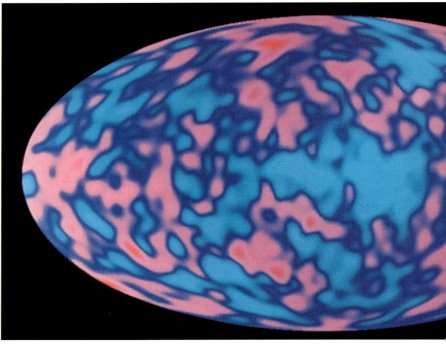

Links: George Smoot mit einer der ersten Hornantennen, die er bei seiner Suche nach Riffeln im Kosmos benutzte. Diese Riffeln, kleine Unregelmäßigkeiten, wären, das wußte er, der Beweis dafür, daß sich nach dem Urknall Galaxien bilden konnten. *Oben:* Die computererzeugte Karte der Hintergrundstrahlung, die die kleinen Unregelmäßigkeiten schließlich offenbarte. Smoot nannte sie das »kosmische Ei«, aus dem alles im Kosmos Befindliche ausgebrütet worden sein könnte.

RELIKTE, SINGULARITÄTEN UND KLEINE UNREGELMÄSSIGKEITEN

als 200 Jahren beschieden war. Während sich die Urknalltheorie in dem relativ kurzen Zeitraum dieser 50 Jahre zwar weithin durchgesetzt hat, wird sie selbst heute noch nicht allgemein anerkannt. Schließlich ist kaum vorstellbar, daß auch nur die ungeheure Vielfalt unseres eigenen Planeten – mit seinen Bergen und Ozeanen, seinen Pflanzen und Tieren, den Menschen – aus einer Singularität hervorgegangen sein soll, aus einem Gebilde, das kleiner als ein Atom, wenn auch unendlich dicht war. Und diese Erde, diese ungeheuer komplexe und gewaltige Materieansammlung, ist nur ein winziger Tropfen im Ozean. Wenn das Urknallmodell richtig ist, dann hat diese Ursprungsexplosion neben der Erde auch all jene Materie hervorgebracht, aus denen die anderen Planeten unserer Sonne bestehen, die ihrerseits nur ein winziger Stern unter Milliarden Sternen einer Galaxie ist – einer einzigen Galaxie unter Milliarden anderen, die alle aus der nämlichen Singularität entstanden sind und noch 15 Milliarden Jahre nach dem Uranfang mit ungeheuren Geschwindigkeiten voneinander fortstreben.

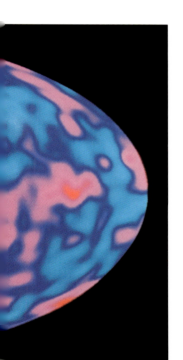

Denn das ist das Szenario, das sich unvermeidlich ergibt, wenn wir, von Hubbles Rotverschiebung ausgehend, die Entwicklung bis zu jenem Zeitpunkt zurückverfolgen, da sich die Galaxien noch alle an einem Ort befanden: das kaum faßbare Bild des Universums, das sich aus der atemberaubenden Entwicklung der Physik in unserem Jahrhundert immer deutlicher herauskristallisiert hat. Da so viele Anhaltspunkte unabhängig voneinander für seine Richtigkeit sprechen, läßt es sich kaum noch bezweifeln. Neben Hubbles Beobachtungsdaten haben Einsteins allgemeine Relativitätstheorie und Stephen Hawkings Arbeiten für ein stabiles theoretisches Fundament gesorgt. Dann kamen die Beobachtungen von Penzias und Wilson und schließlich die von George Smoot, so daß wir heute wohl davon überzeugt sein können, die großräumige Dynamik des Universums zu verstehen, so bizarr sie uns auch erscheinen mag. Und während die Physik der weiträumigen Beziehungen mit diesen außerordentlichen Überraschungen aufwartete, hat sich die Physik der mikroskopischen Welt ebenso rasch entwickelt. Dieser andere Bereich der Physik hat uns wichtige Einsichten in die Beschaffenheit der Materie eröffnet und gezeigt, wie sich die riesigen Materiemengen des Universums praktisch aus dem Nichts hätten entwickeln können.

KAPITEL 6

MATERIE UND ATOME

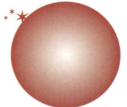

Im Zentrum einiger Galaxien haben Teleskope Materiejets entdeckt, die Milliarden Kilometer ins All schießen. Ein ganz eigenartiger Gedanke, daß aus einigen dieser Gebilde Planeten wie der unsere oder sogar Geschöpfe wie wir entstehen könnten.

MATERIE UND ATOME

Alle großen und kleinen Dinge

Nicht nur über die Beschaffenheit des Universums haben sich die alten Griechen den Kopf zerbrochen, sondern auch über das Wesen aller anderen Dinge. Dabei begründeten sie eine physikalische Disziplin, die sich neben Kosmologie und Astronomie entwickelte, ohne jemals ganz mit ihnen zu verschmelzen. Im 20. Jahrhundert orientieren sich unsere Vorstellungen nicht mehr an der Mathematik des Pythagoras und des Eratosthenes, sondern an Einsteins Mathematik – Formeln und Gleichungen, die dazu bestimmt sind, die ungeheuren räumlichen Beziehungen zwischen Sonne, Sternen und Planeten zu definieren. Einsteins physikalische Theorien beschäftigen sich in erster Linie mit der Beschaffenheit von Zeit, Raum und Gravitation, weniger mit der Art und Weise, wie die winzigen Atome der Materie organisiert und strukturiert sind. Daher bezeichnet man die Physik, die zu Einsteins Relativitätstheorien führte, auch als die Physik der sehr großen Dinge. Wir müssen uns aber auch mit der Welt der sehr kleinen Dinge befassen – und das sind heute Teilchenphysik und Quantentheorie. Dabei hat die Physik der kleinen Dinge einen ganz anderen Verlauf genommen als ihre größere Schwester.

Die Physik der großräumigen Beziehungen hat sich nach klassischer wissenschaftlicher Manier entwickelt. Hypothesen über die Beschaffenheit des Universums wurden durch sorgfältige Beobachtungen oder wissenschaftliche Experimente bestätigt oder verworfen. Diese Beobachtungen oder Experimente führten zu anderen Hypothesen, die wiederum fortbestanden oder aufgegeben wurden, nachdem sie dem Test weiterer Beobachtungen oder Experimente unterworfen worden waren. Das ptolemäische System konnte so lange überzeugen, bis Galileis Beobachtungen es unzweifelhaft widerlegten, so daß aus Newtons Bewegungstheorien ein neues Modell des Universums entworfen werden konnte. Dann ließ sich aus Hubbles Beobachtungsdaten dank Dopplers Theorie und Fraunhofers Entdeckungen über die Beschaffenheit des Lichts – beide experimentell überprüft und bestätigt – der Schluß ziehen, daß das Universum seinen Anfang in einem einzigen, winzigen Punkt genommen hat. Einsteins Gleichungen brachten den Nachweis, daß sich die Entwicklung eines solchen Universums mit den physikalischen Gesetzen vertrug, die Raum und Zeit bestimmen. Aber sie erklärten keineswegs, wie sich die ganze Materie des Universums (alle Galaxien mit ihren Milliarden Sternen, einschließlich der Sonne mit ihren Planeten) aus einem einzigen Anfangspunkt – Lemaîtres Uratom – hat entwickeln können.

Die Idee, daß alle Dinge aus einem oder mehreren fundamentalen Bausteinen bestehen könnten, hat eine lange Tradition. Wie andere vor ihnen glaubten auch die alten Griechen, daß es vier Elemente gebe, die gemeinsam die ganze Vielfalt der um uns vorhandenen Materie hervorbringen könnten – Erde, Feuer, Luft und Wasser –, indem sie in wechselnden Mischungsverhältnissen alle anderen Dinge zusammensetzten. Dabei wurden jedem Element besondere Kräfte zugeschrieben: Das Wasser

Historische Abbildungen zeigen, daß man sich noch im Jahre 1500 alles aus den vier Grundelementen Luft, Wasser, Feuer und Erde zusammengesetzt vorstellte. Der Vogel symbolisiert hier die unsichtbare Luft, die Erde galt als Behältnis aller anderen Dinge.

kann Dinge auflösen, das Feuer vermag sie zu erwärmen und zu schmelzen, die Luft ist in der Lage, das Feuer zu verbreiten und das Wasser zu trocknen. Die Erde ist nach dieser Auffassung der feste Stoff, auf den die anderen Kräfte einwirken, um neue Stoffe herzustellen.

Ferner waren die Griechen fest davon überzeugt, daß sich alle Materie wieder und wieder teilen lasse, so lange bis sie in Form ihrer kleinsten und fundamentalsten Teilchen vorliege. Diese kleinsten möglichen Teilchen bezeichnete

MATERIE UND ATOME

man als »Atome« – nach dem griechischen Wort *atomos*, »unteilbar«. Zu der Zeit also, als Pythagoras versuchte, für die Beziehung zwischen der Erde und den Sternen eine mathematisch harmonische Erklärung zu finden, setzte sich auch die Überzeugung durch, daß alle Stoffe der Erde in einer harmonischen Beziehung zueinander stünden und sich durch eine fundamentale Ordnung erklären ließen.

Hexenmeister oder Wissenschaftler?

Die Suche nach der fundamentalen Struktur der Materie folgte zunächst keiner erkenntnisorientierten Zielsetzung, sondern erwuchs einfach aus dem Wunsch, eine Erscheinungsform der Materie in eine andere zu verwandeln. Die ersten Versuche, Stoffe dergestalt zu verändern, waren nicht sehr wissenschaftlich. Sie wurden von Alchemisten vorgenommen, deren Vorstellung genauso stark von Aberglauben und Überlieferung geprägt war wie von wissenschaftlichen Überlegungen. In der Alchemie versuchte man einfach, Edelmetalle wie Gold durch Versuch und Irrtum aus verschiedenen einfachen Metallen herzustellen. Ihre Adepten nahmen an, die Kraft des Feuers würde bei entsprechenden mystischen Vorkehrungen ein Element in ein anderes umwandeln. Man müsse nur immer wieder verschiedene Dinge in der richtigen Umgebung mischen und erwärmen, und am Ende werde man schon auf die richtige Methode stoßen.

Höchst unerquickliche Dinge wie Dung und Urin wurden in Wasser gelöst und die solchen Mischungen entströmenden Gase aufgefangen. Feste Stoffe wurden miteinander verschmolzen oder in geschmolzenem Zustand voneinander getrennt. Doch nichts ermöglichte den Alchemisten die magische Verwandlung – »Transmutation« –, von der sie träumten. So suchten sie ihr Heil immer häufiger in der Astrologie und im Mystizismus, um die Geheimnisse der Transmutation zu entdecken. Dabei verloren sie ihre ursprüngliche Idee mehr und mehr aus dem Auge – daß nämlich das Feuer, das für sie die Energie der Sonne und der Sterne verkörperte, der Schlüssel zur Elementumwandlung sei. Als dann die Kirche zum Hort von Wissenschaft und Lehre wurde, verurteilte sie die Alchemie als Hexerei und Zauberei und ließ die Schriften ihrer Adepten in ihren Archiven verschwinden oder verbrennen.

Dabei sind die Alchemisten, wie wir sehen werden, der wissenschaftlichen Erklärung der Materie und dem Ursprung ihrer unendlichen Vielfalt im Universum erstaunlich nahe gekommen. Schließlich glaubten sie, daß die Energie in der Sonne und den Sternen eine große Rolle spiele. Außerdem hinterließen sie, trotz der Verurteilung durch die Kirche, eine große Zahl von Werkzeugen, die die Wissenschaft bei ihrer Suche nach der Beschaffenheit der Materie gut gebrauchen konnte.

Diese Zeichnung aus dem 15. Jahrhundert belegt, daß man den Alchemisten offenbar schon damals als Scharlatan sah. Sogar im Mittelalter hatte das Unvermögen der Alchemie, Gold herzustellen, ihrer Glaubwürdigkeit bereits erheblich geschadet.

MATERIE UND ATOME

Elementarkräfte

All die alchemistischen Techniken zur Trennung, Auflösung, Verdampfung und zum Schmelzen wurden von den ersten Chemikern übernommen, als sie versuchten, alle chemischen Stoffe zu trennen, auf die sie stießen. Schon bald bemerkten sie, daß viele Dinge Verbindungen aus einem oder mehreren chemischen Stoffen waren, die sich durch ganz ähnliche Prozesse, wie sie die Alchemisten verwendet hatten, isolieren und bestimmen ließen. Später entdeckten sie, daß bestimmte chemische Stoffe nicht mehr zerlegt werden konnten. Offenbar handelte es sich um fundamentale Stoffe. Daher nannte man sie »Elemente« und erklärte sie zur Grundlage aller Materie.

Natürlich konnten diese frühen Chemiker nicht ahnen, daß die Naturwissenschaft des 20. Jahrhunderts eines Tages nach einer Erklärung verlangen würde, wie alle Materie durch den Urknall aus einem einzigen Punkt entstand. Daher hatten sie theoretisch keinen Grund zur Beunruhigung angesichts des Umstands, daß die Elemente, die sie entdeckten, offenbar nichts miteinander zu tun hatten, oder daß es allem Anschein nach keine Möglichkeit gab, sie ineinander zu verwandeln. Trotzdem konnten sie sich nicht mit dem Gedanken anfreunden, daß alles so ganz ohne Zusammenhang sein sollte. Als sie dann mehr als 60 verschiedene chemische Elemente entdeckt hatten, schien völlig klar zu sein, daß die antike Theorie, nach der Luft, Feuer, Wasser und Erde die Grundlage aller Dinge waren, falsch sein mußte. Aber 60 offenbar voneinander unabhängige Elemente, die sich alle auf entsprechende Atome zurückführen ließen – die Vielfalt erschien einfach zu groß, um wirklich fundamental sein zu können.

Auch damals ging man davon aus, daß das Atom der grundlegende Baustein der Materie sei. Man nahm einfach an, jedes Element habe seine eigenen Atome, seine eigenen kleinsten, unteilbaren Teile. Für die ersten Chemiker dürften die Beziehungen zwischen den Elementen sehr viel interessanter gewesen sein als die Frage nach der Beschaffenheit des Atoms. Daher versuchte die chemische Forschung zunächst zu klären, wie sich das Atom eines Elements von dem eines anderen unterscheiden läßt. Die Chemiker bemerkten, daß sich das Verhalten verschiedener Elemente in bestimmter Hinsicht glich. Beispielsweise schienen alle Säuren Metalle aufzulösen. Einige Gase waren leicht entzündlich, während andere eine Kerzenflamme zum Erlöschen brachten. Da lag es nahe, die Elemente nach ihren gemeinsamen Eigenschaften zusammenzufassen. Das schien damals die interessanteste Aufgabe in der Chemie zu sein, wobei man sie zunächst überhaupt nicht mit den Arbeiten in Zusammenhang brachte, in denen es darum ging, die Größe und das Gewicht – also die Masse – der Atome aller bekannten Elemente zu bestimmen.

MATERIE UND ATOME

Die Berechnung dieser Details war eine außerordentliche Leistung. Man verfügte über keine Möglichkeit, einzelne Atome zu isolieren, zu wiegen und zu messen. Allerdings konnte man bestimmte Mengen der Elemente wiegen und erfassen, bevor sie in chemischen Reaktionen zusammenfanden, um anschließend das Volumen der in der Reaktion entstandenen Stoffe zu messen und zu wiegen. Auf diese Weise bekam man eine gewisse Vorstellung vom Gewicht und der Größe verschiedener chemischer Stoffe: Große Mengen mancher Stoffe wogen unter Umständen sehr wenig, während kleine Mengen anderer Stoffe viel schwerer waren. Bald hatte man auch festgestellt, daß es stets einer bestimmten Wärmemenge bedurfte, um die Temperatur eines Stoffs um einen bestimmten Betrag zu erhöhen, und eine andere spezifische Wärmemenge, um die Temperatur eines anderen Elements um den gleichen Betrag zu erhöhen. So ließ sich für jedes Element die »spezifische Wärme«, wie man diese Größe nannte, durch eine bestimmte Zahl ausdrücken. Aus all diesen Werten, die man bestimmte, konnten die Chemiker eine Zahl errechnen, die die Atommasse jedes Elements angab. Zwar ließen sich die Werte nicht tatsächlich in Bruchteilen von Millimetern und Milligramm ausrechnen, aber man konnte sich den Wert eines Elements als Fixpunkt wählen und dann alle anderen Elemente im Verhältnis dazu beschreiben. Zunächst diente Sauerstoff als Vergleichsmaßstab, später Kohlenstoff. Doch entscheidend war, daß sich mit einer Reihe von Zahlen die Masse – oder das Atomgewicht – jedes Elements angeben ließ.

Doch da diese Atomgewichte anfangs ziemlich willkürlich zu sein schienen und offenbar in keinerlei Zusammenhang mit den Ähnlichkeitsbeziehungen zwischen den rund 60 bekannten Elementen standen, nahm man an, sie wären ebenso bedeutungslos wie die Zahl der entdeckten Elemente. Die Chemiker glaubten, daß weder die Zahl der vorhandenen Elemente noch ihre Atomgewichte irgendeine aufschlußreiche Beziehung zwischen einem Element und dem nächsten offenbaren könnten. Einen Zusammenhang zwischen chemischen Ähnlichkeiten und Atomgewichten sah man nicht – bis Dmitrij Mendelejew das Gegenteil bewies.

Dmitrij Mendelejew (1834-1907) war das jüngste von 14 Kindern und zunächst ein unauffälliger Schüler. Niemand hätte ihm zugetraut, daß er eines Tages Weltruhm erlangen würde, weil ihm eine epochemachende Entdeckung in der Chemie gelingen sollte.

MATERIE UND ATOME — STEPHEN HAWKINGS UNIVERSUM — 121

Die Karten werden neu gemischt

Das Interesse an der Chemie hat Mendelejew sicherlich in seiner Kindheit entwickelt, denn seine Mutter besaß in Sibirien eine Glasmanufaktur, in deren Öfen das geschmolzene Glas mit verschiedenen Stoffen eingefärbt wurde. Vielleicht hat sogar die Beobachtung, daß winzige Mengen chemischer Stoffe, die sorgfältig ausgewogen wurden, feine Farbabstufungen hervorriefen, Mendelejew zu der Überzeugung gebracht, daß das Atomgewicht der verschiedenen Elemente möglicherweise doch wichtiger war, als man bisher angenommen hatte. Doch das ist Spekulation.

Fest steht dagegen, daß die Glasmanufaktur niederbrannte und Mendelejews Mutter dadurch zu der Überzeugung gelangte, es sei an der Zeit, der Berufsausbildung des Sohnes Vorrang einzuräumen. Also unternahmen sie die lange Reise von Sibirien nach St. Petersburg, damit sich Dmitrij an der dortigen Universität als Student einschreiben konnte. Es heißt, sie hätten für die 2250 Kilometer lange Reise fast zwei Jahre gebraucht. Kurz nach ihrer Ankunft starb die Mutter. Doch dank ihrer Entschlossenheit war die berufliche Laufbahn ihres Sohnes gesichert. Wie viele Universitätsabsolventen im damaligen Rußland verdiente sich Mendelejew seinen Lebensunterhalt im Staatsdienst. Seine Aufgabe war es, verschiedene Erdölprodukte zu klassifizieren. Da lag die Annahme natürlich nahe, daß sich alle chemischen Stoffe in ähnlicher Weise ordnen ließen – insbesondere alle Elemente.

Es wird erzählt, Mendelejew habe eines Abends einen Artikel zu diesem Thema abschließen wollen, sei damit aber nicht zu Rande gekommen. Frustriert ließ er alles stehen und liegen und begab sich zu Bett. Im Traum soll ihm die Antwort gekommen sein. Warum klassifizierte man die Elemente nicht nach ihren Atomgewichten? Plötzlich war er davon überzeugt, so die Legende, daß dies eine viel bessere Methode sei, als sie einfach nach ihren chemischen Reaktionseigenschaften zusammenzustellen. Er nahm ein Kartenspiel – offenbar war er ein begeisterter Kartenspieler – und notierte darauf die Symbole und Atomgewichte aller bekannten Elemente – auf jede Karte eines. Dann probierte er aus, wie sie sich anordnen ließen.

Links: Durch die Mischung verschiedener Anteile chemischer Stoffe mit geschmolzenem Glas entsteht eine Vielfalt von Farben. Vielleicht veranlaßte dieser Prozeß Mendelejew dazu, über die Bedeutung von Atomgewichten nachzudenken.
Oben: Professor Eugeni Babajew war beeindruckt von der Art, wie Mendelejew das Periodensystem entwickelte.

MATERIE UND ATOME

Die entscheidende Erkenntnis, die ihm entweder im Traum oder beim Hin-und-her-Schieben der Karten gekommen war, besagte, daß sich aus den scheinbar zusammenhanglosen Atomgewichten der Elemente eine schlüssige Progression zusammenstellen ließ, wenn man zwei Dinge voraussetzte: Erstens, es gab Lücken an Stellen, wo einige Elemente noch nicht entdeckt worden waren; und zweitens, ein oder zwei der bekannten Gewichte mußten etwas verändert werden, damit sie in die Reihe paßten. (Da man noch nicht über die perfekten technischen Möglichkeiten verfügte, mit denen man heute solche Messungen vornimmt, war diese Annahme nicht so unvernünftig, wie sie dem heutigen Leser erscheinen mag.) Nachdem Mendelejew seine Karten mehrfach verschoben und umgeordnet hatte, lag am Ende die erste richtige Version des Periodensystems vor ihm: die Einteilung der chemischen Elemente in Gruppen, in denen das Atomgewicht der einzelnen Elemente in regelmäßigen Schritten anwächst.

Zwar wußte Mendelejew nicht genau, warum diese Beziehung zwischen den Elementen bestand, aber seine Annahme bestätigte sich, als neue Elemente entdeckt wurden und genau in die Lücken paßten, die er in seinem System gelassen hatte. Heute wissen wir, daß jeder Schritt in der Stufenleiter der Atomgewichte von einem Element zum nächsten durch ein zusätzliches Elementarteilchen erklärt wird. Die Unterschiede zwischen den Elementen resultieren aus der Anzahl der Teilchen, die erforderlich sind, um ein Atom der verschiedenen Elemente zusammenzusetzen. Ohne die Entdeckung von Dmitrij Mendelejew hätten wir diesen Wissensstand nie erreicht. Hätte er nicht die Richtung gezeigt, dann hätten wir nie herausgefunden, wie die Materie beschaffen ist und wie die Beziehung zwischen den Elementen aussieht. Und wenn wir verstehen wollen, wie sich alles aus dem Urknall entwickelt hat, dann muß sich erklären lassen, wie alle chemischen Stoffe, alle Bestandteile der Materie stufenweise aus diesem einen gemeinsamen Anfangspunkt entstanden sind.

Ein warmes blaues Licht

Vor seinem Tod soll Mendelejew gesagt haben, wir müßten das Element Uran genauer untersuchen, wenn wir mehr über die Beschaffenheit der Materie erfahren wollten. Falls das stimmt, war es geradezu prophetisch, denn um die Jahrhundertwende wurden aus Gründen, die mit dem Uran zu tun hatten, Zweifel an der Unteilbarkeit des Atoms laut. Wie andere Forscher hatte auch Henri Becquerel beobachtet, daß Uran offenbar Strahlen unbekannter Art abgab, und den Entschluß gefaßt herauszufinden, was es mit dieser geheimnisvollen Emanation auf sich hatte. Zunächst wollte er feststellen, ob es sich, wie er vermutete, um eine Form von Energie handelte. Man erzählt, er sei ursprünglich davon überzeugt gewesen, daß das Sonnenlicht die Energiefreisetzung auslöse und daß sie sich mit einer foto-

MATERIE UND ATOME

grafischen Platte nachweisen lasse (praktischerweise war die Fotografie gerade erfunden worden). Daher wickelte er eine unbelichtete fotografische Platte in dickes schwarzes Papier und legte vorsichtig einige Uransalzkristalle auf das Päckchen. Doch da am Himmel dicke Wolken aufgezogen waren, verschob er das Experiment. Er verstaute alles in einer Schublade, um auf einen sonnigen Tag zu warten. Als sich das Wetter einsichtig zeigte, nahm er das Uran und die fotografische Platte heraus – und fragte sich, ob womöglich in der geschlossenen Schublade etwas passiert war.

Einem vagen Impuls folgend, packte er die Platte in einer Dunkelkammer aus und entwickelte sie. Seine Eingebung war richtig: Dunkle Formen, die genau der usprünglichen Lage der Kristalle entsprachen, hatten die Platte genauso belichtet, als wäre sie an diesen Stellen dem Licht ausgesetzt gewesen. Aber natürlich

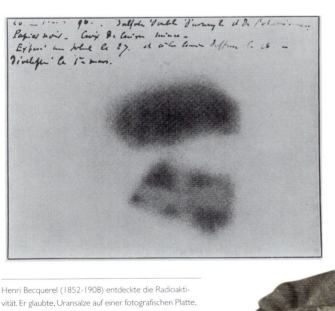

Henri Becquerel (1852-1908) entdeckte die Radioaktivität. Er glaubte, Uransalze auf einer fotografischen Platte, die er sorgfältig in schwarzes Papier eingeschlagen hatte, könnten auf die Platte nur einwirken, wenn er sie dem Sonnenlicht aussetzte. Da der Himmel am Versuchstag wolkig war, legte er Platte und Salz in eine Schublade und wartete auf besseres Wetter. Drei Tage später entwickelte er die Platte trotzdem (*oben*) und entdeckte, daß sie, obwohl nicht ausgepackt, in der Zwischenzeit von den Salzen belichtet worden war.

MATERIE UND ATOME

war die Platte nicht mit Licht in Berührung gekommen. Die Spuren hatte zweifellos eine Emanation hinterlassen, die von den Kristallen ausgegangen war und die im Gegensatz zum Licht durch die schwarze Papierhülle hatte dringen können.

60 Jahre zuvor hatte Michael Faraday entdeckt, wie sich Elektrizität erzeugen läßt. Zu Becquerels Zeit maßen Physiker alle Energieformen in der Stärke des elektrischen Stroms. Daher beschlossen Marie und Pierre Curie in Paris, die Stärke der Energie, die Becquerel als Emanation des Urans entdeckt hatte, experimentell zu messen. Man hatte bereits beobachtet, daß die Emanation auf ihrem Weg durch die Luft offenbar Elektrizität leitete. Deshalb legten die Curies eine elektrische Ladung an eine Probe Uran auf einer Platte, um zu sehen, ob es eine Ladung an eine andere Platte direkt darüber weitergeben würde. Andere Elemente wie Gold und Kupfer waren dazu nicht in der Lage, während Uran diese Ladung stets übermittelte, woraus zu schließen war, daß das Uran tatsächlich der Ursprung jener Energie-Emanation war, die die Luft zu einem elektrischen Leiter machte.

Um die Stärke der abgegebenen Energie zu messen, entwickelten die Curies eine wiederholbare Versuchsanordnung, die ihnen zeigen sollte, ob die Energie stets gleich blieb, egal wieviel Uran sie verwendeten und wie hoch die Ladung war, die sie an die untere Platte legten. Es gab keine Möglichkeit, diese Energie direkt zu messen. Aber Faraday hatte gezeigt, daß der elektrische Strom in der Lage ist, einen Draht abzulenken. Und tatsächlich – der Draht wurde von dem Strom abgelenkt, dem das Uran auf der unteren Platte den Weg durch die Luft bahnte. Nun ließen die Curies einen elektrischen Strom, dessen Stärke sie präzise verändern konnten, von der anderen Seite auf den Draht einwirken. Das lenkte den Draht natürlich in die entgegengesetzte Richtung. Sie maßen, wieviel Strom sie brauchten, um den Draht wieder in seine Ausgangsposition zu bringen. Auf diese Weise fanden sie heraus, welcher Energiebetrag erforderlich war, um der vom Uran ausgehenden Energie entgegenzuwirken. So konnten sie die Stärke der Emanation berechnen.

Die Curies wiederholten ihre Experimente mehrfach und führten sie so

Unten: Marie Curie (1868-1934) hörte von Becquerels Entdeckung und beschloß sofort, sich in ihrer Dissertation genauer mit der Natur dieser Radioaktivität zu beschäftigen. *Rechts:* Als Marie und Pierre Curie das Radium entdeckten, nahmen sie zunächst an, sie wären auf etwas Positives und sehr Nützliches gestoßen. Anfangs bemerkte niemand, daß die Radioaktivität auch ihre Schattenseiten hat.

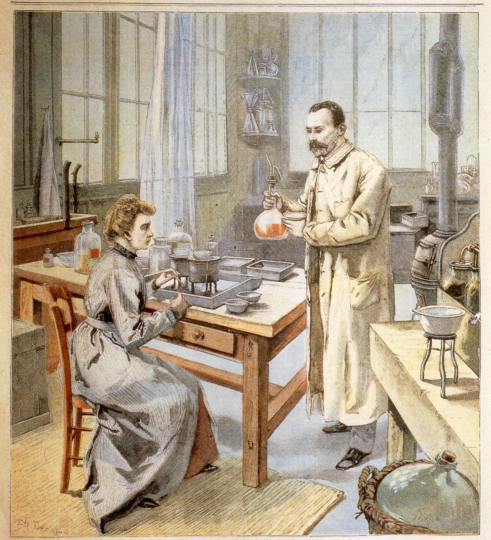

Une Nouvelle Découverte. — Le Radium
M. et Mme Curie dans leur laboratoire

THE ILLUSTRATED LONDON NEWS.

No. 3642.—VOL. CXXXIV   SATURDAY, FEBRUARY 6, 1909.   SIXPENCE.

THE MYSTERIOUS CURE: A PATIENT UNDERGOING THE RADIUM TREATMENT AT THE LONDON HOSPITAL.

MATERIE UND ATOME   STEPHEN HAWKINGS UNIVERSUM   127

sorgfältig durch, daß sie die winzige Energiemenge, die vom Uran ausging, sehr genau erfaßten. Doch dann entdeckten sie etwas ganz Außergewöhnliches. Die Rohform, in der ihnen das Uran vorlag, war Pechblende (Uranpecherz). Sie hofften, Zeit zu sparen, indem sie die Pechblende in ungereinigter Form verwendeten, statt das Uran zu isolieren. Aufgrund der Verunreinigungen erwarteten sie einen schwächeren Strom oder gar keinen. Doch zu ihrer Verblüffung war der elektrische Strom weit stärker als bei der Verwendung von reinem Uran. Es gab nur eine mögliche Erklärung: Die Pechblende mußte neben dem Uran ein neues Element enthalten, das eine weit stärkere Energieausstrahlung hatte als das Uran. Nun galt es, dieses Element zu isolieren.

Intensiv bemühten sich die Curies, die Pechblende auf alle darin enthaltenen Elemente zurückzuführen, wobei sie sich der herkömmlichen chemischen Verfahren bedienten – Erwärmen, Lösen und so fort. Jedesmal wenn sie ein Element isoliert

Links: 1909 glaubte man herausgefunden zu haben, daß Radium außerordentliche Heilkräfte entfalte, und wendete es bedenkenlos an, selbst in rein kosmetischen Fällen. Es schien eine bemerkenswerte Fähigkeit zu haben, häßliche Geburtsmale zu entfernen.
Unten: Schon bald wurde das »Wunder« Radium kommerziell genutzt. Leuchtziffern auf Uhren kamen in Mode, und man verwendete die warme Strahlung des Radiums sogar, um Dauerwellen zu legen.

MATERIE UND ATOME

hatten, verbrannten sie es, zerlegten das Licht und stellten fest, welche Fraunhofer-linien im Spektrum zu erkennen waren. Wenn sie ein vollkommen neues Muster erblickten, hatten sie den Fingerabdruck eines neuen Elements entdeckt. Am Ende fanden sie neben dem Uran noch zwei weitere radioaktive Elemente in der Pech-blende. Das erste nannten sie Polonium – nach Madame Curies Heimat Polen – und das zweite Radium. Das zweite Element hat es zu weit größerer Berühmtheit gebracht.

Zweifellos war es von großer chemischer Bedeutung. Sobald die Curies sein Atomgewicht ausgerechnet hatten, schien es sich nahtlos in eine der Lücken zu fügen, die Mendelejew in seinem Periodensystem für unentdeckte Elemente gelas-sen hatte. Außerdem beschäftigte es die Phantasie der Öffentlichkeit. Bei der Ema-nation des Radiums handelte es sich um eine Energieform, die auch der wissen-schaftlich unbedarfteste Verstand ohne Schwierigkeiten begreifen konnte. Die Curies hatten kleine Mengen so reinen Radiums isoliert, daß der Stoff im nächtli-chen Labor hell leuchtete. Ganz automatisch nahm man an, dem schönen Licht mit seinem warmen Blauton müsse neben seiner dekorativen Wirkung auch eine posi-tive Energie, eine Heilkraft innewohnen. Angeblich bat sogar eine Tänzerin der Folies Bergères die Curies um Radium, mit dem sie ihr Kostüm verzieren wollte, um im Dunkeln zu tanzen!

Die verhängnisvollen Folgen des Radiums wurden nicht sofort erkannt. Von Pierre Curie weiß man, daß er durch das Hantieren mit Pechblende Verbrennungen an den Händen erlitt, und letzten Endes ist wohl der Tod von Marie wie Pierre auf den ungeschützten Umgang mit Radium zurückzuführen. Doch egal, welchen Aspekt wir betrachten, entscheidend und unstrittig ist, daß von Radiumatomen beträchtliche Energie freigesetzt wurde: Energie, die Wärme und Licht erzeugte und alle Welt faszinierte, nicht nur die Wissenschaftler. Jetzt mußten die Physiker erklären, welches Geschehen im Inneren des Atoms zur Freisetzung dieser Energie führte.

Obwohl die Struktur der Materie noch nicht das unmittelbare Interesse der Kosmologen fand, war das Rätsel des Radiums doch von großer Bedeutung für sie. Noch wurde die allgemeine Vorstellung vom unendlichen und ewigen Uni-versum Newtons bestimmt. Atheistische Naturwissenschaftler, die die Idee eines von Gott geschaffenen Universums widerlegen wollten, mußten natürlich er-klären, wie sich die bekannten Elemente in diesem Universum auf natürliche Weise entwickelten. So hätten sich die Argumente der religiösen Kreatianisten am besten abschmettern lassen. Die behaupteten nämlich, die komplexe Vielfalt der im Universum existierenden Dinge könne nur Gottes Weisheit entsprun-gen sein, der das Universum so, wie wir es vor Augen haben, mit einem Schlage erschaffen habe. Doch zur Zeit der Curies besaßen die Gegner der Kreatianisten

MATERIE UND ATOME

wenig konkrete Hinweise auf eine mögliche Entwicklung der Materie. Sie konnten lediglich die Existenz der verschiedenen Elemente als fundamentale Bausteine aller Dinge konstatieren. Mendelejews Periodensystem ließ zwar darauf schließen, daß es eine vorhersagbare Beziehung zwischen den Atomen jedes Elements gab, aber Aufschluß darüber, wie die verschiedenen Elemente entstanden sein könnten, gab es kaum.

Doch die Entdeckung, daß die Atome einiger Elemente Energie freisetzten, schien einen völlig neuen Zugang zum Verständnis der Materie zu erschließen. Gab es vielleicht doch noch fundamentalere Teilchen als das Atom? Und wenn ja, würde sich dann mit ihrer Hilfe erklären lassen, wie sich die Vielfalt des Universums auf natürliche Weise entwickelt hatte, ohne daß man sich zum Rückgriff auf den göttlichen Schöpfungsakt gezwungen sah? Das Zeitalter der Teilchenphysik brach an. Sie brauchte nur wenige Jahrzehnte, um mit einer Überzeugung aufzuräumen, die zweitausend Jahre Bestand gehabt hatte: daß das Atom unteilbar sei.

KAPITEL 7

DIE GRUNDLEGENDE ENERGIE

Uns erscheint die Erde riesig, aber sie ist nur ein winziges Materiekörnchen im Universum, das durch die Energie des Urknalls erschaffen wurde.

DIE GRUNDLEGENDE ENERGIE

Kompromittierende Nähe zur Alchemie

Ernest Rutherford, ein hervorragender Experimentalphysiker neuseeländischer Herkunft, der ein alter Freund der Curies war, beschloß, ihre Experimente einen Schritt weiter zu führen. Er entwickelte eine sinnvolle Methode zur Analyse dessen, was das Radium und andere radioaktive Elemente abgaben. Die Curies hatten gezeigt, daß Luft den elektrischen Strom leitete, wenn man sie mit der Emanation des Radiums mischte. Rutherford wollte herausfinden, ob die Emanation nur einfach ein reiner Energiestrom war, vielleicht mit ein bißchen Radiumdampf vermischt, oder ob ein vollkommen anderer chemischer Stoff Träger der Energieteilchen war. Er nahm nämlich an, daß neben der von den Curies gemessenen Energie noch ein anderer Stoff in Gasform freigesetzt werden könnte.

Um seine Hypothese zu überprüfen, baute Rutherford zwei Kammern und verband sie durch ein Ventil, das er öffnen und schließen konnte. Bei geschlossenem Ventil füllte er einen Behälter mit der Emanation des Radiums, wobei er die elektrische Ladung des Gases, das er in die Kammer ließ, sorgfältig mit der von den Curies verwendeten Methode erfaßte. Als die Ladung des Kammerinhalts die gleiche Stärke aufwies, die die Curies gemessen hatten, wußte er, daß er die Kammer mit der Emanation gefüllt hatte. Dann öffnete er das Ventil zwischen den beiden Kammern und maß die Ladung in der zweiten. Er kontrollierte die Ladungswerte in beiden Kammern und ermittelte die Zeit, die die Ladung brauchte, um in beiden Kammern den gleichen Wert anzunehmen. Damit glaubte er auch zu wissen, wie lange die Emanation aus der ersten Kammer brauchte, um sich gleichmäßig über beide Kammern zu verteilen. Die Dauer dieser Ausbreitung war eine Information von großer Bedeutung, weil man bereits wußte, daß die Zeit, die ein Gas braucht, um sich zu verteilen, zu seinem Atomgewicht direkt proportional ist. Daher erwartete Rutherford, stets das gleiche Ergebnis zu erhalten, während sich das Radium dampfförmig ausbreitete.

Doch sooft er das Experiment auch wiederholte, er bekam immer andere Werte für die Ausbreitungszeit. Das ließ eindeutig darauf schließen, daß die Emanation mit ihrem Atomgewicht im Periodensystem unter dem des Radiums lag. Mit anderen Worten, Rutherford hatte ein Element entdeckt, das leichter als Radium

DIE GRUNDLEGENDE ENERGIE

und zur gleichen Zeit entstanden war, als das Radium die Energie freigesetzt hatte. Der Vollständigkeit halber sei erwähnt, daß Rutherford bei den meisten Experimenten Thorium verwendete, welches das Gas Radon abgab. Er erhielt also die richtigen Ergebnisse aus den falschen Gründen! Die Werte, die er für das Atomgewicht des Radons errechnete, waren viel zu niedrig, aber sie unterschieden sich genügend vom Atomgewicht des Radiums, um zu zeigen, daß sich ein neues Element gebildet hatte, nicht einfach Radium in gasförmigem Zustand. Für das weitere Verständnis der Materie war bedeutsam, daß der natürliche Veränderungsprozeß, den Rutherfords Experimente belegten, spontan eingetreten war. Ein chemisches Element hatte sich zweifelsfrei in ein anderes verwandelt. Es handelte sich also genau um den Prozeß, nach dem die Alchemisten so verzweifelt gesucht hatten. So soll Rutherfords Assistent Frederick Soddy auch ausgerufen haben: »Himmel, Rutherford, wir haben die Transmutation entdeckt!«

Rutherford war entsetzt bei dem Gedanken, irgend jemand könne sein Tun mit der in Verruf geratenen Kunst der Alchemie in Verbindung bringen, und weigerte sich, den Vorgang als Transmutation zu bezeichnen, als könnte das Zweifel am wis-

Unten: Ernest Rutherford (1871-1937) arbeitete oft mit anderen Physikern zusammen, die meistens innerhalb ihrer Spezialdisziplin genauso berühmt wurden wie Rutherford selbst.
Links: Hier sehen wir ihn zusammen mit Hans Geiger (links) bei einem Experiment, mit dem die Alpha-Strahlung gemessen werden sollte. Im Jahre 1908 entwickelten die beiden den Prototypen des Strahlenmeßgerätes, das heute nur den Namen des einen trägt: Geiger-Zähler.

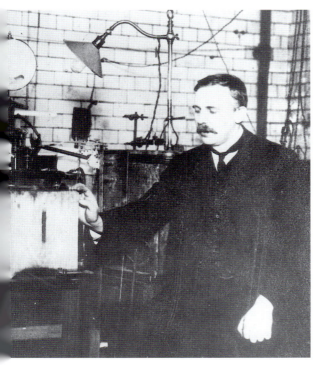

DIE GRUNDLEGENDE ENERGIE

senschaftlichen Charakter seiner Arbeit wecken. Tatsächlich aber hatte er gezeigt, wie sich die Transmutation in der Realität vollzieht. Mit seinen Experimenten hatte er den Beweis erbracht, daß ein chemisches Element zumindest in einigen Fällen ein anderes hervorbringen und dabei Energie freisetzen kann. Zwar erfüllte sich damit nicht der alte Traum der Alchemisten, aus einfachen Metallen Gold herzustellen, aber immerhin hatte sich bestätigt, daß es nicht nur möglich war, ein Element in ein anderes zu verwandeln – sondern daß sich dieser Vorgang auch in der Natur ereignete.

Wenn sich zeigen ließ, daß dieser Umwandlungsprozeß für alle chemischen Elemente galt, und wenn das Universum tatsächlich mit dem Urknall begonnen hatte, dann hieß das für die Kosmologie, daß sich zumindest theoretisch alles, was bei diesem Ereignis entstanden war, Schritt für Schritt in den heutigen Inhalt des Universums verwandelt haben könnte. Doch der Nachweis, daß der Prozeß, den er an radioaktiven Elementen nachgewiesen hatte, auf alle chemischen Elemente übertragbar war, interessierte Rutherford nicht sonderlich. Er wollte zunächst herausfinden, welche Vorgänge im Inneren des Atoms für diese Veränderungsprozesse verantwortlich waren.

Die Anatomie des Atoms

Zu Beginn des 20. Jahrhunderts hatte sich die Forschung bereits eingehend mit der Struktur des Atoms beschäftigt, und einige seiner Bestandteile kannte man inzwischen. So hatte beispielsweise der englische Physiker J. J. Thomson das Elektron entdeckt. Bis zu Thomsons Experimenten galt Elektrizität als Energiefluß, den man in einem geeigneten Metalldraht induzieren konnte – entweder chemisch (etwa durch Batterien der Art, wie wir sie heute noch in Autos verwenden) oder physikalisch (indem man den Draht durch ein Magnetfeld bewegte). Man wußte außerdem, daß man den Strom in beide Richtungen durch den Draht fließen lassen konnte und daß sich Drähte, die in entgegengesetzten Richtungen von elektrischem Strom durchflossen werden, abstoßen, während einander Drähte, die in gleicher Richtung durchflossen werden, anziehen. Der Begriff einer positiven und negativen elektrischen Ladung, die die beiden entgegengesetzten Richtungen repräsentierte, war in den physikalischen Vorstellungen also schon fest verankert. Doch niemand wußte genauer anzugeben, woraus dieser Elektrizitätsfluß eigentlich bestand.

J. J. Thomson entdeckte, daß der Elektrizitätsfluß im wesentlichen Teilchen enthielt, die sich nachweisen ließen, wenn die Elektrizität durch eine speziell hergerichtete Glasröhre floß. Man bezeichnete sie als Kathodenstrahlröhre. Eigentlich sollte es sich um eine Vakuumröhre handeln, doch tatsächlich blieb immer etwas Gas darin zurück. Gehalten wurde die Röhre von zwei Metallplatten, an die sich

DIE GRUNDLEGENDE ENERGIE

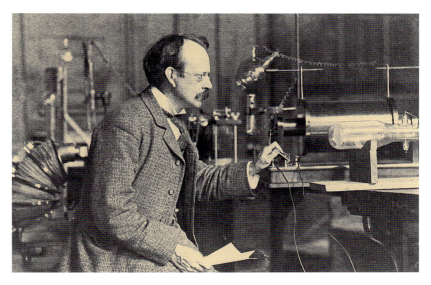

Links: Joseph Thomson (1856-1940), besser bekannt als J. J. Thomson. Für seine wichtigsten Experimente benutzte er eine Kathodenstrahlröhre (*unten*). Deutsche Physiker glaubten, die Effekte in diesen Röhren würden durch elektromagnetische Strahlung hervorgerufen, bis J. J. Thomson nachwies, daß die Elektronen dafür verantwortlich sind.

eine elektrische Ladung anlegen ließ: die eine positiv, die andere negativ. Auf diese Weise konnte die Elektrizität vom einen Ende der Röhre zum anderen gelangen, ohne daß man sie durch einen Draht verbinden mußte. Thomson konnte also beobachten, was sich »in« der Elektrizität befand, ohne daß die physische Beschaffenheit des Metalldrahts das Bild verfälscht hätte. Im Zusammenspiel mit den gasförmigen Restbeständen wurde aus Gründen, die man zunächst nicht verstand, ein Leuchten in der Röhre erzeugt. Nachdem schon verschiedene Physiker versucht hatten, diesen Vorgang zu erklären, gelang J. J. Thomson der Nachweis, daß es sich bei dem Leuchten um einen Strom von Teilchen handelte, die er als Elektronen bezeichnete. Dabei »leuchteten« sie nicht von sich aus, sondern riefen die spektakulären Lichteffekte erst durch ihre Wechselwirkung mit der Luft in der Röhre hervor.

Thomson entdeckte, daß sich der Elektronenstrom durch einen Magneten beeinflussen ließ. Und die Richtung, in die sich der Strom bewegte, zeigte ihm, daß es sich um eine negative elektrische Ladung handelte. Mehr noch: Er maß, wie weit der Magnet die Elektronen ablenkte, und errechnete daraus, daß das einzelne Elektron leichter sein müsse als das Atom des leichtesten bekannten Elements, des Wasserstoffs. Folgte daraus, daß es ein fundamentaleres Teilchen war als das Atom? Wenn ja – ließen sich dann noch andere Teilchen mit dem richtigen Gewicht und anderen physikalischen Eigenschaften finden, die sie als Be-

DIE GRUNDLEGENDE ENERGIE

standteile des Atoms kenntlich machten? Überall begannen Wissenschaftler nach Teilchen zu suchen, die außer dem Elektron vielleicht im Atom vorhanden waren. Natürlich machten sie sich auch über den möglichen Aufbau Gedanken. Unter anderem hatte man die Vermutung, die negativ geladenen Elektronen könnten in jedem Atom um einen Kern gruppiert sein, der negativ geladen sei. Die entgegengesetzten elektrischen Ladungen zögen sich an und hielten das Atom auf diese Weise zusammen.

Rutherford ergänzte dieses Konzept. Unter anderem hatte er nämlich herausgefunden, daß die Energie, die von radioaktiven Stoffen ausging, drei verschiedene Formen annahm. In einer Reihe von Experimenten hatte er festgestellt, daß ein Anteil dieser Energie eine dünne Schwermetallwand durchdrang, ein anderer Anteil jedoch nicht. Weiterhin wurde ein Teil der Energie, die das dünne Hindernis passiert hatte, von einem dickeren zurückgehalten. Doch der Rest der Energie schien durch jedes Hindernis zu dringen, egal wie dick es war. Die Strahlen, die schon von der dünnsten Wand reflektiert wurden, nannte man Alpha-Strahlen. Aus Beta-Teilchen bestanden die Strahlen, die Hindernisse nur bis zu einer gewissen Stärke passierten, und die Strahlen, die kein Hindernis aufhalten konnte, bezeichnete man als Gamma-Strahlen.

Schon bald konnte der Physiker Rutherford zwei Aussagen über Gamma-Teilchen machen. Aus der Art, wie sie von einem Magnetfeld abgelenkt wurden, ersah er erstens, daß sie positiv geladen waren, und zweitens, daß sie genau die Masse aufwiesen, die der Heliumkern haben mußte. Dann beschoß Rutherford ein dünnes Stück Blattgold mit Alpha-Teilchen, weil er hoffte, daß sich die Art und Weise, wie sie von dem Hindernis abprallten, als aufschlußreich erweisen würde. Dazu brachte er das Blattgold in einem zylinderförmigen Behälter an, der mit lichtempfindlichem Papier ausgekleidet war. Wenn man das Papier entwickelte, ließ sich erkennen, in welche Richtungen die Alpha-Teilchen von dem Blattgold zurückgeworfen wurden. Rutherford konnte die Richtungen der Teilchen mikroskopisch genau festhalten, da sie beim Abprallen vom Gold eine Szintillation, einen winzigen Lichtblitz, abgaben. Der gelangte zu den Wänden des Zylinders und wurde auf dem lichtempfindlichen Papier festgehalten. Zu Rutherfords großem Erstaunen wurden einige Teilchen beim Aufprall auf das Blattgold stark abgelenkt. Für diesen Vorgang, so schloß der Physiker, müsse die unmittelbare Abstoßung zwischen dem positiv geladenen Alpha-Teilchen und den positiv geladenen Kernen der Goldfolie verantwortlich sein. Folglich tat sich eine Art Lücke zwischen den Elektronen und dem Kern auf, denn sonst hätte der Kern keinen so starken Einfluß ausüben können. So ge-

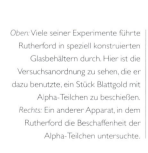

Oben: Viele seiner Experimente führte Rutherford in speziell konstruierten Glasbehältern durch. Hier ist die Versuchsanordnung zu sehen, die er dazu benutzte, ein Stück Blattgold mit Alpha-Teilchen zu beschießen.
Rechts: Ein anderer Apparat, in dem Rutherford die Beschaffenheit der Alpha-Teilchen untersuchte.

DIE GRUNDLEGENDE ENERGIE

langte Rutherford schließlich zu der Hypothese, daß die Elektronen den Atomkern in einem gewissen Abstand umkreisen.

In der Folgezeit entwickelten Rutherford, der dänische Physiker Niels Bohr und andere ein generelles Atommodell für alle chemischen Elemente. Aber ließ sich auch beweisen, was im Inneren des Atoms geschieht? Ließ sich mehr über die Natur dieser subatomaren Teilchen herausfinden? Das Verfahren, das Rutherford sich einfallen ließ, war verblüffend einfach. Er beschloß, einen Apparat zu bauen, mit dem er das Atom spalten konnte. Teilchenbeschleuniger nannte man ihn, denn der Grundgedanke war, Teilchen auf so hohe Geschwindigkeiten zu beschleunigen, daß sie, wenn sie im Ziel am anderen Ende des Beschleunigers mit einem Atom zusammenstießen, dieses aufspalteten.

Zu der Zeit, als die ersten Experimente mit Teilchenbeschleunigern durchgeführt wurden, waren die Kosmologen bereits mit Hubbles Beobachtungen und der Urknalltheorie vertraut. Daher waren sie sehr an der Frage interessiert, ob sich eine fundamentale subatomare Struktur entdecken ließ. Wenn nämlich die umstrittene Urknalltheorie Anerkennung finden sollte, dann mußte sich in irgendeiner Weise erklären lassen, wie die Explosion aus dem kleinsten denkbaren Anfangspunkt die gesamte Materie des Universums hervorbringen konnte. Falls die Teilchenbeschleuniger Aufschluß über die wirkliche Beschaffenheit der Materie gaben, würde sicherlich auch deutlich werden, wie diese fundamentalen Bausteine im Urknall entstanden sein könnten. Sollte sich hingegen herausstellen, daß sie nicht durch eine solche Urexplosion hervorgebracht worden sein konnten, dann ließ sich die Urknalltheorie vermutlich nicht länger halten.

Moderne Teilchenbeschleuniger erreichen gewaltige Ausmaße. Die Anlage am CERN in der Schweiz besteht aus einem 27 Kilometer langen Tunnel, der unterirdisch verläuft und sich bis nach Frankreich erstreckt. Er wurde teilweise sogar durch den Fuß eines Berges verlegt. Doch die Prinzipien, nach denen er konstruiert wurde, entsprechen im wesentlichen noch den Überlegungen, die Rutherford seinem Glasröhrenbeschleuniger von zwei Metern Länge zugrunde gelegt hatte. Zunächst einmal müssen die Teilchen erzeugt werden, dann braucht man ein Verfahren, um sie auf ausreichende Geschwindigkeiten zu beschleunigen.

Dazu nutzte Rutherford die Eigenschaften der Elektrizität. Um ein elektrisches Feld zu erzeugen, montierte er an die Enden einer Glasröhre Vorrichtungen, die große Ähnlichkeit mit den positiven und negativen Polen einer Batterie hatten. Ein Vergleich ist schwer zu finden, aber in etwa ist es so, als würde man von einem Ende der Röhre zum anderen einen steil aufragenden Hügel anlegen.

Die Beschleunigung von Teilchen

DIE GRUNDLEGENDE ENERGIE

Vorherige Doppelseite: Ein besonderer Experimentalbereich der Europäischen Organisation für Kernforschung CERN. Er vermittelt eine Vorstellung davon, was für eine aufwendige Ausrüstung man braucht, um Teilchen unter kontrollierten Bedingungen zu untersuchen. Gewöhnlich werden sie in einer Röhre von nur wenigen Zentimetern Durchmesser beschleunigt, die unter all den »Kästen« mit Magneten und Detektoren begraben ist. Die größte Versuchsanlage am CERN (*Insert*) besteht aus einer kreisförmigen Röhre, die 100 Meter unter der Erde liegt und mit einer Länge von 27 Kilometern am Genfer Flughafen vorbeiführt, die Grenze zu Frankreich überquert, unter den Ausläufern der Alpen hindurchgeht und dann wieder in die Schweiz zurückführt.

Bringt man nun eine Kugel auf den Kamm des Hügels, rollt sie ganz von allein den Hang hinunter, wird immer schneller und hat am Fuß des Hügels eine beträchtliche Geschwindigkeit erreicht. In einem Teilchenbeschleuniger entspricht der Kugel ein elektrischer Strom, ein Elektronenfluß, der am negativen Ende der Röhre erzeugt wird. Das ist der Kamm des Hügels. Die negativ geladenen Elektronen werden von diesem Ende der Röhre abgestoßen und vom positiven Ende, das dem Fuß des Hügels entspricht, angezogen. Selbst bei einem Abstand von weniger als zwei Metern werden die Elektronen so beschleunigt, daß sie, am positiven Ende der Röhre angekommen, mit erheblicher Kraft in ihr Ziel schießen. Dabei sollen sie dann einige Atome des Ziels – meist eine einfache Metallscheibe – aufspalten. Das Ergebnis der Kollision läßt sich von einem Geigerzähler ablesen, einem Gerät, das von Rutherford und Hans Geiger entwickelt wurde, um Radioaktivität oder Energiefreisetzung nachzuweisen. Ließ sich also mit Hilfe des Teilchenbeschleunigers belegen, daß jedesmal Energie entstand, wenn ein Atom gespalten wurde?

Um ganz sicherzugehen, daß der Geigerzähler nur aufzeichnet, was geschieht, wenn die Elektronen die Atome des Ziels zerschießen, muß alle Luft aus der Röhre gepumpt werden, so daß sie ein Vakuum enthält. Vom Ziel abgesehen, ist dann nichts mehr in ihr vorhanden, auf das die Elektronen prallen könnten, das Ergebnis also eindeutig. Wenn ein Atom in seine Bestandteile aufgespalten wird, läßt sich stets eine Energiefreisetzung nachweisen. Künstlich bringt man die Atome der Zielsubstanz dazu, auf genau die gleiche Weise zu zerfallen, wie radioaktive Stoffe – etwa Uran und Radium – natürlich zerfallen.

Die Schlußfolgerungen aus diesen Experimenten liegen auf der Hand. Atome enthalten Energie, die freigesetzt wird, wenn man die Atome spaltet. Doch diese Erkenntnis wirft neue Fragen auf: Ist die subatomare Welt noch von anderen Gebilden bevölkert? Gibt es neben der Energie noch weitere »Ingredienzen«, die von wesentlicher oder fundamentaler Bedeutung für Atome sind? Wie sind die Elektronen und der Atomkern beschaffen, die sich in den ersten theoretischen Atommodellen so ideal ergänzten, und welche Rolle spielen sie?

Die Ergebnisse der Beschleunigerexperimente legten eine überraschende Antwort nahe. Wenn die Masse der Elektronen und des Kerns zusammen genau der Masse des gesamten Atoms entspricht, dann muß die freigesetzte Energie aus diesen Teilchen und ihrer Bindung stammen. Und falls beim natürlichen radioaktiven Zerfall des Radiums ein neues, leichteres Element entsteht, muß seine Masse geringer sein als die des Radiums, aus dem es hervorgegangen ist. Werden also beim radioaktiven Prozeß einige Teilchen in Energie umgewandelt?

DIE GRUNDLEGENDE ENERGIE

Zurück zu Einstein

Die technische Vervollkommnung der Teilchenbeschleuniger gestattet es den Physikern, immer genauer zu messen, wieviel Energie bei solchen Kollisionen freigesetzt wird und wieviel Masse der Zielsubstanz dabei offenbar verlorengeht. Auch wenn der Umfang der Kollisionen schwankt – indem man Atome oder Teilchen unterschiedlicher Masse als Ziel wählt –, entspricht die freigesetzte Energiemenge auf verblüffende Weise stets dem Masseverlust im Ziel. Daraus läßt sich schließen, daß Energie und Masse in irgendeiner Weise austauschbar sind. Zumindest einige der subatomaren Teilchen in einem zerfallenden Atom müssen folglich als Energie freigesetzt werden.

Diese Idee kam für die Physiker zu jener Zeit, als die betreffenden Daten ermittelt wurden, nicht ganz unerwartet. In der allgemeinen Relativitätstheorie hatte Einstein mit seiner berühmten Gleichung $E = mc^2$ eine enge Beziehung zwischen Masse und Energie erkannt. Diese Formel ergibt sich aus anderen Gleichungen, mit denen er in der speziellen Relativitätstheorie erklärt, warum sich Licht immer mit der gleichen Geschwindigkeit ausbreitet. Seine berühmte Formel besagt, daß die Energie E stets gleich der Masse m mal der Konstante c (für die Lichtgeschwindigkeit) zum Quadrat ist. Aus diesen Gleichungen ließ sich aber noch eine erstaunlichere Vorhersage ableiten: daß die Masse eines Körpers, dessen Geschwindigkeit sich der Lichtgeschwindigkeit nähert, zunächst langsam, dann immer schneller anwächst.

Diese Vorstellungen sind für die meisten Laien nur sehr schwer zu begreifen. In unserer alltäglichen Erfahrung gibt es keine Hinweise darauf, daß die Masse eines Objekts in irgendeiner Weise mit dem Licht verknüpft sein könnte. Aber natürlich erleben wir auch nicht, daß sich Gegenstände unserer Erfahrungswelt auch nur annähernd mit Lichtgeschwindigkeit bewegen. Daher sind wir kaum in der Lage, Einsteins theoretische Aussagen zu überprüfen, so unglaubwürdig sie uns auch erscheinen mögen. Doch in modernen Teilchenbeschleunigern erreichen die Elektronenströme, die man mit den Zielen kollidieren läßt, kurz vor dem Aufprall fast Lichtgeschwindigkeit. Dort läßt sich beobachten, daß ihre Masse während der Beschleunigung meßbar anwächst.

Diese in Teilchenbeschleunigern gewonnenen Beobachtungsdaten waren eine weitere Bestätigung für Einsteins Theorien, die unserem intuitiven Weltverständnis in so vielen Punkten gegen den Strich gehen. Die dort beobachteten Ereignisse haben bewiesen, daß Masse und Energie vollkommen austauschbar sind. In dem Maße, wie die Elektronen schneller werden, gewinnen sie an Energie. Damit wächst also die E-Seite der Gleichung, die Energie, an. Da die Lichtgeschwindigkeit konstant ist, kann der Term c^2 der Gleichung nicht größer werden, folglich muß, wenn E wirklich gleich mc^2 sein soll, die Masse m größer werden. Und genau das geschieht mit den Elektronen im Teilchenbeschleuniger, so unwahrscheinlich es auch klingt. Für die Kosmo-

DIE GRUNDLEGENDE ENERGIE

logen ergibt sich daraus der noch wichtigere Schluß, daß Energie grundlegend für alle Materie ist. Offenbar wird Energie freigesetzt, wenn Materie sich spaltet oder zerfällt. Aber läßt sich der Prozeß auch umkehren? Läßt sich Energie in subatomare Teilchen verwandeln, die ihrerseits Atome aufbauen? Und könnte der Urknall so viel Energie freigesetzt haben, daß sich daraus auf diese Art die gesamte Materie des Universums entwickeln konnte?

Dampfspuren

Wir können bei den Teilchenbeschleunigern bleiben, um noch ein bißchen mehr über die Materie zu erfahren. In den ersten Beschleunigern genügte es oft, die Energieerzeugung einfach mit einem Geigerzähler zu registrieren. Dabei war bereits ein weit besseres Gerät entwickelt worden, um die Ergebnisse der Kollisionen aufzuzeichnen. 1895 hatte der englische Physiker Charles Wilson mit der Entwicklung der ersten Nebelkammer begonnen. Im Prinzip handelte es sich dabei um einen Kasten voller Gas, das mit Wasserdampf gesättigt ist. Der Vorteil dieses Geräts lag darin, daß es die Flugbahn eines elektrisch geladenen Teilchens sichtbar machte, welches sich durch das gesättigte Gas bewegte. Obwohl das Teilchen selbst zu klein ist, um visuell erfaßt zu werden, läßt sich seine Spur mit bloßem Auge erkennen. Es erinnert an die Dampfspur eines Flugzeugs hoch oben am Himmel. Auch wenn Sie den Jet selbst nicht sehen können, erkennen Sie an seiner verräterischen Spur, daß er sich dort oben befindet. Geladene Teilchen hinterlassen in gesättigtem Gas ähnliche Spuren wie Flugzeuge in der feuchten Atmosphäre.

Lange Zeit hat man Nebelkammern verwendet, um subatomare Teilchen nachzuweisen. Heute beobachtet man die elektrisch geladenen Teilchenspuren nicht mehr in einer Nebelkammer, sondern erfaßt ihre Bahnen mit elektronischen Rechnern und reproduziert sie auf dem Bildschirm. Für den Forscher ist es natürlich sehr angenehm, wenn die Auswirkungen einer Kollision am Ende seines Teilchenbeschleunigers auf diese Art analysiert werden, und das genaue Muster der Spuren ist sehr aufschlußreich für ihn. Der Ort, an dem die Kollision stattfindet, ist ziemlich leicht zu erkennen, weil dort in der Regel eine Vielzahl von Spuren plötzlich aus einem Punkt hervorgeht, was auf die Freisetzung zahlreicher ge-

DIE GRUNDLEGENDE ENERGIE

ladener Teilchen schließen läßt. Gewöhnlich werden die Flugbahnen mit einem Magnetfeld nachgewiesen, so daß die Richtung, in der die Spur abgelenkt wird, anzeigt, ob das Teilchen positiv oder negativ geladen ist. Der Betrag, um den die Spur abgelenkt wird, hängt von weiteren Merkmalen des Teilchens ab, zum Beispiel seiner Masse. So lassen sich die einzelnen Teilchenarten mittlerweile an der typischen Form ihrer Spuren erkennen. Beispielsweise werden einige nur leicht abgelenkt, während andere sich spiralförmig aufrollen. Kurzum, jedes Teilchen hat eine charakteristische Spur, an der es zu erkennen ist. Wenn nun nach einer Kollision eine neue, bislang nicht beobachtete Spur auftritt, lassen sich aus ihrer Länge und dem Maß ihrer Ablenkung Rückschlüsse auf die Masse und das typische Verhalten des Teilchens ziehen. Auf diese Weise können wir Teilchen, die von der Theorie vorhergesagt werden, in der realen Welt des Teilchenbeschleunigers nachweisen.

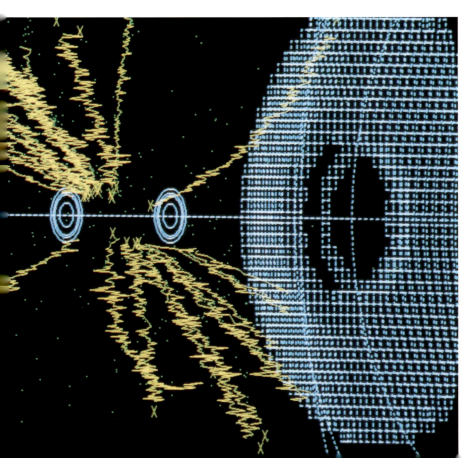

Die Computersimulation einer Teilchenkollision am CERN. Dieses Bild ist nach den Daten eines riesigen Detektors entstanden, der sich an dem Punkt befindet, wo die Teilchen kollidiert sind, nachdem sie 27 Kilometer lang in der ringförmigen Röhre des Beschleunigers auf hohe Geschwindigkeiten gebracht worden sind.

DIE GRUNDLEGENDE ENERGIE

Die Suche nach der Antimaterie

Die Existenz von Antimaterie, die Paul Dirac vorhersagte, war so schwer vorstellbar, daß viele sie als völlig unrealistisch abtaten. Doch schon innerhalb eines weiteren Jahres hatte man sie entdeckt.

Noch eine andere Theorie, die sich mit unserer alltäglichen Erfahrung nicht zu vertragen scheint, konnte durch die charakteristische Form dieser Teilchenspuren bestätigt werden. Paul Dirac, seines Zeichens ebenfalls Lucasischer Professor für Mathematik an der Cambridge University, wies theoretisch nach, daß es für jedes Teilchen ein spiegelbildliches Teilchen geben müsse. Das war eine Vorhersage aus den Gleichungen, die erklären, wie sich Teilchen verhalten müssen, um die Struktur von Atomen bilden zu können. Daraus schien sich jedoch eine beunruhigende und schwer begreifliche Folgerung zu ergeben. Wenn ein Elektron ein spiegelbildliches Anti-Elektron hätte (mit anderen Worten: ein Teilchen mit entgegengesetzter Ladung), dann müßte auch der Kern des Atoms, in dem es sich befände, einen Antiteilchen-Partner haben. Und wenn negativ geladene Elektronen und positiv geladene Kerne die Bausteine der Materie sind, was bilden dann die entsprechenden Antiteilchen? Antimaterie?

Die Vorstellung, daß es Antimaterie geben könnte, wurde noch verwirrender, als man die theoretischen Konsequenzen einer Koexistenz von Materie und Antimaterie untersuchte. So fand man heraus, daß sich ein Teilchen und ein Antiteilchen, wenn sie sich träfen, in einem Ausbruch reiner Energie gegenseitig zerstrahlen, *annihilieren*, müßten. Wie kann da all die Materie im Universum vorhanden sein, die wir zweifelsfrei beobachten können, wenn es theoretisch genauso viel Antimaterie geben müßte? Entweder hätten sich Materie und Antimaterie längst annihilieren müssen, oder wir sollten in der Lage sein, ebenso viel Antimaterie wie Materie im Universum zu entdecken, was offenkundig nicht der Fall ist.

Um dieses Paradoxon zu lösen, hatte man natürlich zuerst zu prüfen, ob Diracs Theorie überhaupt richtig war. Irgendwie mußten die Physiker versuchen festzustellen, ob Antimaterie existieren kann. Nach ihren Berechnungen konnte angesichts der ungeheuer großen Materiemengen im Universum kein Antiteilchen lange überleben – zu rasch würde es mit dem entsprechenden Materieteilchen in Berührung kommen. Folglich mußte jedes Antiteilchen, das sich möglicherweise entdecken ließ, aus dem All stammen und von der Gravitation in die Erdatmosphäre gezogen werden. Dabei würde es über kurz oder lang auf sein spiegelbildliches Materie-

DIE GRUNDLEGENDE ENERGIE

teilchen treffen, was gemäß der Diracschen Theorie zwangsläufig zur sofortigen Annihilation führte.

Infolgedessen nahmen die Versuche, Antimaterie zu entdecken, höchst abenteuerliche Formen an. Die Physiker, die von der Existenz der Antiteilchen überzeugt waren, bewaffneten sich mit Nebelkammern und kletterten auf hohe Berggipfel, um so weit wie möglich in die Erdatmosphäre vorzudringen. Schließlich wurden sie für ihre Mühe belohnt. 1932 entdeckte Carl Anderson eine Spur

in seiner Nebelkammer, die die charakteristische Form des Elektrons aufwies – mit einer Ausnahme: Sie war ein Spiegelbild der Elektronenspur. Mit anderen Worten, sie mußte die Spur des entsprechenden Antiteilchens sein (das Dirac ein Jahr vor dieser Entdeckung, als er mit seinen Gleichungen die Existenz des Teilchens vorhergesagt hatte, auf den Namen Positron getauft hatte). Wenn es Positronen gab, dann konnte man auch die Existenz von Antiteilchen und Antimaterie voraussetzen. Es gab damit also eine erste experimentelle Bestätigung für Diracs Theorie.

Links: Carl Anderson zeigt die Apparate, mit denen er die Antimaterie entdeckt hat. Zwei riesige Magnete, deren Kühlwasser durch die schwarzen Rohre geleitet wird, verdecken eine Nebelkammer, die in die Lücke dazwischen eingefügt ist. Jede Veränderung in der Kammer läßt sich fotografieren. So konnte Anderson die Spuren der Teilchen sehen, die die Nebelkammer durchquerten. Eine Fotografie (*oben*) zeigte das Spiegelbild einer Elektronenspur: der erste Nachweis von Antimaterie.

DIE GRUNDLEGENDE ENERGIE

Simulation des Urknalls

Im gleichen Jahr – 1932 – gelang John Cockroft und Ernest Walton mit Rutherfords Teilchenbeschleuniger in Cambridge die erste Spaltung eines Lithiumatoms. Und es war nur eine Frage der Zeit, bis man die spiegelbildlichen Spuren als Ergebnis von Kollisionen in Teilchenbeschleunigern entdeckte. Schon bald hatten sich die Physiker an den Gedanken gewöhnt, daß sich Antiteilchen in Teilchenbeschleunigern erzeugen lassen, um gleich wieder zu verschwinden, nachdem sie, oft Bruchteile von Sekunden nach ihrer Entstehung, mit anderen Teilchen reagierten. Man bekam auch Übung in der Interpretation scheinbarer Lücken in den Spuren. Manchmal schienen kurz hinter dem Kollisionspunkt zwei Spuren aus dem Nichts aufzutauchen, die nicht einfach dem Zufall zu verdanken sein konnten; vielmehr mußte sich da etwas in zwei Teile geteilt und so die Spuren hervorgerufen haben, etwas, das selbst erst aus der Kollision entstanden war. Trotzdem gab es offenbar keine Verbindung zum Augenblick der Kollision. Die Erklärung lautete: Das Fehlen einer aufgezeichneten Spur bedeutete nicht, daß dort auch nichts war. Es hieß einfach, daß die Spur von einem Teilchen stammte, das keine elektrische Ladung besaß, die der Detektor hätte registrieren können – zum Beispiel einem Strahl reiner Lichtenergie.

Am Ende verdankten die Kosmologen der Interpretation dieser Lücken, diesem Auftreten reiner Energie nach einer Kollision, den ersten Ansatz zum Verständnis der Art und Weise, wie sich die Materie im Universum aus dem Urknall entwickelt haben könnte. Die Beschleuniger wurden nicht nur technisch ausgereifter, sondern auch immer größer und größer. Je weiter die Entfernung war, über die man die Teilchen beschleunigen konnte, so überlegte man, desto näher mußten sie der Lichtgeschwindigkeit kommen, desto massereicher mußten sie werden, und desto höher mußten folglich auch die Temperaturen und Drücke im Augenblick der Kollision sein. Wenn man Rutherfords gerade Glasröhre verlängerte, konnte man die Elektronen über einen größeren Zeitraum beschleunigen und dadurch höhere Geschwindigkeiten erzielen. Diese Überlegung führte zum Bau einiger erheblich längerer Linearbeschleuniger.

Ein anderes Konzept ging davon aus, daß man die Beschleunigung beträchtlich erhöhen kann, wenn man die Teilchen immer wieder im Kreis herumlenkt. Da die Teilchen elektrisch geladen sind, kann man ihrer Bahn mit Hilfe von Magneten eine entsprechende Richtung geben. Nun galt es nur noch, geeignete Röhren- oder Tunnelkreise zu entwickeln und die richtige Position für die Magneten zu finden. Auch von diesen Beschleunigern – Zyklotronen genannt – gibt es eine größere Anzahl. Je größer solche Beschleuniger konzipiert werden, desto aufwendiger ist es, sie zu bauen und zu betreiben. Doch sie sind von unschätzbarem Wert, weil sie es uns ermöglichen, Kollisionen zu untersuchen, die bei ungeheuren Geschwindigkeiten und Temperaturen stattfinden.

DIE GRUNDLEGENDE ENERGIE

Die Theoretiker hatten bereits errechnet, wie heiß der Urknall gewesen sein müßte, um die gesamte Materie des Universums zu erzeugen. So lag der Gedanke nahe, daß man versuchen müßte, in einem Teilchenbeschleuniger ähnliche Temperaturen und Bedingungen herzustellen, um, wenn auch nur für den Bruchteil einer Sekunde und in winzigem Maßstab, einen Blick auf jene Arten von Reaktionen zu erhaschen, die in der Hitze des Urknalls stattgefunden haben. Tatsächlich ist es in den leistungsfähigsten Beschleunigern gelungen, Temperaturen zu erreichen, die, wie man meint, für sehr kurze Zeit den Bedingungen entsprachen, die eine Sekunde nach dem Urknall geherrscht hatten.

Die Anfangstemperaturen, die die Berechnungen der Kosmologen für den Urknall vorhersagen, sind so gewaltig, daß es selbst innerhalb der ersten Sekunde nach der Explosion zu einer erheblichen Abkühlung käme. Trotzdem wären sie noch unvorstellbar hoch. Die Ergebnisse, die man in Teilchenbeschleunigern durch Kollisionen bei solchen Temperaturen erzielt hat, sind sehr aufschlußreich. Hier zeigen sich nämlich am Kollisionspunkt ganz andere Spuren als bei niedrigeren Temperaturen. Statt der zahlreichen Spuren, die normalerweise sofort am Kollisionspunkt beginnen, scheint es überhaupt keine zu geben. Erst kurze Zeit nach der Kollision treten sie auf. Warum sind keine Spuren zum Zeitpunkt der Kollision zu beobachten? Es gibt nur eine mögliche Erklärung. Bei solchen ungeheuren Temperaturen erzeugt die Kollision lediglich reine Energie. Erst nach einiger Zeit entwickeln sich dann aus dieser Energie Teilchen und Antiteilchen.

Für die Kosmologie ergibt sich daraus eine verblüffende Erkenntnis. Die Beschleunigerexperimente lassen darauf schließen, daß bei Temperaturen, die sich den Anfangstemperaturen des Urknalls nähern, nur Energie existieren kann. Erst wenn diese Energie abkühlt, können aus ihr Teilchen und Antiteilchen entstehen. Das ist das Grundrezept für die Erschaffung von Materie und Antimaterie. Entscheidend ist dabei, daß sich dieses Rezept mit allen Beobachtungsdaten verträgt, die für den Urknall sprechen. Genauso schlüssig ist die Übereinstimmung mit dem theoretisch-mathematischen Modell jener explosiven Anfangsbedingungen, aus denen sich das heutige Universum entwickelt haben soll. Ein weiteres Mal konnte eine unwahrscheinlich klingende Theorie im nachhinein durch Experimentaldaten bestätigt werden.

Trotzdem wäre sie leichter zu verstehen, gäbe es nicht das Antimaterieproblem. In den Teilchenspuren der Beschleunigerexperimente existiert kein Hinweis, der erklären könnte, warum wir riesige Materiemengen im Universum entdecken und nur wenig Antimaterie, oder warum sich Materie und Antimaterie nicht gleich nach ihrer Entstehung annihilieren. Die bislang beste – wenn auch noch unbewiesene – Erklärung besagt, daß sich aus der Anfangsenergie des Urknalls eine ungefähr gleiche Anzahl von Teilchen und Antiteilchen gebildet hat, daß dann aber etwas mehr Mate-

DIE GRUNDLEGENDE ENERGIE

rie als Antimaterie übriggeblieben ist. Es gibt einige Hinweise, die ein solches Ungleichgewicht theoretisch plausibel erscheinen lassen. Wie die Theorie vorhersagt, hätten Materie und Antimaterie einander annihiliert. Doch der geringfügige Materieüberschuß, der alle Annihilationen überstanden hätte, wäre ausreichend gewesen, um alle Inhalte des Universums zu bilden. Aus Einsteins Gleichungen, nicht zuletzt der Formel $E = mc^2$, läßt sich errechnen, wieviel Energie der Urknall hätte erzeugen müssen, damit sich alle Materie im Universum aus ihr hätte entwickeln können. Und tatsächlich hätte es nur eines geringfügigen Ungleichgewichts zwischen Teilchen und Antiteilchen bedurft, und es wären genügend Teilchen zurückgeblieben, um die gesamte Materie des Universums hervorzubringen.

Der aktuelle Stand

Gewiß, es ist ärgerlich, daß noch nicht alle Fragen vollständig geklärt sind, daß wir noch nicht über ein detailliertes und schlüssig bewiesenes Modell von der Dynamik des Universums verfügen. Doch zumindest stimmt unser gegen-

3 Sekunden   3 Minuten

Energie und exotische Teilchen   Protonen und Neutronen

DIE GRUNDLEGENDE ENERGIE

wärtiges Verständnis der Materie erstaunlich gut mit unserer derzeitigen Auffassung von der Entwicklung des Universums überein. Alle mathematischen Gleichungen fügen sich zu einem sehr überzeugenden Bild von seiner Entwicklung zusammen.

Es beginnt mit einer spektakulären Urknallexplosion, die zunächst nichts als extrem heiße Energie erzeugt. Während sie sich auszubreiten und abzukühlen beginnt, bildet sie in ihrer Struktur leichte Fluktuationen aus. Dadurch gibt es etwas heißere Flecken, wo sich in der ersten Sekunde nach dem Urknall Energie in Teilchen und Antiteilchen verwandelt, und geringfügig kühlere Flecken, aus denen sich später die ersten Lücken im All entwickeln. Die meisten Teilchen und Antiteilchen werden von der Gravitation so nahe zusammengezogen, daß die sogenannte »elektromagnetische Kraft« sie miteinander verbinden kann. Die Antimaterie geht weitgehend in Annihilationsprozessen verloren, so daß vorwiegend Materie zurückbleibt, die in wachsenden, unregelmäßigen Klumpen herumwirbelt. In den ersten drei Minuten nach dem Urknall ist es noch zu heiß für die subatomaren Teilchen,

Kein Diagramm kann der Entwicklung des Universums Gerechtigkeit widerfahren lassen. Von der Größe Null wuchs es in Minutenschnelle auf eine Größe an, die unser Vorstellungsvermögen übersteigt. In einer Sekunde erlebte es mehr fundamentale Veränderung als in den letzten zehn Milliarden Jahren. Dabei ist die ganze Materie entstanden, die wir heute in allen Sternen und Galaxien erblicken.

300 000 Jahre   1 Milliarde Jahre   15 Milliarden Jahre

Wolken aus Wasserstoff- und Heliumatomen   Sterne und Protogalaxien   Das heutige Universum

DIE GRUNDLEGENDE ENERGIE

um sich zu größeren Gebilden zusammenzufügen. Doch dann verbinden sich die ersten zu den späteren Atomkernen. 300 000 Jahre Abkühlung sind erforderlich, bevor sich Elektronen mit diesen Kernen zu den ersten Atomen zusammenschließen. Zu diesem Zeitpunkt sind ungefähr 20 Prozent der Kerne der schwereren Sorte zuzurechnen, die wir im Helium finden. Aus den restlichen 80 Prozent bildet sich Wasserstoff. Alle anderen chemischen Elemente, die wir kennen, entstehen erst viel später.

Nach den kosmologischen Gleichungen dauert es eine Milliarde Jahre, bevor Abermillionen dieser Wasserstoff- und Heliumatome von der Gravitation zusammengeklumpt werden. Millionen solcher Klumpen entstehen, jeder dazu bestimmt, ein riesiges kosmisches Objekt zu werden – in der Regel eine ganze Galaxie. Wenn die Gravitation die Atome nun sehr dicht zusammenpreßt, beginnen einige Wasserstoffatome mit dem Verschmelzungsprozeß, den Fred Hoyle und seine Kollegen vorhergesagt haben: In der im Werden begriffenen Galaxie bilden sich die ersten Sterne und fangen an zu leuchten. Ein Lebenszyklus beginnt, in dessen Verlauf nach und nach auch die schwereren Elemente gebildet werden. Zunächst verschmelzen die Wasserstoffatome zu Heliumatomen. Wenn der Wasserstoffvorrat zu Ende geht, wächst der Gravitationsdruck, und die Heliumatome beginnen zu verschmelzen. Nacheinander werden die schwereren Elemente erzeugt, wobei jedes seinerseits die Fusionsreaktionen speist, die das nächstschwerere Element hervorbringt, während die Gravitation den Stern zu einer immer dichteren Masse zusammenpreßt.

Wenn das Eisen gebildet worden ist, hängt das weitere Schicksal des Sterns von seiner Größe ab: Entweder stirbt er langsam und schleudert seine Elemente ins All, so daß ein weißer Zwerg zurückbleibt, der zu einem braunen Zwerg abkühlt (ein eisernes Phantom, das unsichtbar durchs All treibt), oder der Stern stirbt einen spektakulären Tod in einer Supernova-Explosion, in deren Verlauf er all die Elemente hervorbringt, die schwerer als Eisen sind. Diese Elemente treiben durchs All, bis sie von der Gravitation zu einem neuen Himmelskörper zusammengezogen werden. Wenn genügend Materie zusammenkommt, kann die Geburt eines neuen Sterns erfolgen. Werden dadurch jedoch keine neuen Fusionsreaktionen eingeleitet, so kann auch ein Planet entstehen, ein ähnlicher Körper wie unsere Erde. Genau solch einem Vorgang verdanken wir unsere Existenz, die es uns erlaubt, heute alle diese Wunder zu bestaunen. Nach einer Entwicklung von 15 Milliarden Jahren hat das Universum den Zustand angenommen, den wir heute vor Augen haben.

Noch immer gibt es viele Menschen, die sich weigern, an eine so unwahrscheinlich klingende Geschichte zu glauben. Doch wenn wir alle Anhaltspunkte berücksichtigen, die uns die Physik der sehr kleinen und die Physik der sehr großen Dinge liefern, läßt sich kaum eine Alternative vorstellen. Nur schwer kann man eine

DIE GRUNDLEGENDE ENERGIE

großartigere, schönere oder schlüssigere Erklärung für die ungeheure Ausdehnung und Komplexität unseres Universums finden. Die Kosmologie hat wahrlich einen weiten Weg zurückgelegt, seit die ersten Beobachtungen mit bloßem Auge vorgenommen und durch einfallsreiche Anwendungen der Mathematik interpretiert worden waren.

Nachdem wir erfahren haben, warum diese erstaunliche Entwicklungsgeschichte stimmen muß, könnte es den Anschein haben, als verfügten wir über ein fast vollständiges Bild. Aber der Schein trügt: Vieles bleibt noch zu klären. Es sei daran erinnert, wie radikal die Kosmologie zum Umdenken gezwungen war, als Galileis Beobachtungen bekannt wurden oder als später Hubble seine verblüffenden Daten veröffentlichte. Mögen die Beweise für die Expansion des Universums auch noch so überzeugend sein, wir dürfen nicht vergessen, daß wir sie weitgehend der Untersuchung des beobachtbaren Teils des Universums verdanken. Es gibt gute Gründe für die Annahme, daß wir große Bereiche des Universums noch gar nicht entdeckt haben. Möglicherweise macht der Teil des Universums, den wir tatsächlich sehen können, nur ein Zehntel des Ganzen aus. Die meisten Kosmologen sind der Auffassung, daß 90 Prozent des wirklichen Universums noch zu entdecken bleiben. Im Grunde haben wir also erst die Spitze des Eisbergs gesichtet.

KAPITEL 8

SUCHE IN DER DUNKELHEIT

Die große Andromedagalaxie ist eine typische Spiralgalaxie aber wieviel von ihr können wir tatsächlich sehen? Die Zentralregion, in der sich Millionen Sterne drängen, macht vielleicht weniger als ein Prozent aller Materie in der Galaxie aus. Bis zu neunundneunzig Prozent könnten von unsichtbarer dunkler Materie gestellt werden.

SUCHE IN DER DUNKELHEIT

Ein unsichtbarer Halo

Es war eine jener Nächte, wo jeder vernünftige Mensch zu Hause bleibt. Ein wütend aufheulender Wind trieb den Regen prasselnd gegen die Fensterscheiben. Die Kälte kroch durch Fenster- und Türritzen und machte deutlich, wie gemütlich es im Haus war. Doch Vera Rubin war entschlossen, sich auf den Freeway zu wagen, um zum Jahrestreffen der American Astronomical Association zu fahren. Selten erhielt ein Mitglied Gelegenheit, sich an die Vollversammlung zu wenden; noch seltener wurde einer Frau dieses Privileg zuteil. Aber Vera wußte, daß sie eine sensationelle Neuigkeit zu vermelden hatte. Also trotzte sie den Elementen, verfrachtete ihr Baby zusammen mit ihrem Vater auf den Rücksitz – letzterer hatte sich breitschlagen lassen, auf das Baby aufzupassen, während sie ihren Vortrag hielt – und fuhr hinaus in die unwirtliche Nacht.

Denn Vera hatte erkannt, daß die Rotation der Galaxien eine Besonderheit aufwies, die den meisten Astronomen und Kosmologen entgangen war. Wenn wir annehmen, daß die Sterne, die wir in einer Galaxie erblicken, gravitationsbedingt auf die gleiche Weise aufeinander einwirken, wie wir es von den Objekten des Sonnensystems kennen, dann müßte die Galaxie anders rotieren. Vera Rubin war die Beobachtungsdaten, die über bestimme Galaxien vorlagen, wieder und wieder durchgegangen und zu der Überzeugung gelangt, daß sie recht hatte. Die Galaxien drehten sich wie ein einziges Riesenrad und nicht wie eine komplexe Ansammlung einzelner Sterne mit individuellen Umlaufbahnen um das Zentrum der Galaxie. Nach Veras Auffassung konnte es dafür nur eine Erklärung geben: Es müssen Bereiche der Galaxie existieren, die wir nicht wahrnehmen, und diese Bereiche müssen einen weit größeren Anteil an der Gesamtmasse der Galaxie ausmachen als die Sterne, deren Leuchten wir *sehen*. Diese unsichtbare, »dunkle« Materie hat nach dieser Auffassung so viel Masse, daß sie die Sterne in ihren Positionen festhält und sie zur leuchtenden Nabe eines unsichtbaren Riesenrads macht. Einige Sterne liegen weiter draußen und befinden sich als die Spiralarme der Galaxie inmitten der dunklen Materie – wie die Sahne auf der Oberfläche einer Tasse Kaffee.

Nachdem Vera ihr Referat gehalten hatte, war sie entsetzt über die Reaktionen, die sie erntete. Niemand schien bereit, ihre Überlegungen ernst zu nehmen. Vielleicht lag es auch an einem gewissen Chauvinismus des überwiegend männlichen Publikums, das sich offenbar nicht vorstellen konnte, daß Frauen »ernsthafte« Astronomen und Kosmologen sein sollten. Nun vermochte ein so lächerliches Vorurteil aber nichts am wissenschaftlichen Wert ihrer Theorie zu ändern. Doch ihre Untersuchungen stießen auf eine so vernichtende Kritik, daß Vera ernsthaft verunsichert war. Hatte sie sich von den Beobachtungsdaten täu-

SUCHE IN DER DUNKELHEIT

schen lassen? Ihr Selbstvertrauen hatte einen schweren Knacks erlitten. Durch Sturm und Regen fuhr sie wieder nach Haus und verbrachte die nächsten Jahre damit, sich unter völliger Mißachtung der Kosmologie auf die Erziehung ihrer Kinder zu konzentrieren.

Natürlich stellte sich heraus, daß Vera Rubin absolut recht hatte. Zwar ist es schwierig, die Existenz eines Objektes zu beweisen, das man nicht sehen kann, aber inzwischen haben Computermodelle das Vorkommen von dunkler Materie in genau der Form bestätigt, in der Vera Rubin sie vermutet hatte. Heute kann man die Entfernung von Sternen und Galaxien durch die Spektralanalyse ihres Lichts, durch Cepheiden und andere Anhaltspunkte ziemlich genau berechnen. Wenn man seine Beobachtungen über einen bestimmten Zeitraum regelmäßig wiederholt, kann man auch alle Veränderungen in der relativen Position eng benachbarter kosmischer Objekte erfassen, genauso wie man einst die Veränderungen in der Position der Planeten unseres Sonnensystems bemerkt hatte. Mit Hilfe von Newtons oder Einsteins mathematischer Gravitationstheorie läßt sich dann anhand der Entfernungen, die die Planeten zur Sonne aufweisen, das Bewegungsmuster des Sonnensystems berechnen. Warum sollte man nach dieser Methode, die sich am Sonnensystem so gut bewährt hatte, nicht das Computermodell einer Galaxie entwickeln?

Man füttert den Computer mit den mathematischen Grundlagen der Gravitationstheorie und den Entfernungen aller beobachteten Sterne vom galaktischen Zentrum. Daraus lassen sich die Bewegungen der Sterne um das Zentrum der Galaxie vorhersagen. Zum Vergleich entwickelt man nach den gleichen mathematischen Prinzipien ein Modell des Sonnensystems. Wenn die Methode unter Ausschluß aller anderen Einflüsse zuverlässige Vorhersagen für das Sonnensystem geliefert hat, darf man erwarten, daß sich die Formeln auch auf die Galaxie anwenden lassen. Doch während der Computer ein Modell des Sonnensystems erzeugt, das dessen beobachteten Bewegungen vollkommen entspricht, erweist er sich als unfähig, ein Modell zu entwickeln, das die beobachteten Bewegungen der Galaxie reproduziert. Mit anderen Worten, in der

Vera Rubin hat die Kosmologie fast aufgegeben, als die anderen Physiker nicht an ihre Ideen bezüglich der dunklen Materie glauben wollten. Sie irrten sich.

SUCHE IN DER DUNKELHEIT

Galaxie muß etwas geschehen, was im Modell nicht berücksichtigt wird. Da es keinen Anhaltspunkt dafür gibt, daß neben der Gravitation noch irgendeine andere Kraft an der großräumigen Struktur des Universums beteiligt ist, bleibt nur der Schluß, daß die Galaxie wie von einem riesigen, unsichtbaren Halo von dunkler Materie umgeben ist. Wenn man dem Computer nun Werte eingibt, die bestimmte Hypothesen über die Beschaffenheit dieser dunklen Materie zum Ausdruck bringen, kann man das Computermodell so verändern, daß es die beobachteten Bewegungen der Galaxie genau vorhersagt.

Im übrigen weisen auch die realistischsten Computermodelle des Urknalls auf weit mehr Materie hin, als bislang im Universum beobachtet worden ist. Daher wird die Existenz dunkler Materie heute nicht mehr ernstlich bezweifelt. Alle Berechnungen lassen darauf schließen, daß sie den erstaunlichen Anteil von 90 Prozent aller Materie im Universum ausmacht. Aber wie haben wir sie uns vorzustellen? Ist sie aus dem gleichen Stoff wie die Sterne, die wir leuchten sehen? Und ist sie von der Gravitation nur noch nicht zu solchen Zentren nuklearer Aktivität zusammengeballt worden? Offenkundig finden wir alle Elemente, die, soweit wir heute wissen, in den Sternen hergestellt werden, bei uns auf der Erde vor. In der Form, in der sie natürlich vorkommen, leuchtet kaum eines von ihnen – ausgenommen hochradioaktive Elemente wie zum Beispiel Radium. Folglich könnten sie durchaus als dunkle Materie vorliegen. Aber wie sollen wir sie entdecken, viele Millionen Kilometer von uns entfernt im All? Zumindest wissen wir, wo wir sie zu suchen haben: Unmittelbar jenseits der sichtbaren Grenzen von Galaxien, denn dort wird der Halo aus dunkler Materie vorhergesagt. Bleibt die Frage, wie man dunkle Materie nachweisen kann, wenn sie weder Wärme noch Licht abgibt.

Die MACHO-Männer

Die ersten Physiker, die sich dieser Aufgabe annahmen, nannten die unbekannten Objekte, nach denen sie suchten, MACHOs (Abkürzung für *Massive Astrophysical Compact Halo Objects*). Die Eigenschaften, die die dunkle Materie braucht, damit sich die Bewegung von Galaxien erklären läßt, weisen diese Objekte nur auf, wenn sie Masse haben; nur dann kann die Gravitation auf sie einwirken. Sie müssen in galaktischen Halos zu finden sein, und sie müssen kompakt und dicht sein. Keinen Grund gab es für die Annahme, daß sie den Machismo an den Tag legen, den die Abkürzung evozierte. Aber vielleicht war er ein Ideal, dem sich die Forschungsgruppe verpflichtet fühlte …

Jedenfalls verfielen die Forscher auf eine sehr kühne Methode. Einstein hatte erklärt, daß sich Licht zwar normalerweise geradlinig ausbreite, was schon immer angenommen wurde, meinte dann aber weiter, es könne durch Verwerfungen in der Raumzeit abgelenkt werden, die von massereichen Objekten hervorgerufen würden.

Künstlerische Darstellung des Halos aus dunkler Materie um die Andromedagalaxie. Man nimmt an, daß dieser Halo aus Neutrinos besteht; er könnte aber genausogut MACHOs oder WIMPs enthalten. Man weiß lediglich, daß dort irgend etwas sein muß, weil sonst die Gravitationseffekte auf die sichtbaren Sterne der Galaxie nicht zu erklären wären.

SUCHE IN DER DUNKELHEIT

Sogar das genaue Maß der Ablenkung nannte er. Das war zu Einsteins Zeit ein revolutionäres Konzept, das sich nur durch ein außergewöhnliches Experiment beweisen ließ.

Kurz nach dem Ersten Weltkrieg leitete der englische Astronom Arthur Stanley Eddington eine Forschungsgruppe, die herausfinden wollte, ob die Masse der Sonne das Licht eines Sterns ablenken konnte, wenn sich die Sonne zwischen dem Stern und der Erde bewegte. Natürlich war das Sonnenlicht normalerweise viel zu hell, als daß man die Ablenkung des schwachen Sternenlichts hätte beobachten können – ausgenommen unter einer ganz besonderen Bedingung: bei einer totalen Sonnenfinsternis. Deshalb lokalisierten Eddington und sein Team sorgfältig die »normale« Position eines bestimmten Sterns in Beziehung zu seinen Nachbarn am Nachthimmel, nachdem sie festgestellt hatten, daß die Sonne sich während der totalen Sonnenfinsternis des Jahres 1919 direkt zwischen diesem Stern und der Erde befinden würde. Die Forschungsgruppe beabsichtigte, während der Finsternis den Bereich rund um die Sonne zu fotografieren, solange der Mond alles Sonnenlicht abfing. Dann mußten alle Sterne an ihren normalen Positionen erscheinen, ausgenommen natürlich der Stern, der Gegenstand der Untersuchung war.

Arthur Stanley Eddington (1882-1944) führte wichtige astronomische Arbeiten über die Beschaffenheit und den Aufbau von Sternen durch. Ferner hatte er Einsteins Relativitätstheorie so gut verstanden, daß er einen Test zur Überprüfung ihrer Gültigkeit entwerfen konnte.

Falls Einstein annähernd recht hatte, würde sich die Gravitation der Sonne auf das Licht des Sterns auswirken, es also so krümmen, daß sich der Stern an einer anderen Position zu befinden schien als normalerweise. Falls Einstein vollkommen recht hatte, mußte er sich genau an der Position befinden, die sich aus seinen Gleichungen errechnen ließ. Und siehe da: Als die Sonnenfinsternis eintrat, zeigte sich der Stern genau dort.

Eddingtons Experiment war wichtig, weil es unter Beweis stellte, daß Einsteins Gravitationstheorie (und nicht die Newtons) richtig war. Genauer: Es zeigte, daß das Licht auf seinem Weg durchs All von jedem Objekt mit Masse tatsächlich gekrümmt wird. Dieses Phänomen wollten sich die MACHO-Männer zunutze machen, während sie nach einer Möglichkeit zum Nachweis von dunkler Materie suchten. Dabei gingen sie von folgender Überlegung aus: Wenn dunkle Materie von beträchtlicher Masse dem Licht eines Sterns in die Quere kommt, läßt sie das Licht des Sterns heller erscheinen. Der Gedanke ist durchaus logisch, aber nicht so einfach zu erklären.

Stellen Sie sich vor, daß das Licht eines Sterns aus einer Anzahl einzelner Lichtstrahlen besteht. Nur einer dieser Lichtstrahlen

SUCHE IN DER DUNKELHEIT

hätte dann die richtige Richtung, um von uns auf der Erde entdeckt zu werden. Doch wenn die anderen Lichtstrahlen an dunkler Materie vorbeikämen, würden sie unter dem Einfluß ihrer Gravitation abgelenkt. Einer dieser Lichtstrahlen würde nun so gekrümmt, daß er zusammen mit dem nicht abgelenkten Strahl auf die Oberfläche der Erde träfe. Daher würde der Stern doppelt so hell erscheinen.

Diesen Effekt bezeichnet man als »Gravitationslinse«, weil er genau das leistet, was auch eine normale Linse bewirkt – er bündelt das Licht aus einer Quelle und konzentriert es auf einen Fleck. Denken Sie an das Vergrößerungsglas, mit dem man Sonnenstrahlen so auf einen einzigen Punkt fokussiert, daß sie ein Loch in ein Stück Papier brennen. Aus Sicht der MACHO-Männer war der entscheidende Aspekt, daß dieser Effekt immer dann stattfinden müßte, wenn dunkle Materie zwischen einen Stern und den Beobachter auf der Erde geriete. Und wenn sich ein solches Ereignis nachweisen ließe, dann wäre es ein Beweis für die Existenz dunkler Materie.

Zu beobachten wäre der Effekt nur, wenn es sich um einen ziemlich großen Klumpen dunkler Materie handelte, von beträchtlicher Masse und Dichte. Interessanterweise wurden solche großen Objekte für das Ende stellarer Lebenszyklen vorhergesagt. Weiter oben war von den Berechnungen Hoyles und seiner Kollegen die Rede, denen zu entnehmen ist, wie Sterne im Laufe ihrer Entwicklung das jeweils nächstschwerere Element des Periodensystems durch Kernfusion hervorbringen: zuerst Wasserstoff, dann Helium und nacheinander alle chemischen Elemente bis hinauf zum Eisen. Die kleineren Sterne gelangen nicht über das Eisenstadium hinaus, weil der Gravitationsdruck nicht groß genug ist, um das Eisen zu einem schwereren Element verschmelzen zu lassen. Daher stirbt der Eisenstern allmählich, das heißt, er kühlt ab, bis nur noch ein brauner Zwerg zurückbleibt, der nicht mehr leuchtet – ein wunderbares Beispiel für ein Stück dunkler Materie, wie sie die MACHO-Männer zu entdecken hofften.

Das war keine leichte Aufgabe. Sie beschlossen, alle ihre Beobachtungen auf der südlichen Hemisphäre vorzunehmen, und zwar im Bereich der Großen Magellan-Wolke – einer kleinen Galaxie, die uns relativ nahe ist. Ihre Wahl fiel auf dieses Objekt, weil sie dort einen beträchtlichen Halo mit einer großen Menge dunkler Materie vermuteten. Nun enthält die Galaxie aber viele Hundert Millionen Sterne. Wie sollten sie entscheiden, welche sie beobachten wollten, um festzustellen, ob sie über einen Zeitraum von einem oder zwei Monaten heller erschienen?

Ganz einfach – sie ließen sich bei der Entscheidung von einem computergesteuerten Teleskop helfen. Es erfaßte einen größeren Himmelsbereich und konnte dabei, so die Hoffnung der Astronomen, die Orte identifizieren, die eine nähere

Folgende Doppelseite: Die Bewegungen der Sterne, die wir in der Großen Magellan-Wolke wahrnehmen – sie ist nur auf der südlichen Hemisphäre sichtbar –, lassen darauf schließen, daß sie von einem Halo umgeben ist, der reich an MACHOs sein könnte.

SUCHE IN DER DUNKELHEIT

Untersuchung lohnend erscheinen ließen. Dazu entwickelten sie ein System, dessen Computer so programmiert war, daß er Regionen auswies, wo die Nacht für Nacht aufgezeichnete Lichtstärke Veränderungen erkennen ließ. Sobald ein solcher Fleck entdeckt war, konnten ihn die MACHO-Leute genauer unter die Lupe nehmen, um festzustellen, worauf die Helligkeitsschwankungen zurückzuführen waren.

Zu ihrer Freude zeitigte diese Methode offensichtlich vielversprechende Ergebnisse. Sie sammelten zahlreiche Beobachtungen, die in das vorhergesagte Muster passen – Sterne, die über einen Zeitraum von rund einem Monat heller zu leuchten schienen. Noch interessanter ist der Umstand, daß eine ganze Anzahl von Sternen diesen Effekt sukzessive erkennen ließen, was wohl darauf hinweist, daß ein MACHO sie nacheinander passierte. Inzwischen gibt es also einige überzeugende Anhaltspunkte für die Existenz dunkler Materie. Allerdings bleiben

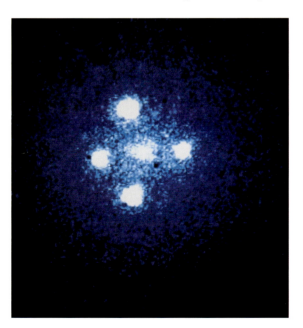

Links: Bei diesen fünf ähnlich aussehenden Lichtquellen, die tief im All vom Hubble-Space-Teleskop erfaßt wurden, handelt es sich tatsächlich um zwei Objekte. Der mittlere Fleck ist eine relativ nahegelegene Galaxie, 400 Millionen Lichtjahre entfernt, während die äußeren vier Bilder alle von einem einzigen, sehr weit entfernten Quasar stammen, dessen Distanz acht Milliarden Lichtjahre beträgt. Der Gravitationseffekt der dazwischenliegenden Galaxie hat das Licht des Quasars auf dem Weg zur Erde gebeugt, so daß wir vier Bilder von dem einen Quasar erblicken. Es handelt sich um ein sehr bekanntes Beispiel für die »Gravitationslinse«, die sich das MACHO-Team (*rechts*) zunutze macht.

SUCHE IN DER DUNKELHEIT

noch zwei entscheidende Fragen zu beantworten. Erstens: Wieviel dunkle Materie dieser Art gibt es genau? Und zweitens: Kann sie die Bewegungen aller Galaxien erklären?

Laut Vera Rubin bestehen 90 Prozent des Universums aus dunkler Materie. Mit anderen Worten, sämtliche Sterne, die wir sehen, machen nur 10 Prozent dessen aus, was sich im All befindet. Aufgrund der Beschaffenheit der entdeckten Objekte und der Häufigkeit ihrer Beobachtungen vermutet das MACHO-Team, daß sich etwa die Hälfte der fehlenden dunklen Materie durch Objekte dieser Art erklären läßt. Dann bliebe immer noch eine große Menge dunkler Materie zu entdecken. Daraus ergibt sich der Schluß, daß wir noch lange nicht genau wissen, wieviel dunkle Materie es insgesamt gibt, wie dicht sie ist und welchen Gravitationseffekt

sie hat. Das sind keine Fragen von rein akademischem Interesse. Vielmehr könnten sie Aufschluß darüber geben, welches Schicksal das Universum letztendlich erwartet.

Die verschiedenen Möglichkeiten könnten sich nicht krasser voneinander unterscheiden. Ein Szenario sieht ein geradezu spektakuläres Ende für das Universum vor: Die Expansionsbewegung kehrt sich um, und nach einer längeren Kontraktionsphase implodiert das Universum in einem Großen Endkollaps – es katapultiert sich buchstäblich aus seiner Existenz hinaus. Allerdings besteht kein Grund zu unmittelbarer Besorgnis – wenn es denn so kommen sollte, wird dieser finale Kollaps noch einige Milliarden Jahre auf sich warten lassen. Nach einem anderen Szenario expandiert das Universum auf ewig, immer gelassener und ruhiger zwar, da die Expansionsrate sich verlangsamt, aber ohne je ganz damit aufzuhören.

Um zu entscheiden, mit welcher dieser kraß kontrastierenden Aussichten unsere Nachkommen zu rechnen haben, müssen wir wissen, welche Masse die dunkle Materie im Universum hat. Die Rotverschiebung, die Hubble beobachtet hat, läßt keinen Zweifel daran, daß das Universum expandiert. Die Daten weisen weiter darauf hin, daß sich die älteren Galaxien (diejenigen, die weiter von uns entfernt sind) schneller von uns entfernen als die näheren, die jüngeren Galaxien. Je mehr Zeit verstreicht, desto größer werden die Abstände zwischen

Das endgültige Schicksal des Universums

SUCHE IN DER DUNKELHEIT

Obwohl die Kosmologen sofort zugeben würden, daß sie noch nicht genügend Daten haben, um die Antwort wissen zu können, stellen sie gerne Spekulationen darüber an, wie das Universum enden wird.

den Galaxien. Wenn wir also sagen, das Universum expandiert, dann heißt das, daß der Raum selbst expandiert, nicht daß die Galaxien, Sterne oder Planeten größer werden. Nach Meinung der meisten Kosmologen und Astronomen handelt es sich bei der Expansionskraft, die das Universum zu seiner Ausdehnung veranlaßt, um die nach außen gerichtete Explosivkraft, die der Urknall erzeugt hat. Mehr noch, es läßt sich beobachten, daß sie im Laufe der Zeit ihre Geschwindigkeit verringert.

Dieser Schluß ergibt sich aus der regelmäßigen Galaxienbeobachtung und der Überprüfung ihrer Rotverschiebung. Dort zeigt sich, daß die Geschwindigkeit, mit der sie sich von uns entfernen, im Laufe der Zeit immer mehr abnimmt. Offenbar gibt es also eine Kraft, die der Expansionskraft entgegenwirkt und sie abbremst. Sonst würde sich die Expansion endlos und unverändert fortsetzen. Und als Gegenkraft kommt nur die Gravitation in Frage. Sowohl nach Newtons als auch nach Einsteins

SUCHE IN DER DUNKELHEIT

Theorie ist die nach innen gerichtete Anziehung der Gravitation – ihr Bestreben, alle Materie zu einem einzigen großen Klumpen zusammenzuballen – um so stärker, je mehr Materie es im Universum gibt. Bislang hat das Universum allerdings nicht nur seine Ausdehnung bewahrt, sondern es expandiert auch weiterhin. Folglich muß im Augenblick die Expansionskraft etwas größer sein als die ihr entgegenwirkende Gravitationskraft.

Trotzdem verlangsamt sich die Expansionskraft leicht, woraus sich schließen läßt, daß es genug Materie im Universum geben muß, um diesen gravitationsbedingten Bremseffekt hervorzurufen. Unklar bleibt jedoch, ob genug Materie vorhanden ist, um die Expansion irgendwann ganz zum Stillstand zu bringen und die Gegenbewegung einzuleiten: das Universum immer weiter zusammenzuziehen und es zu einem immer dichteren Klumpen zu schrumpfen, der schließlich im Großen Endkollaps implodiert. Wenn hingegen nicht genügend Materie vorhanden ist, um eine Gravitationskraft hervorzurufen, die der Expansionskraft gewachsen ist, wird die Expansionsbewegung nie ganz zum Stillstand kommen und sich ewig fortsetzen, wobei sie allerdings immer langsamer und langsamer wird.

Es ist schwierig, auch nur zu vermuten, wie die Antwort am Ende ausfallen wird. Offenbar wird es noch lange dauern, bis wir wissen, wieviel Masse es im Universum gibt. Die dunkle Materie, die das MACHO-Team entdeckt hat, reicht noch nicht einmal aus, um die Rotationsbewegung der Galaxien zu erklären. Also: Was für dunkle Materie könnte es noch geben?

KAPITEL 9
EXOTISCHE EXKURSIONEN

Der Trifidnebel ist eine riesige Gaswolke, die überwiegend aus Wasserstoff besteht und etwa 3000 Lichtjahre von uns entfernt ist. Ihr rotes Leuchten ist auf die ultraviolette Strahlung der jungen Sterne in ihrem Inneren zurückzuführen. Wolken wie diese erhöhen die Wahrscheinlichkeit, daß es andere riesige Staubwolken im Universum gibt, in denen keine Sterne leuchten: unsichtbare Wolken aus dunkler Materie.

EXOTISCHE EXKURSIONEN

Die Suche nach normaler dunkler Materie ist schon schwer genug, wie die MACHO-Männer sicherlich bestätigen können. Der Versuch, unter Millionen anderer Sterne den einen zu finden, dessen Helligkeit sich ungefähr einen Monat lang zu erhöhen scheint – während die dunkle Materie vorbeizieht –, ist sicherlich kein leichtes Unterfangen. Doch die Suche nach exotischer dunkler Materie ist noch weit komplizierter. Aus theoretischen Berechnungen kennen die Kosmologen die Eigenschaften der Teilchen, nach denen sie suchen. Fast immer sind diese Merkmale eine Garantie dafür, daß sich die Teilchen nur sehr schwer entdecken lassen werden.

Nach Neutrinos angeln

Ein gutes Beispiel dafür ist das Neutrino, obwohl es sicherlich ein Teilchen ist, das eine aufwendige Suche rechtfertigt. Theoretisch müßte jede Kernreaktion eine Vielzahl Neutrinos erzeugen. Aber sie dürften so winzig sein und so selten mit anderen Teilchen wechselwirken, daß sie alles unbemerkt durchqueren, was sich ihnen in den Weg stellt. Unser Körper zum Beispiel, so die Theorie, wird ständig mit Neutrinos bombardiert, die aus den Kernfusionsreaktionen der Sonne stammen. Offenbar gehen diese unauffälligen kleinen Teilchen geradewegs durch uns hindurch, als wenn wir Luft wären, dringen in die Erde ein und treten an der anderen Seite wieder aus! Wie soll ein Detektor ein solches Teilchen nachweisen? Zumal ein Neutrino laut Theorie keine elektrische Ladung und keine oder jedenfalls keine nennenswerte Masse hat (zwei der wichtigen Merkmale, die Physikern bisher dabei geholfen haben, Teilchen in Nebelkammern oder Beschleunigern zu entdecken).

Vielleicht fragen Sie sich, warum es denn überhaupt der Mühe wert sei, sie zu entdecken, wenn sie keine Masse haben. Egal, wie viele Neutrinos wir entdecken würden, ohne Masse könnten sie keine Rolle für die Gesamtgravitation des Universums spielen und daher nicht zur fehlenden dunklen Materie beitragen. Wenn die Neutrinos allerdings doch Masse hätten – und wäre sie auch noch so gering –, könnten sie, da

EXOTISCHE EXKURSIONEN

man eine ungeheure Zahl von ihnen im Universum vermutet, den größten Teil, wenn nicht sogar alle fehlende dunkle Materie erklären.

Die Existenz von Neutrinos wurde 1930 von Wolfgang Pauli vorausgesagt – als Antwort auf die Frage, was mit der Energie in Kernreaktionen geschieht. 25 Jahre dauerte es noch, bis jemand eines dieser Teilchen entdeckte, und weitere zehn Jahre, bis eines gefunden wurde, das natürlichen Prozessen des Universums entstammte. Wesentlichen Anteil an beiden Entdeckungen hatte der Amerikaner Frederick Reines, der, zumindest in seinen jüngeren Jahren, in dem Ruf stand, vor keiner Herausforderung zurückzuschrecken. Sein Wunsch, ein Neutrino nachzuweisen, ging wohl ebensosehr auf dieses Motiv wie auf wissenschaftliche Beweggründe zurück. Sein erster Einfall erwies sich allerdings als unpraktikabel. Wenn Neutrinos das Ergebnis von Kernreaktionen sind, so überlegte er, dann gebietet die Logik, im Zentrum einer Kernexplosion nach ihnen zu suchen! Er dachte ernsthaft daran, einen Detektor zu konstruieren, der die Zerstörungsgewalt eines Kernwaffentests überstehen könnte. Natürlich ließ sich kein Gerät

Ganz links: Der österreichische Physiker Wolfgang Pauli (1900-1959) hat für seine Arbeit über die Gesetze der subatomaren Welt 1945 den Nobelpreis für Physik erhalten. 1930 postulierte er die Existenz des Neutrinos. Neutrinos entstehen aus dem sogenannten Beta-Zerfall von Kernreaktionen, zum Beispiel bei der Explosion einer Atombombe (*Mitte*). Die Bombe, die in jenem Jahr auf Hiroshima fiel, als Pauli den Nobelpreis erhielt, dürfte eine reichhaltige Neutrinoquelle gewesen sein. *Rechts:* Fred Reines war von 1949 bis 1953 am US Armed Forces Special Weapons Project beteiligt und hatte Zugang zu Bombentests, in denen er Neutrinos zu entdecken hoffte.

EXOTISCHE EXKURSIONEN

bauen, das auf der einen Seite empfindlich genug war, um Neutrinos zu entdecken, und auf der anderen Seite robust genug, um von der Explosion nicht beeinträchtigt zu werden.

Was er in den fünfziger Jahren unternahm, wirkte fast genauso verrückt. Er errechnete, daß ein Kernkraftwerk zwar Kernreaktionen produzierte, die mit der Energie einer Kernwaffe nicht zu vergleichen waren, daß dabei aber trotzdem genügend Neutrinos entstehen müßten, um eine Entdeckung in der Nähe des Kraftwerks wahrscheinlich zu machen. Denn die Neutrinos würden im Unterschied zu den anderen Teilchen, die bei Kernreaktionen entstehen, die Sicherheitshüllen des Kraftwerks durchqueren und in die Umgebung entweichen. Doch die Gewißheit, daß dort Neutrinos anzutreffen sein müßten, war eine Sache – einen Detektor zu bauen, mit dem sie sich nachweisen ließen, eine ganz andere. Schließlich handelte es sich um Teilchen, die die Schutzhülle eines Kernreaktors durchqueren konnten, keine elektrische Ladung besaßen und, wenn überhaupt, eine verschwindend geringe Masse.

Die Lösung bestand natürlich darin, nicht nach dem Teilchen selbst zu suchen, sondern nach den Spuren, die es auf seiner Bahn hinterläßt. Wenn ein Teilchen – ganz gleich, wie groß es ist – auf ein Hindernis trifft, gibt es eine winzige Energiefreisetzung, die sich als kurzer und schwacher Lichtblitz registrieren läßt – ein Phänomen, wie es Rutherford in seinem Blattgoldexperiment beobachtete, das ihm zur Entdeckung der Atomstruktur verhalf. Zumindest in diesem Punkt würden Neutrinos keine Ausnahme machen: Wenn sie auf ein Hindernis träfen, würde es ein Anzeichen für ihre Gegenwart geben, das theoretisch zu entdecken sein müßte. Es ist relativ einfach, einen Detektor zu bauen, der solche winzigen Lichtblitze aufzeichnen kann. Die Schwierigkeit lag in der Frage, wie sich die Szintillation eines Neutrinos von der eines anderen Teilchens unterscheiden ließe. Unter normalen Bedingungen würden auf eine Szintillation eines Neutrinos Tausende, wenn nicht Millionen anderer solcher Lichtblitze kommen. Der Versuch, die Neutrino-Szintillationen von all den anderen Ereignissen zu trennen, hätte der Suche nach der Nadel im Heuhaufen geglichen.

Doch Frederick Reines war, wie gesagt, kein Mann, der sich von Schwierigkeiten abschrecken ließ – ganz im Gegenteil. Er entwickelte einen praktikablen Neutrino-Detektor, indem er geduldig so viele Nicht-Neutrino-Ereignisse wie möglich ausschloß, bis die möglichen Kandidaten für neutrinoinduzierte Ereignisse auf eine überschaubare Zahl reduziert waren. Daraufhin konnte er jedes dieser Ereignisse eingehend untersuchen, um festzustellen, ob es sich mit der Neutrinotheorie vertrug. Zunächst mußte er jedoch einen geeigneten Standort für sein Experiment finden. Er wählte ihn tief unter der Erde, wo sich die Störungseinflüsse vieler anderer Teilchen, die nicht so weit in die Erde eindringen können, ausschließen ließen.

EXOTISCHE EXKURSIONEN

Dann schirmte er den Detektor noch sorgfältiger ab, als es bei dem nahen Kernreaktor geschehen war. Doch während den Kernkraftingenieuren an einer Schutzhülle gelegen war, die möglichst viele subatomaren Teilchen daran hindern sollte, nach außen zu dringen, ging es Reines und seinen Kollegen um eine Abschirmung, die möglichst viele Teilchen ausschließen sollte. Dadurch würden, so hofften die Forscher zumindest, nur die hartnäckigsten Teilchen den Detektor erreichen und Szintillationen hervorrufen.

Nachdem diese Vorbereitungen abgeschlossen waren, folgte eine Reihe von Eichexperimenten, bei denen die Forscher dem Detektor ein bestimmtes elektronisches Signal übermittelten. Das war so bemessen, daß es das Verhalten des gesuchten Teilchens nachahmte, in diesem Falle des Neutrinos. Dies läßt sich mit unglaublicher Genauigkeit bewerkstelligen. Ein Computer arbeitet alle Merkmale des Neutrinos in das elektronische Signal ein, und man kann mit einiger Sicherheit davon ausgehen, daß das Signal genauso auf den Detektor einwirkt wie ein wirkliches Neutrino. Der Detektor erzeugt nun ein Muster, das ein Porträt der Ereignisse liefert, die eintreten, wenn ein echtes Neutrino während des Experiments auf den Detektor trifft. Sobald die Eichung abgeschlossen ist – das heißt, sobald mehrere elektronisch erzeugte Neutrinos ein genaues Bild von dem zu erwartenden Muster entworfen haben –, bleibt den Forschern nichts anderes zu tun, als zu warten. Es ist ein bißchen wie angeln: Wenn Haken, Leine und Schwimmer gerichtet sind, kann man nur noch auf der Bank sitzen und hoffen, daß ein Fisch vorbeischwimmt.

Ist dann ein erfolgversprechender Kandidat registriert worden, werden alle Daten dieses Ereignisses in den Computer eingegeben und sorgfältig analysiert. Nur wenn jede andere Erklärung überprüft und verworfen worden ist, wird die Forschungsgruppe davon ausgehen, daß es sich tatsächlich um ein Neutrino-Ereignis handelt. Dieses Stadium hat große Ähnlichkeit mit der Lösung eines Mordfalls in einem Kriminalroman. Nacheinander werden alle Verdächtigen ausgeschlossen, bis nur noch einer übrig ist; dann weiß man, daß man den Mörder entdeckt hat. Genauso hier: Erst wenn das Neutrino die einzig mögliche Erklärung ist für das, was der Detektor aufgezeichnet hat, darf man annehmen, daß man auch wirklich ein Neutrino nachgewiesen hat. Auf diese komplizierte Weise überzeugten sich Frederick Reines und seine Kollegen schließlich davon, daß sie ein solches Teilchen entdeckt hatten. Tatsächlich konnten sie in ihrem unterirdischen Labor schon bald drei Neutrinos in der Stunde nachweisen.

EXOTISCHE EXKURSIONEN

Haben Neutrinos Masse?

Für die Kosmologie bedeutet der Beweis, daß Neutrinos wirklich existieren, nur den ersten Schritt. Die Erkenntnis, daß sie in künstlichen Kernreaktionen auf der Erde erzeugt werden, bewies noch nicht, daß sie auch in den natürlichen Kernreaktionen der Sterne oder des Urknalls entstehen oder entstanden sind. Die Wahrscheinlichkeit war größer geworden, gewiß, aber die kosmologische Bedeutung dieser Teilchen ließ sich endgültig nur dadurch nachweisen, daß man Neutrinos entdeckte, die die Erde aus dem All erreichten. Und als mögliche Kandidaten für einen Teil der dunklen Materie kamen sie erst in Frage, wenn sich herausgestellt hatte, daß sie tasächlich Masse besaßen, egal wie geringfügig die auch war.

Über die Masse der Neutrinos konnte Frederick Reines zwar nichts in Erfahrung bringen, aber ihm gelang der Nachweis, daß diese Teilchen tatsächlich in den natürlichen Entwicklungsprozessen des Universums entstehen. Typisch für Reines, daß das Ganze wieder einen Hauch von Abenteurertum hatte. Er mußte nämlich mit seinem Detektor und der Schutzhülle so tief unter die Erde, wie es irgend ging, und möglichst weit fort von allen Kernkraftwerken und Kernwaffentestgebieten. Außerdem benötigte er die Gewähr, daß die lokalen geologischen Verhältnisse die natürliche Freisetzung von Neutrinos ausschlossen. Nur so konnte er sicher sein, daß alle Neutrinos, die er entdeckte, wirklich aus dem All kamen. So landete er schließlich in einer südafrikanischen Goldmine, wo er 1965 etwas entdeckte, was genauso selten wie Gold und vielleicht sogar genauso kostbar ist: ein Neutrino, das inmitten kosmischer Strahlen auf die Erde gelangt war.

Oben: Yves Declais vor dem Kernkraftwerk in Nordfrankreich, wo er den Beweis antreten will, daß das Neutrino Masse besitzt. *Rechts:* Teilchenspuren in einer Blasenkammer, die eine Neutrinowechselwirkung zeigen. Von unten kommend, produziert das Neutrino bei seiner Wechselwirkung mit einem Proton die ganze Teilchenfülle. Da es keine elektrische Ladung hat, ist es nicht zu sehen, läßt sich aber an den Nachwirkungen der Kollision erkennen.

Andere haben die Arbeit über die Masse des Neutrinos fortgesetzt. Möglicherweise wird in naher Zukunft eine Forschungsgruppe in Nordfrankreich Erfolg haben. Yves Declais und sein Team haben sich in einem renovierten Schloß in der Nähe eines Kernkraftwerks eingerichtet und führen dort ein Experiment durch, das so raffiniert und einfallsreich ist, daß es sogar Frederick Reines zur Ehre gereicht hätte. Sie nehmen gerade die zweite Hälfte eines Projekts in Angriff, das in Belgien, unweit eines anderen Kernkraftwerks, begonnen wurde. Dort haben sie im Prinzip Reines' Experiment zur Entdeckung von Neutrinos wiederholt, dazu aber sorgfältig gemessen, wie weit sie vom Mittelpunkt des Reaktors entfernt waren. Sie wollten feststellen, wie viele Neutrinos sie in dieser Entfernung vom Reaktor stündlich entdecken

EXOTISCHE EXKURSIONEN

konnten. Erst als sie aus diesen Werten ein vorhersagbares Verhaltensmuster abgeleitet hatten, zogen sie nach Frankreich um. Dort konnten sie genau die gleiche Versuchsanordnung aufbauen, nur daß die Entfernung zum Kernreaktor um ein genau bemessenes Stück größer war. Gegenwärtig eichen sie ihre Ausrüstung und halten sorgfältig alle Unterschiede fest, die aus dem Ortswechsel resultieren. Anschließend wollen sie feststellen, ob es durch den größeren Abstand zum Reaktor einen meßbaren Rückgang in der Häufigkeit gibt, mit der die Neutrinos vom Detektor registriert werden.

Dabei gehen die Forscher von der Überlegung aus, daß sich jeder statistisch signifikante Unterschied nur erklären läßt, wenn einige der Neutrinos zerfallen, das heißt, sich spontan in andere Teilchenarten verwandeln und Energie freisetzen, ganz so, wie es radioaktive Elemente tun – Radium zum Beispiel. Unter anderem muß ein Stoff, um auf diese Weise zerfallen zu können, Masse besitzen. Wenn sich also nachweisen läßt, daß Neutrinos zerfallen, dann heißt das, daß sie Masse haben. Zwar dürfte ein noch erfindungsreicheres Experiment erforderlich sein, um zu bestimmen, wie groß die Masse genau ist, aber wir werden, wenn Declais Erfolg hat, zumindest wissen, daß Neutrinos im Universum unter natürlichen Bedingungen vorkommen und daß sie, da sie Masse haben, einen Teil, wenn nicht sogar alle fehlende dunkle Materie im Universum erklären können.

Inzwischen haben theoretische Physiker eine Methode entwickelt, um zu untersuchen, wie es sich auswirken würde, wenn Neutrinos Masse hätten. Dabei verwenden sie ähnliche Computermodelle wie zur Bestätigung von Vera Rubins Hypothese, daß sich die Galaxienrotation nur erklären läßt, wenn es dunkle Materie im Universum gibt. Diese Modellierungstechniken werden immer ausgefeilter. Carlos Frenk zum Beispiel, ein mexikanischer Kosmologe mit einem deutschen Vater, hat mit ihrer Hilfe Modelle des ganzen Universums entwickelt. Frenk ist ein schönes Beispiel für die zunehmende Globalisierung der Bemühungen, dem Universum seine letzten Geheimnisse zu entreißen. Er ist heute Professor an der Durham University, nachdem er in Cambridge eine Spanischstudentin kennengelernt und geheiratet hat.

In einer Datenbank stellte er alle bekannten Fakten über das Universum zusammen – die Geschwindigkeit, mit der es gegenwärtig expandiert, die Größe und Masse

Mitte: Typisches Computerbild von der Struktur des Universums. Das gelbe Bild wurde aus den Beobachtungsdaten des realen Universums entwickelt. Das grüne Bild ist das Ergebnis eines Modells, dem die Annahme zugrunde liegt, daß die dunkle Materie heiß ist (also zum Beispiel aus Neutrinos besteht). Das blaue Bild, das von kalter dunkler Materie ausgeht, hat offenkundig größere Ähnlichkeit mit dem (gelben) realen Universum. Carlos Frenk (*rechts*) hat ähnliche Computerbilder der Galaxienverteilung zusammengestellt.

EXOTISCHE EXKURSIONEN   STEPHEN HAWKINGS UNIVERSUM   175

der beobachteten Galaxien, ihre augenblickliche Entfernung voneinander und so fort. Damit verfügt er über einige der wichtigsten Informationen zur Konstruktion eines Computermodells des Universums, das er vorwärts und rückwärts in der Zeit ablaufen lassen kann. Seine Computerprogramme vervollständigt er durch Gleichungen, die die Dynamik des Universums erklären. Dazu gehören Einsteins allgemeine Relativitätstheorie und die mathematischen Theorien, die das Verhalten von Teilchen und Energie vorhersagen (und größtenteils in Teilchenbeschleunigern bestätigt werden konnten). So kann Frenk den Computer anweisen, aus den Infor-

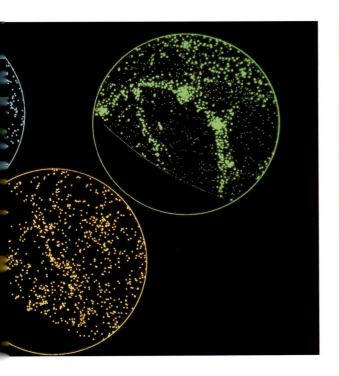

mationen, mit denen er ihn gefüttert hat, ein Universum zu konstruieren. Wenn alle notwendigen Daten berücksichtigt sind, kann man von dem Modell erwarten, daß es rund 15 Milliarden Jahre nach dem Urknall ein Universum produziert, das dem unseren sehr ähnlich ist.

In das erste Modell nahm er nur die Materiemenge auf, die wir tatsächlich sehen können. Wie nicht anders zu erwarten, wies es am Ende keinerlei Ähnlichkeit mit dem gegenwärtigen Universum auf. Es war einfach nicht genügend Materie vorhan-

STEPHEN HAWKINGS UNIVERSUM

EXOTISCHE EXKURSIONEN

Das Hubble-Teleskop hat dieses beeindruckende Echtfarbenbild aufgenommen. Bemerkenswert ist es nicht wegen der größeren oder gelberen Flecken (das sind Sterne und Galaxien im Vordergrund), sondern wegen der winzigen blauen Flecken, denn dabei handelt es sich um direkt beobachtete Galaxien in einer Entfernung von etwa acht Milliarden Lichtjahren. Man sieht sie so, wie sie in einem sehr frühen Zustand des Universums waren. Die blaue Farbe ist das Ergebnis intensiver Sternentstehung. Obwohl dunkle Materie vorhanden sein muß, gibt es keinen erkennbaren Hinweis auf sie.

den, um die Gravitationseffekte hervorzurufen, die für die Entwicklung von Galaxien notwendig sind. Statt dessen präsentierte der Computer ein Universum mit dünn verteilten Materiewolken – wie ein ungleichmäßiger, aber alles einhüllender Nebel.

Das schien zu bestätigen, daß es dunkle Materie im All geben muß, die die Entwicklung des realen Universums entscheidend beeinflußt. Daher schickten sich Carlos und sein Team an, ein anderes Modell zu entwickeln: Diesmal gingen sie davon aus, daß die Neutrinos Masse besäßen und die fehlende dunkle Materie stellten. Vielleicht entstand nun ein Universum, das mehr Ähnlichkeit mit dem unseren hatte. Um sicherzugehen, daß alle Voraussetzungen wirklich erfüllt waren, ließen die Forscher große Sorgfalt bei der Abfassung der Programme walten, ein Prozeß, der mehrere Monate in Anspruch nahm. Schließlich war das Modell fertig.

Mit angehaltenem Atem beobachteten Carlos und seine Kollegen die Entwicklung ihres Moduluniversums, denn tatsächlich bildeten sich jetzt deutlich erkennbare Galaxien. Doch dann war es mit ihrer Freude auch schon vorbei. Die simulierten Galaxien ordneten sich zu Mustern an, die keinerlei Ähnlichkeit mit der Galaxienverteilung in unserem Universum besaßen. Obwohl mit Masse ausgestattet, vermochten die schnellen Neutrinos die Galaxien nicht so eng zusammenzuziehen, daß sie der beobachteten Wirklichkeit ähnelten. Allein waren die Neutrinos einfach nicht in der Lage, die Gravitationseffekte hervorzurufen, die bewiesen hätten, daß sie die ganze fehlende dunkle Materie stellen können. Es mußte also noch etwas anderes geben – ein weiteres exotisches Teilchen, das noch nicht entdeckt worden war.

Die Suche nach WIMPs

Nun programmierte Carlos seinen Computer so, daß er die Merkmale eines Teilchens beschrieb, das, falls es existierte, seinem Modell mehr Ähnlichkeit mit dem wirklichen Universum verlieh. Das Ergebnis überraschte ihn nicht sonderlich. Es war ein Teilchen erforderlich, das sich nicht ganz so rasch bewegte wie das Neutrino, ein Teilchen mit erheblicher Masse, das einfach vorhanden war, ohne viel mit anderen Teilchen wechselzuwirken, ein Teilchen, das sich damit begnügte, genügend Gravitation zu liefern, um die Galaxien sehr viel dichter zusammenzuschließen. Man bezeichnete es als »kalte« dunkle Materie, was heißen soll, daß es im Vergleich zu den schnellen Neutrinos, die man zur »heißen« dunklen Materie zählt, langsam und inaktiv ist.

Am interessantesten aber war wohl der Umstand, daß die vom Computer vorhergesagten Teilchen eine erstaunliche Ähnlichkeit mit einem Teilchen hatten, das von einer ganz anderen Disziplin der Physik vorhergesagt worden war, der Quantenphysik (der Physik der subatomaren Teilchen und ihrer zur Bildung von Atomen

EXOTISCHE EXKURSIONEN

erforderlichen Wechselwirkungen). Die Dynamik, die die Quantenmechanik für die Bausteine der Materie annimmt, setzt die Existenz eines unentdeckten Teilchens voraus, das die gleichen Eigenschaften aufweisen müßte, die der Computer der Kosmologen präsentiert hatte.

Nachdem in der Kosmologie bereits die Abkürzung MACHOs für eine Teilchenart gewählt worden war, die für die dunkle Materie verantwortlich sein könnte, bezeichnete ein Witzbold die neuen Teilchen als »WIMPs«, auf deutsch »Weicheier« (WIMPs ist die Abkürzung für *Weakly Interacting Massive Particles,* schwach wechselwirkende Teilchen mit Masse). Da sie definitionsgemäß mit allen anderen Teilchen nur schwach wechselwirken, war davon auszugehen, daß sie außerordentlich schwer zu entdecken sein würden. Unter diesen Umständen würden sie nur ganz selten Anzeichen ihrer Existenz erkennen lassen. Vor ganz ähnlichen Problemen hatte man bei der Suche nach Neutrinos gestanden. Daher sahen die Detektoren, die man für die Suche von WIMPs konstruierte, fast genauso aus wie jene, die Frederick Reines verwendet hatte. Auch hier boten sich die tiefsten Stollen von Bergwerken als Standorte an. Auch eine zuverlässige Abschirmung war erforderlich. Als günstig erwies sich ein Bergwerk im nordenglischen Yorkshire. Es ist außerordentlich tief und dient vor allem zur Gewinnung von Pottasche. Damit bietet es fast ideale geologische Voraussetzungen, weil die Wahrscheinlichkeit, daß lokal hervorgerufene Ereignisse die Detektoren irreleiten könnten, außerordentlich gering ist. Dort führt eine Arbeitsgruppe der Sheffield University in ungefähr 1,6 Kilometer Tiefe ein Experiment durch, bei dem sie, wie schon Frederick Reines und Yves Declais,

Neil Spooner installierte seine Geräte in der Boulby-Mine, nachdem sein Vater, ein Bergbauingenieur, ihm gesagt hatte, es sei das tiefste Bergwerk in England.

im wesentlichen nichts anderes tun kann, als geduldig zu warten. Doch im Unterschied zu den Neutrino-Teams ist diese Arbeitsgruppe bislang nicht für ihre Geduld belohnt worden. Noch konnten – weder hier noch an einem anderen Ort der Welt – WIMPs nachgewiesen werden.

Das läßt die Forscher jedoch nicht verzweifeln. Da die WIMPs nun einmal sehr schwach wechselwirkten, so meinen sie, könne man auch nicht erwarten, daß sie leicht zu entdecken seien. Nach ihrer Auffassung ist es nur eine Frage der Zeit. Geduldig arbeiten sie an der Empfindlichkeit ihrer Detektoren, bis diese in der Lage sind, die richtigen Ereignisse nachzuweisen. Das macht das Leben der Forscher allerdings nicht eben leichter, weil die Detektoren bei wachsender Empfindlichkeit auch anfälliger für die Druckveränderungen auf dem Weg in die Tiefen des Bergwerks werden. Auf diese Weise hat das Sheffield-Team schon mindestens zwei kostspielige Geräte verloren.

In ihrer geduldigen Wachsamkeit ist die englische Forschungsgruppe inzwischen durch die Beobachtungen eines astronomischen Teams bestärkt worden. Die amerikanische Astronomin Sandra Faber aus San José in Kalifornien hat zusammen mit ihren Kollegen – sie bilden eine Arbeitsgruppe, die auf den etwas exotischen Namen die »Sieben Samurai« getauft wurde – die Techniken zur Spektralanalyse des Sternenlichts verbessert. Ihr Team kann dadurch die relativen Bewegungen der Sterne und Galaxien in einem dreidimensionalen Bild darstellen. Das war zwar nicht die ursprüngliche Absicht ihres Projekts, aber dank dieser Technik konnten sie eine dreidimensionale Karte von großen Teilen des Universums entwerfen. Als sie diese Daten in ein dynamisches Computermodell eingaben, zeigten sich einige verblüffende Bewegungen.

Zwar bewegen sich die Galaxien, insgesamt gesehen, stetig voneinander fort, doch in großen Teilen des Universums scheint es starke Gegenströmungen zu geben, in die häufig ganze Galaxienhaufen einbezogen sind. So treibt offenbar eine große Gruppe von Galaxien, einschließlich unserer Milchstraße, mit großer Geschwindigkeit auf eine Region zu, die die Samurais als »Großen Attraktor« bezeichnet haben. Dieser Umstand läßt darauf schließen, daß es im Universum noch mehr Gravitationseffekte gibt, die völlig unabhängig von den die Galaxien umgebenden Halos sind und von dunkler Materie mit WIMP-Eigenschaften hervorgerufen werden. Diese dunkle Materie ist also für Wirkungen verantwortlich, die sich weder auf die MACHOs noch auf die Neutrinos zurückführen lassen.

Alle diese Beobachtungen unterstreichen, wie rätselhaft viele Aspekte des Universums noch bleiben. Obwohl die Kosmologen die Entwicklung des Universums bis zu einem Zeitpunkt zurückverfolgen können, der innerhalb einer Sekunde nach dem Urknall liegt, ist es ihnen noch nicht gelungen, das Geheimnis der dunklen Materie zu lüften. Auch über das Schicksal, dem das Universum letztlich entgegentreibt, können sie keine verläßliche Aussage machen. Wird es in einer Umkehrung des Urknalls zugrunde gehen? Wird sich das gesamte Universum in einer langsamen Kontraktionsbewegung wieder zusammenziehen, bis es schließlich vom Großen Endkollaps zu einer Singularität zusammengepreßt wird? Oder wird es seine Expansionsbewegung ewig fortsetzen, wobei diese Ausdehnungstendenz sich zwar verlangsamen, aber nie ganz zum Stillstand kommen wird? Die Antworten auf diese Fragen hängen davon ab, ob es uns gelingt, das Rätsel der dunklen Materie zu lösen und vielleicht noch einige der anderen unwahrscheinlich wirkenden Tatbestände aufzudecken, mit denen uns das Universum offenbar so gern überrascht.

Sandra Faber, Professorin für Astronomie und Astrophysik an der University of California in Santa Cruz, hält großräumige Galaxienbewegungen fest, die nach ihrer Überzeugung von dunkler Materie verursacht werden.

KAPITEL 10

AUSSERIRDISCHE INTELLIGENZ UND RÄTSELHAFTE QUASARE

Als die Radioteleskope erstmals außergewöhnliche Signale aus den Tiefen des Universums auffingen, lösten sie einen ungeheuren kosmologischen Forschungseifer aus, der schließlich zur Entdeckung Schwarzer Löcher führte.

AUSSERIRDISCHE INTELLIGENZ UND RÄTSELHAFTE QUASARE

Signale aus dem All

In den fünfziger Jahren begann man verstärkt, dem Universum mit einer neuen Beobachtungsmethode zu Leibe zu rücken. Radioteleskope gab es zwar schon seit den dreißiger Jahren, aber ihre Auflösung – die Fähigkeit, die genaue Wellenlänge von Signalen zu bestimmen, die aus großer Entfernung eintrafen –, wurde in den fünfziger Jahren enorm verbessert. Infolgedessen begann man plötzlich Radiosignale aus allen Richtungen des Alls zu empfangen. Die Phantasie einiger Wissenschaftler schreckte auch vor der unwahrscheinlichsten Erklärung nicht zurück: Da wir selbst Signale per Radiowellen aussenden, könnten dann diese Signale nicht mit der gleichen Absicht übermittelt werden – als Botschaften anderer intelligenter Geschöpfe?

AUSSERIRDISCHE INTELLIGENZ UND RÄTSELHAFTE QUASARE

Allerdings ist diese Annahme gar nicht so phantastisch, wie sie vielleicht klingen mag. Ganz offenkundig hat sich intelligentes Leben auf unserem Planeten entwickelt; und die Wahrscheinlichkeit, daß von allen Planeten des Universums nur die Erde dazu imstande gewesen sein soll, ist ziemlich gering. Schließlich ist unser Planet nur einer von neun solchen Himmelskörpern, die einen Stern umkreisen: die Sonne (einen Stern unter Millionen von Sternen in unserer Galaxie, die ihrerseits nur eine unter vielen Millionen im Universum ist). Ist es wirklich wahrscheinlich, daß nur unsere Sonne einen Planeten haben soll, auf dem sich intelligentes Leben entwickelt hat, wenn man sich ins Gedächtnis ruft, wie viele Milliarden und Abermilliarden von Sternen es gibt? Angesichts dieser Vielzahl von Sternen müssen doch zumindest einige existieren, die wie unsere Sonne von Planeten umkreist werden. Und auf einigen dieser Planeten müssen auch ideale Voraussetzungen für die Evolution intelligenten Lebens herrschen. Seit langem wissen wir, daß unsere Sonne nur ein Stern unter vielen anderen in unserer Galaxie ist und wahrlich keine Sonderstellung im Universum einnimmt. Warum sollte es da nicht andere Regionen des Universums geben, wo sich auf einem Planeten gleich dem unseren Leben entwickelt hat?

Der Gedanke, daß es andere Intelligenzen geben könnte, die versuchen, aus einer anderen Region des Universums mit uns in Verbindung zu treten, wurde immerhin so ernst genommen, daß man beschloß, dies wissenschaftlich zu untersuchen. So kam es zur Gründung des SETI-Instituts (*Search for Extra-Terrestrial Intelligence*, »Suche nach außerirdischer Intelligenz«), das zumindest teilweise mit Mitteln der US-amerikanischen Regierung finanziert wurde. Dieses Institut machte es sich zur Aufgabe, Radiosignale aus anderen Regionen des Universums zu analysieren, um festzustellen, ob Muster zu entdecken sind, die den Gedanken nahelegen, sie seien absichtlich erzeugt worden und nicht das Ergebnis natürlicher Ereignisse. Die Arbeit wird noch immer fortgesetzt, hat aber enttäuschenderweise, trotz erheblicher Verbesserungen in den technischen Verfahren zum Empfang und zur Analyse der Signale, bislang keine Erfolge gebracht. Schließlich verlor die amerikanische Regierung den Glauben an die Erfolgsaussichten des Unternehmens, so daß das SETI-Institut heute nur noch dank der Gelder aus der Computerindustrie überlebt. Trotzdem hat es der Wissenschaft einige wichtige Erkenntnisse gebracht. Die vielen Signale, die es aus allen

Links: Radioteleskope können ihre Daten kombinieren und dadurch so hohe Auflösung erzielen, daß eine einzige Schüssel einen Durchmesser von sechs Kilometern brauchte, um vergleichbare Resultate zu erzielen. *Unten:* Optische Teleskope sind zu empfindlich, um ständig der Atmosphäre ausgesetzt zu werden. Ein Kuppeldach wird so gedreht, daß es auf das Beobachtungsziel ausgerichtet ist, bevor es sich öffnet.

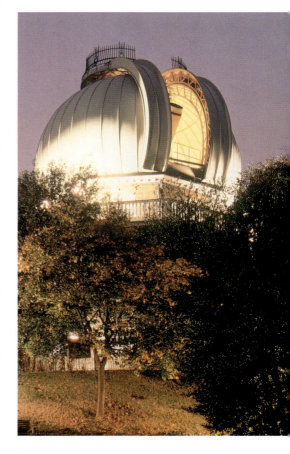

AUSSERIRDISCHE INTELLIGENZ UND RÄTSELHAFTE QUASARE

Teilen des Universums aufgefangen hat, ließen sich alle auf natürliche Ursachen zurückführen und stammten eindeutig nicht aus künstlich geschaffenen Sendern.

Das Rätsel der Quasare

Sobald die Astronomen diese Signale mit ihren Radioteleskopen entdeckten, richteten sie natürlich auch ihre optischen Teleskope auf die Stellen, von denen sie die starken Radiosignale empfingen. Analysierten sie das Licht, stießen sie in der Regel auf auffällige, aber nicht völlig unerwartete Phänomene, die die Radiowellen erklärten. Man wußte bereits, daß die Gravitationskraft gelegentlich Sterne oder sogar ganze Galaxien so dicht zusammenführt, daß sie miteinander verschmelzen, ein Vorgang, der sich häufig unter heftigen Kollisionen vollzieht. Und wenn man mit optischen Teleskopen die Orte in Augenschein nimmt, an denen die Radioteleskope Anzeichen von Radioemissionen aufgefangen haben, dann erblickt man nicht selten eine solche Kollision zwischen zwei Galaxien. Die Folge sind heftige Kernreaktionen, und die wiederum zeichnen für die Emissionen der Radiowellen verantwortlich, die wir auffangen. Allerdings entdeckte man auch andere Radioquellen. Einige boten auf den ersten Blick keinen ganz so spektakulären Anblick. Und doch waren diese scheinbar weniger aktiven Raumregionen weit schwerer zu erklären.

Sie erwiesen sich sogar als ein veritables Rätsel für die Astronomen. An einigen Orten heftiger Radioemissionen erblickten die Beobachter lediglich normal aussehende Sterne. Sie wiesen keine Größenunterschiede zu benachbarten Sternen auf, die anscheinend die gleiche Helligkeit besaßen. Warum also empfing man Radioemissionen von einem solchen Stern, ohne daß es Anzeichen für spektakuläre kosmische Kollisionen gab, die die Emissionen hätten erklären können? Noch größer wurde das Rätsel, als man das Licht eines dieser Sterne auf die übliche Weise analysierte. Man zerlegte es in ein Spektrum, so daß sich anhand der Fraunhoferlinien die chemische Zusammensetzung des Sterns und anhand der Rot- oder Blauverschiebung dieser Linien seine Geschwindigkeit und Richtung erkennen ließen. Auf den ersten Blick war keines der vertrauten Muster aus Fraunhoferlinien mit einer Verschiebung zum einen oder anderen Ende des Spektrums zu erkennen. Anfangs vermochte niemand dem Geheimnis des Sterns auf die Spur zu kommen: Offenbar emittierte er seine Radiowellen aus keinem erkennbaren Grund und schien auch nicht aus den üblichen chemischen Stoffen zu bestehen, die man bei allen anderen Sternen entdeckt hatte. Ungeachtet seines exotischen und bizarren Erscheinungsbildes nannte man den Stern bei seiner unpersönlichen und nüchternen wissenschaftlichen Bezeichnung, der Codenummer, die er wie alle anderen Sterne erhalten hatte – in diesem Fall 3C273.

Maarten Schmidt vom California Institute of Technology hat das Rätsel der Quasare gelöst, als er entdeckte, wie stark ihr Licht rotverschoben ist.

AUSSERIRDISCHE INTELLIGENZ UND RÄTSELHAFTE QUASARE

Erste Erkenntnisse gewann Maarten Schmidt, ein Amerikaner holländischer Abstammung, der 1963 nachwies, daß die chemische Zusammensetzung von 3C273 sich doch nicht so sehr von der anderer Sterne und Galaxien unterscheidet. Doch statt damit wieder in den Bereich der vertrauten astronomischen und kosmischen Ereignisse zurückzukehren, wurde 3C273 zu einer noch exotischeren Erscheinung, als es außerirdische Intelligenzen gewesen wären. Schmidt stellte nämlich fest, daß die üblichen Fraunhoferlinien doch vorhanden waren; nur waren sie so weit rotverschoben, daß sie das rote Ende des sichtbaren Lichtspektrums fast überschritten und im Infrarotbereich lagen.

Daraus folgte, daß 3C273 – egal um was für ein Objekt es sich handelte – mit der unglaublichen Geschwindigkeit von 47 400 Kilometern pro Sekunde davonraste. In der Astronomie war Licht bis dahin das einzige Phänomen, das sich schneller fortbewegte! Aus dieser Beobachtung ergab sich der Schluß, daß 3C273 eine Entfernung von mehreren Milliarden Lichtjahren aufwies. Damit handelte es sich um das älteste Phänomen, das bis dahin in einem Teleskop gesichtet worden war. Wenn ein Objekt, das so weit entfernt ist, aussieht wie ein benachbarter Stern, dann muß es über eine enorme Energie verfügen und ungeheure Wärme- und Lichtmengen ausstrahlen. Wie könnte sein Licht sonst bei seiner Ankunft auf der Erde so hell aussehen wie das eines Sterns, dessen Licht nur einen Bruchteil der Entfernung zurückzulegen hat? Also, schloß man, egal um was es sich handelte, es war außergewöhnlich alt und weit entfernt, außergewöhnlich energiereich und hell – und nach allen Berechnungen verblüffend klein für ein Objekt mit solchen Eigenschaften. Die Astronomen standen vor einem Rätsel. Da 3C273 und mehrere ähnliche Objekte, die bald danach entdeckt wurden, alle auf den ersten Blick wie Sterne aussahen, bezeichnete man sie als »quasistellare« – sternenähnliche – Objekte, woraus sich der heute übliche Name Quasare entwickelt hat.

Astronomen und Kosmologen zerbrachen sich den Kopf über das Geheimnis der Quasare. Ließen sich in den physikalischen Theorien, etwa der allgemeinen Relativitätstheorie, Hinweise auf die Beschaffenheit der Quasare finden? Wie paßten sie ins Bild von der Entwicklung des Universums? Oder standen sie für einen neuen Aspekt der Kosmologie, der uns zwingen würde, unser Modell des Universums so radikal zu verändern, wie Newton das ptolemäische System verändert hatte? Oder so radikal, wie später die Urknalltheorie den Newtonschen Entwurf revidiert hatte? Die Entdeckung der Quasare führte zu einer hochkarätig besetzten Tagung, auf der die besten Astronomen und die fähigsten theoretischen Astrophysiker ihrer Zeit erschienen. Sie fand 1963 in Texas statt und wurde »erste Texaskonferenz« genannt, was

Folgende Doppelseite: Dies ist das typische Bild eines optischen Teleskops. Es zeigt eine Galaxie im Vordergrund und zahlreiche weiter entfernte Sterne oder Galaxien. Theoretisch könnte mindestens einer dieser kleineren Lichtpunkte etwas anderes sein – sternenähnlich, aber kein Stern. Ein Radioteleskop kann die Wahrheit ans Licht bringen (Insert). Dieses hier bildet eine starke Radioquelle als helle Scheibe oben links ab und einen riesigen Gasjet, der sich über 1,2 Millionen Lichtjahre bis zum rechten unteren Rand des Bildes erstreckt.

Quasare und Schwarze Löcher

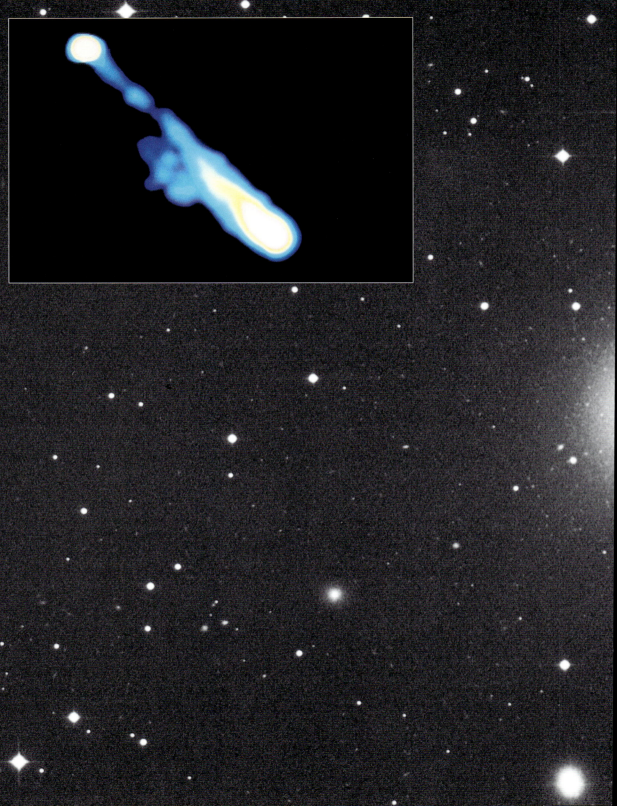

AUSSERIRDISCHE INTELLIGENZ UND RÄTSELHAFTE QUASARE

durchaus einleuchtete. Überraschender war allerdings, daß die nachfolgenden Tagungen als zweite und dritte Texaskonferenz und so fort bezeichnet wurden – obwohl sie nicht mehr in Texas abgehalten wurden.

Eine der größten Kontroversen, die sich während der ersten Texaskonferenz zwischen den Theoretikern entwickelte, betraf den Aspekt der Einsteinschen Gleichungen, aus dem sich unter bestimmten Bedingungen der Kollaps aller Materie in sich selbst voraussagen ließ. (Aus diesen Gleichungen sollten Roger Penrose und Stephen Hawking später das Singularitätstheorem entwickeln, von dem in Kapitel 5 die Rede war.) Einige Jahre zuvor hatte der amerikanische Physiker Robert Oppenheimer beträchtliches Aufsehen erregt, als er die Richtigkeit der Gleichungen bezweifelte, mit denen Einstein diesen Kollaps beschrieben hatte. Allerdings haben Oppenheimer und Einstein diesen Einwand aus verschiedenen Gründen nie erörtert. Einer der wichtigsten Gründe war, daß Oppenheimer der theoretischen Physik den Rücken kehrte, um am amerikanischen Atombombenprojekt in Los Alamos mitzuarbeiten. Nach dem Ende des Zweiten Weltkriegs beschäftigte er sich angesichts der Bedrohungen durch den Kalten Krieg weiterhin mit der Atombombe. Deshalb hatte Oppenheimer, als Einstein 1955 in Princeton starb, nie wirklich Gelegenheit gehabt, ihm seine Auffassung darzulegen.

Oben: Robert Oppenheimer (1904-1967) ist vor allem bekannt geworden als Leiter der Los-Alamos-Abteilung des Manhattan-Projekts, dessen Aufgabe der Bau der ersten Atombombe war. Er leistete aber auch einen bedeutenden Beitrag zur theoretischen Physik. *Rechts:* Senator Joseph McCarthy in seinem Element – bei der Verlesung von Anklagepunkten gegen angebliche Sympathisanten der Kommunisten.

In mancherlei Hinsicht hatten Oppenheimers Einwände gegen Einsteins Gleichungen große Ähnlichkeit mit der Kritik, die Lemaître an Einsteins kosmologischer Konstante vorgebracht hatte – jener Größe, die Einstein eingeführt hatte, um zu verhindern, daß man aus seinen Gleichungen auf eine Expansion des Universums schließen konnte. Einstein hatte sehr wohl erkannt, daß seine mathematischen Theorien unter bestimmten Bedingungen den Kollaps der Materie in einem einzigen Punkt vorhersagten, sich aber aus irgendeinem Grund geweigert, dies als realistische Möglichkeit ins Auge zu fassen. Daher vertrat er die Auffassung, bei einer kritischen Dichte werde die Materie, maximal zusammengepreßt, dem nach innen gerichteten Druck des Kollapses widerstehen und den Zusammensturz zum Stillstand bringen. Openheimer weigerte sich, diese willkürliche Einschränkung der theoretischen Implikationen zu akzeptieren, und untersuchte, wie sich ein ungebremster Kollaps auswirken würde. Allem Anschein nach lief sein Einwand auf den Vorwurf hinaus, Einstein habe ein zweites Mal (wie im Falle der kosmologischen Konstante) seinen Gleichungen überflüssige Schranken auferlegt. Doch da Einstein und Oppenheimer

AUSSERIRDISCHE INTELLIGENZ UND RÄTSELHAFTE QUASARE

keine Gelegenheit fanden, die Frage eingehender zu erörtern, läßt sich nicht sagen, ob Einstein erneut eingeräumt hätte, einen Fehler begangen zu haben – so, wie er es einst Lemaître gestanden hatte.

Die theoretischen Physiker, die die Texaskonferenz 1963 aufsuchten, wußten, daß Oppenheimer anwesend sein würde, und waren natürlich sehr gespannt, ob er seine früheren Überlegungen aufgreifen und weiterführen würde. Doch abgesehen von der Frage, ob Einstein recht hatte, gab es noch weitere Gründe, Oppenheimers Arbeit Interesse entgegenzubringen. Die Quasare, die ursprünglich der Anlaß zur Einberufung der Konferenz gewesen waren, zeigten, wie erwähnt, eine ungewöhnlich hohe Energiefreisetzung. Nun ließen die Gleichungen, mit denen sich Oppenheimer beschäftigt hatte, ebenfalls auf extrem intensive Energien schließen. Da war es nur natürlich, einen Zusammenhang zwischen Einsteins Theorie und der Energie der Quasare für möglich zu halten. Vielleicht konnte Oppenheimer in Anknüpfung an seine früheren Arbeiten eine plausible Erklärung der Quasare vorschlagen?

Leider hielt sich Oppenheimer auf der Texaskonferenz sehr zurück. Beobachter meinen, es habe daran gelegen, daß er sehr niedergeschlagen war und zutiefst betroffen von den politischen Angriffen, denen er sich nach seiner Beteiligung am Atombombenprojekt ausgesetzt sah. Anfang der fünfziger Jahre erreichte die amerikanische Kommunistenjagd ihren Höhepunkt. Für die unerfreulichsten Auftritte sorgte dabei Senator McCarthy mit seinen Vorwürfen gegen Vertreter des öffentlichen Lebens. In diese Vorgänge war auch Oppenheimer verstrickt. Er mußte erleben, daß man ihn als Sicherheitsrisiko bezeichnete, weil er sich gegen den Bau der Wasserstoffbombe ausgesprochen hatte. Er habe das Empfinden gehabt, heißt es, daß sein Beitrag zum amerikanischen Verteidigungsprogramm nicht gewürdigt werde. Vielleicht hat ihm das jede Lust genommen, sich an Kontroversen gleich welcher Art zu beteiligen, selbst wenn sie akademischer Natur waren.

Das Bombenteam

Andere Teilnehmer der Texaskonferenz waren weniger zurückhaltend, so zum Beispiel John Wheeler, ein angesehener Dozent der Princeton University, der zeitweise ebenfalls am Bombenprojekt mitgearbeitet hatte. Wheeler stand in dem Ruf, sich auch an schwierigste Aufgaben zu wagen und unkonventionelle Wege zu gehen. Er über-

AUSSERIRDISCHE INTELLIGENZ UND RÄTSELHAFTE QUASARE

zeugte seine Kollegen davon, daß man das Geheimnis des theoretisch vorhergesagten Materiekollapses lösen müsse, um die Beobachtungsdaten interpretieren zu können, die über Quasare vorlagen. Seine Ausführungen auf der Texaskonferenz machten großen Eindruck auf eine Reihe junger Kosmologen – Dennis Sciama und Roger Penrose zum Beispiel, die ihrerseits großen Einfluß auf Stephen Hawking ausübten (der selbst nicht anwesend war). Auch Wheelers Schüler Kip Thorne war dort. (Er arbeitete später ebenfalls auf diesem Gebiet und schloß mit Stephen eine berühmte Wette ab.) Sie alle wandten sich der theoretischen Astrophysik zu, wo ihnen bedeutende mathematische Arbeiten gelangen. Doch die Grundlagen legten andere – viele von ihnen merkwürdigerweise mit der gleichen wissenschaftlichen Vergangenheit wie Oppenheimer: Physiker, die an der Atombombe mitgearbeitet hatten.

Zunächst aber brauchte man dringend Beobachtungsdaten, die darauf schließen ließen, daß Materie tatsächlich so kollabieren kann, wie aus Einsteins Gleichungen abzuleiten ist. Wenn die vorhergesagten Materiekollapse nur theoretisch nachgewiesen werden konnten, wie viele meinten, dann kamen sie natürlich im wirklichen Universum nicht vor und waren folglich ohne Bedeutung für die Erklärung der Quasare. Man mußte also zuerst einmal untersuchen, ob Einsteins Gleichungen mit den Daten in Einklang zu bringen waren, die man inzwischen über das Verhalten von Materie bei sehr hohen Energieniveaus gewonnen hatte. Dazu waren langwierige Berechnungen und genaue Kenntnisse der Hochenergiephysik erforderlich. Aus diesem Grund wandten sich Wheeler und seine Kollegen auch an die Physiker, die mit dem Atombombenprojekt beschäftigt waren.

John Wheeler hatte in Los Alamos unter Oppenheimer am Bombenprojekt mitgearbeitet und setzte später dessen Untersuchungen über Einsteins Gleichungen fort.

Diese Wissenschaftler verfügten über zwei wichtige Eigenschaften. Erstens waren sie im Umgang mit den Riesencomputern geübt, die die amerikanische Regierung zur komplizierten Berechnung der Kernexplosionen bereitgestellt hatte. Diese Computer benötigte man beim Bau der Atombomben, obwohl sie so kostspielig waren, daß sie nur für Regierungsprojekte von höchster Priorität in Frage kamen. Seit dem Einsetzen des Tauwetters zwischen Ost und West und dem weitgehenden Abschluß des Bombenprojekts waren die Computer allerdings nicht mehr so stark ausgelastet. Außerdem hatten diese Physiker bereits beträchtliche Erkenntnisse über Hochenergie-Explosionen gewonnen – Phänomene, wie sie den Quasaren und dem von Einstein vorhergesagen Materiekollaps allem Anschein nach zugrunde lagen. Es war ein außerordentlich glücklicher Zufall, daß die modernste Technik und die Wissenschaftler, die sie beherrschten, für die komplexen und langwierigen Berechnungen zur Verfügung standen, welche auf diesem neuen Feld der theoretischen Physik erforderlich waren. So kam es, daß immer mehr Physiker aus den Rüstungslabors in die kosmologischen Forschungsstätten abwanderten. Bald hoffte man, daß es früher als erwartet gelingen würde, das Rätsel der Quasare zu lösen.

AUSSERIRDISCHE INTELLIGENZ UND RÄTSELHAFTE QUASARE

STEPHEN HAWKINGS UNIVERSUM

Annäherung an Schwarze Löcher

Zunächst galt es festzustellen, ob der Kollaps eines großen Sterns unter Umständen nicht in einer Supernova-Explosion endete. Konnte der Stern, wenn er groß genug war, über so gewaltige Gravitationskräfte verfügen, daß nichts dem Zusammensturz entging? Und würde alle Materie des Sterns – sogar seine Energie – immer dichter und dichter in einem einzigen Punkt zusammengezogen werden? Dann handelte es sich um genau das Phänomen, das Einsteins Gleichungen vorhergesagt hatten: einen unheimlichen, kaum vorstellbaren Ort im Universum, der alle Materie in seiner Umgebung verschluckt und nichts – noch nicht einmal das Licht – entkommen läßt, so daß nichts von seiner Existenz kündet. Dieses unheimliche, alles verschlingende Gebilde nannte John Wheeler »Schwarzes Loch« – ein Name, der allgemein übernommen wurde.

Die Berechnungen, die bewiesen, daß ein Schwarzes Loch existieren kann, waren unglaublich lang und verzweigt, so daß selbst die Riesencomputer, die man dafür verwendete, ihre Schwierigkeiten hatten. Anfang der siebziger Jahre waren das relativ »primitive« Geräte, die noch nicht über die Geschwindigkeit und Vollkommenheit moderner Mikrochip-Elektronik verfügten. Die erforderlichen Datenmengen – Gleichungen für Schockwellen, Strahlung, Kernreaktionen und so fort – mußten mühsam in Lochkarten gestanzt werden, bevor sie sich in die Rechner eingeben ließen.

Unter der Schirmherrschaft des US-Verteidigungsministeriums wurden große Rechenmaschinen zu den ersten Computern weiterentwickelt, denen man Daten über Lochkarten eingab.

AUSSERIRDISCHE INTELLIGENZ UND RÄTSELHAFTE QUASARE

Doch schließlich spuckten diese Antworten aus, und die Ergebnisse wurden John Wheeler in Princeton geschickt.

Nach Berichten seiner Studenten war Wheeler ein mitreißender Lehrer, der auch drastische Methoden nicht verschmähte, um seine Studenten anzuspornen. Wenn jemand einen wirklich guten Einfall hatte, ließ Wheeler schon mal einen Knallfrosch los. Seine Energie und die Begeisterung für sein Fach waren sprichwörtlich. Doch an jenem Morgen, als er die Nachricht erhalten hatte, war er noch aufgeregter als sonst. »Alles bewiesen«, platzte er heraus. »Schwarze Löcher gibt's wirklich!« Bestimmt hat er zur Feier des Tages zwei Knallfrösche gezündet.

AUSSERIRDISCHE INTELLIGENZ UND RÄTSELHAFTE QUASARE

STEPHEN HAWKINGS UNIVERSUM

Das hieß noch nicht, daß die Schwarzen Löcher auch wirklich existierten – nur daß die bekannte Dynamik der Kernreaktionen den Kollaps zu einem solchen Gebilde theoretisch zuließ. Danach könnten ein oder zwei Himmelskörper bei genügend Masse eines Tages zu kollabieren beginnen und von der Gravitation zu einem immer dichteren Objekt zusammengezogen werden. Einige Sterne schienen groß genug zu sein. Offenbar gab es auch ganze Galaxien, die theoretisch in einem derartigen Kollaps enden konnten. Doch all das bewies noch nicht, daß sie auch tatsächlich in der beschriebenen Weise in sich zusammenstürzen würden oder daß Körper von entsprechender Größe bereits in sich zusammenge-

Künstlerische Darstellung eines Schwarzen Lochs, das von Sternen umgeben ist. Der große Stern im Vordergrund soll möglicherweise die Komponente eines Doppelsternsystems sein, deren andere Komponente zu einem Schwarzen Loch zusammengestürzt ist.

AUSSERIRDISCHE INTELLIGENZ UND RÄTSELHAFTE QUASARE

stürzt waren. Man brauchte sehr viel eindeutigere Beobachtungsdaten, um behaupten zu können, daß Schwarze Löcher tatsächlich existieren. Aber immerhin hatte man jetzt den rechnerischen Nachweis erbracht, daß ein so seltsames Phänomen möglich war. Außerdem entsprach es einem wichtigen Grundsatz von Kosmologen: Verlaß dich auf die Vorhersagen der Mathematik, egal wie unwahrscheinlich sie klingen.

Zweimal war Einstein auf merkwürdige Folgerungen aus seinen Gleichungen gestoßen: die Expansion des Universums und den Kollaps von Materie zu einem Punkt von unendlicher Dichte. Trotz seiner Überzeugung, daß beide Ereignisse unmöglich waren und daß seine Berechnungen folglich unvollständig sein mußten, zeigte sich später, daß er mehr Vertrauen in seine Gleichungen hätte haben müssen. Eine dieser von ihm abgelehnten Vorhersagen – die Expansion des Universums – war längst durch Beobachtungsdaten bestätigt worden. Nun hatte sich gezeigt, daß die andere mit physikalischen Gesetzen übereinstimmte, die unabhängig von seinen Theorien entwickelt und überprüft worden waren. Wie Einstein auf die Neuigkeit reagiert hätte, daß Schwarze Löcher tatsächlich existieren könnten, wissen wir nicht. Vielleicht hätte er zugegeben, daß er eine zweite überflüssige Veränderung an seinen Theoremen vorgenommen hatte. Entscheidend war, daß den Kosmologen spätestens jetzt klar wurde, wie wichtig es war, auch den unwahrscheinlichsten Vorhersagen nachzugehen, die sich aus ihren mathematischen Theorien ergaben.

Doch wie konnten alle diese Erkenntnisse dazu beitragen, das Rätsel der Quasare zu lösen? Wenn sich ein Schwarzes Loch nicht entdecken ließ (da es doch alles verschlingen würde, was von seiner Existenz zeugen könnte), erschien es unwahrscheinlich, daß sich ein realer Zusammenhang zwischen Schwarzen Löchern und Quasaren jemals würde beweisen lassen. Zwei Dinge hatten die Theoretiker zu leisten: Erstens, sie mußten darlegen, was für Auswirkungen eines Schwarzen Lochs zu beobachten sein könnten, da es selbst wohl unsichtbar war. Die Beobachter brauchten ja irgendwelche Anhaltspunkte, um nach diesen Objekten suchen zu können. Und zweitens mußten sie erklären, welche Beziehung zwischen Quasaren und Schwarzen Löchern bestand, so daß die Beobachter auch hier eine Vorstellung hatten, worauf sie ihre Teleskope in den Tiefen des Universums richten sollten. Solange keine vernünftigen Erklärungen vorgeschlagen wurden, sprach vieles dafür, daß sich die Wahrheit über die Quasare dem Zugriff der Forscher ebenso hartnäckig in der Weite des Alls entziehen würde wie die Zeichen außerirdischer Intelligenzen. Die Radioastronomie hatte einige verwirrende Fragen aufgeworfen, die offenbar schwierig zu beantworten waren.

Auf dieser künstlerischen Darstellung eines Schwarzen Lochs sieht man die sogenannte »Akkretionsscheibe«, die rasend um die Öffnung des Schwarzen Lochs kreist und immer heißer und heißer erglüht, weil in ihrem Inneren Materiestücke kollidieren und sich aneinander reiben. Gleichzeitig schießt ein riesiger Jet heißen Gases ins All hinaus.

KAPITEL 11

AUF DER SUCHE NACH SCHWARZEN LÖCHERN

Aus dem Zentrum dieser gemalten Galaxie wird ein großer Materiejet emittiert. Eine solche Emission setzt eine gewaltige Energie voraus, was auf das Vorhandensein eines Schwarzen Lochs im Zentrum der Galaxie schließen läßt. In der Ecke unten rechts ist eine Supernova zu erkennen.

STEPHEN HAWKINGS UNIVERSUM

AUF DER SUCHE NACH SCHWARZEN LÖCHERN

Angesichts der großen Aufmerksamkeit, die Schwarzen Löchern nach der ersten Texaskonferenz zuteil wurde, war es kaum eine Überraschung, daß sie rasch zu Lieblingskindern der Science-fiction-Autoren avancierten. Ein Schwarzes Loch ist ein Objekt mit gewaltiger Energie, das alle Materie in seiner Umgebung verschlingt. Gewissermaßen mit einer Tarnkappe versehen, macht es Sternen, ja ganzen Galaxien den Garaus. Das war phantasievoller als alles, was sich die Schriftsteller in ihren kühnsten Träumen hätten einfallen lassen. Im übrigen orientieren sich viele von ihnen an den neuesten wissenschaftlichen Entwicklungen. Die Stärke der besseren Science-fiction-Erzeugnisse liegt darin, daß sie physikalische Forschungsergebnisse verarbeiten. Viele gute Science-fiction-Autoren sind selbst Naturwissenschaftler. Das Genre lebt von wissenschaftlichen Daten; doch möglicherweise dient es manchmal auch der wissenschaftlichen Forschung zur Anregung. Man kann sicherlich sagen, daß es in den sechziger Jahren gelegentlich dazu beigetragen hat, das wissenschaftliche Interesse an Schwarzen Löchern wachzuhalten.

Das Unmögliche denken

Nicht lange nach der ersten Texaskonferenz kam es zu einem wissenschaftlichen Ereignis, das die Astronomen und Physiker durchaus hätte veranlassen können, die Suche nach Schwarzen Löchern ganz einzustellen. Roger Penrose untersuchte die mathematischen Bedingungen des Zusammensturzes von Materie unter Einwirkung starker Gravitationskräfte, wobei er Theoreme aus der Topologie heranzog (dem Zweig der Mathematik, in dem man die Eigenschaften von Formen untersucht). Penrose scheint ein besonderes Empfinden für das Verhalten von Formen und ihre gegenseitige Beeinflussung zu haben. Es heißt, er habe den Maler M. C. Escher zu den Bildern *Wasserfall* und *Treppauf, Treppab* angeregt. Diese bekannten »Rätselbilder« zeigen beide scheinbar realistische architektonische Gebilde, die in der wirklichen Welt jedoch unmöglich wären. Im einen ist ein Wasserlauf abgebildet, der ständig abwärts fließt oder fällt und trotzdem in einem geschlossenen Kreislauf wieder an seinen Ausgangspunkt zurückkehrt – was natürlich unmöglich ist, ohne daß das Wasser irgendwo nach oben fließt. In *Treppauf, Treppab* sieht man eine Treppe, die ein Quadrat bildet und stetig aufwärts zu führen scheint. Das ist genauso unmöglich, da auch

sie, wie das Wasser auf dem anderen Bild, wieder zu ihrem Ausgangspunkt zurückführt.

Die Bedeutung dieser paradoxen Bilder liegt darin, daß sie unmögliche Ereignisse so darstellen, als wären sie Realität. Das Paradoxon läßt sich durch das Dilemma ausdrücken, in dem sich der naive Beobachter befindet. Ist das Ereignis wahr und die Theorie falsch? Oder ist die Theorie wahr und das Ereignis falsch? Mit den gleichen mathematischen Verfahren, die auch die Bilder von Escher angeregt hatten, entwickelte Roger Penrose ein ähnliches Dilemma für die Physik. Er wies nach, daß der Materiekollaps, den Einsteins Gleichungen vorhersagen, nicht nur eine theoretische Möglichkeit ist, sondern eine unvermeidliche Konsequenz dieser Gleichungen, und daß am Ende die ganze Materie, die an diesem Vorgang beteiligt ist, zu einem einzigen Punkt von unendlicher Dichte zusammengepreßt werden muß. Diesen Punkt bezeichnete er als Singularität. Dort, so war klar, verlieren alle Gesetze der Physik ihre Geltung. Eine andere Möglichkeit ließ die Mathematik nicht offen.

Penroses Ergebnisse schienen aus verschiedenen Gründen absurd zu sein. So sollten sich die Physiker damit abfinden, daß die mathematischen Regeln, die ihnen zum Verständnis der Materie und des Universums verholfen hatten, nun Singularitäten produzierten, die diese Regeln vernichteten. Die Theorie prognostizierte, es gebe einen Punkt, an dem die Theorie versage. Und wenn dieser paradoxe Punkt, die Singularität, die unvermeidliche Konsequenz eines Schwarzen Lochs war, konnte dann ein Schwarzes Loch wirklich existieren? Oder war es nur ein Kind der Theorie, etwas Unmögliches, das sich einen realistischen Anstrich gab? Ein Bild aus Eschers Atelier, das auf den ersten Blick plausibel aussah, sich in der wirklichen Welt aber als nicht lebensfähig erwies?

Links: Roger Penrose erklärt an der Tafel eine seiner stark visuell geprägten mathematischen Theorien. Hier handelt es sich um seine »Twister-Theorie«. Es heißt, seine Ideen hätten den Maler M. C. Escher zu Bildern wie *Wasserfall* (*oben*) angeregt. Auf den ersten Blick scheint mit dem Bild alles in Ordnung zu sein, doch die nähere Betrachtung offenbart, daß an der Art, wie das Wasser fließt, etwas nicht ganz stimmen kann.

Später zeigte Stephen Hawking, daß sich Penroses Materiekollaps in der Zeit umkehren läßt. Statt daß riesige Materiemengen zu einer Singularität zusammenstürzen, expandiert die Singularität zum größten Gebilde überhaupt – dem Universum. Nach dieser Hypothese entwickelt sich der Urknall aus einer Singularität und setzt die Expansion in Gang. Dadurch wurden die Schwierigkeiten für die Physik in gewisser Weise noch schlimmer. Denn nach Stephens Theorie hätte

AUF DER SUCHE NACH SCHWARZEN LÖCHERN

unser Universum als Singularität angefangen und wäre erst Sekundenbruchteile danach von den gültigen Gesetzen der Physik erfaßt worden, als es eine Entwicklung begann, die bis heute – rund 15 Milliarden Jahre danach – andauert. Kann das Universum Gesetzen gehorchen, die in den ersten Sekundenbruchteilen seiner Existenz keine Geltung haben? Bis auf den heutigen Tag hat niemand dafür eine überzeugende Erklärung gefunden. Die Singularität bleibt ein beunruhigendes Geheimnis.

Reise in den Mittelpunkt eines Schwarzen Lochs

Obwohl alle diese Arbeiten die Glaubwürdigkeit Schwarzer Löcher stark in Frage stellten, änderte das nichts an dem Interesse, auf das sie stießen. Vielleicht steuerten die realistischen Entwürfe der Science-fiction-Autoren ihren Teil dazu bei. Deren Publikum war an Einzelheiten interessiert: Wie nahe kann man einem Schwarzen Loch kommen, und was geschieht, wenn man hineinfällt? So entstanden lebhafte Schilderungen, die sich auf die wissenschaftlichen Erkenntnisse gründeten und beschrieben, wie ein solcher Sturz aussähe oder was geschähe, wenn man sich der Grenze eines solchen kosmischen Gebildes näherte. Nach Stephen Hawkings Meinung – und der vieler seiner Kollegen – würde jemand, der in ein Schwarzes Loch stürzte, wie eine Bandnudel gestreckt werden. Unter diesen Bedingungen würde er sich wohl kaum allzu viele Gedanken über die Beschaffenheit der Singularität machen, auf die er mit rasender Geschwindigkeit zufiele.

Angesichts so vieler Spekulationen wuchs natürlich das Interesse an der Frage, ob diese alles verschlingenden Schwarzen Löcher wirklich existierten. Nach den wissenschaftlich fundierten Darstellungen gibt es kein Entkommen, sobald man sich im Inneren eines Schwarzen Lochs befindet. An seiner Grenze sieht es anders aus. Dort herrscht eine ähnliche Situation wie in einem Fluß, der sich gefährlichen Stromschnellen nähert. Eine Hauptströmung treibt zwar alles den Stromschnellen zu, aber je mehr Material sich in dieser Strömung sammelt, desto größer ist das Gedränge und Geschiebe. Alle möglichen Zufallsereignisse entscheiden dann über das Schicksal einzelner Teile. Unter Umständen werden einige beiseite gestoßen, landen in Nebenströmungen und werden von ihnen in Sicherheit gebracht. Der größte Teil des Materials wird jedoch zu einer wirbelnden Masse zusammengefaßt, mitgerissen, unsanft gegen anderes Treibgut gestoßen und in dem immer rascher dahinschießenden Strom schneller und schneller herumgewirbelt.

AUF DER SUCHE NACH SCHWARZEN LÖCHERN

STEPHEN HAWKINGS UNIVERSUM

Ganz links: Dieses faszinierende Foto des Hubble-Space-Teleskops zeigt ein Schwarzes Loch im Zentrum der Galaxie NGC 4261. Die dunklere Scheibe besteht aus Staub und hat den ungeheuren Durchmesser von 800 Lichtjahren. Sie kreist mit hoher Geschwindigkeit um den Kern, der eine extreme, gravitationsbedingte Anziehung ausüben muß. Häufig waren es außergewöhnliche Entdeckungen wie diese, von denen Science-fiction-Autoren und -Regisseure angeregt wurden (*links* und *unten*), sich weit auf den Wegen voranzuwagen, die die wissenschaftlichen Fakten nur vorsichtig angedeutet hatten.

STEPHEN HAWKINGS UNIVERSUM

AUF DER SUCHE NACH SCHWARZEN LÖCHERN

Am Rande des Schwarzen Lochs würde die Materie zum Zentrum des Strudels gezogen wie eine Ansammlung von Holzstücken, die auf die Stromschnellen zutreiben. Ein genauerer, wenn auch weniger anschaulicher Vergleich wären Schmutzteilchen auf Wasser, das gerade aus einem Waschbecken abfließt. Je näher die Teilchen dem Strudel kommen, der sich um das Abflußloch bildet, desto rascher kreisen sie, bevor sie schließlich hinabgezogen werden. Auf die gleiche Weise würden riesige Materiemengen das Schwarze Loch umwirbeln und dabei immer höhere Geschwindigkeiten entwickeln, so daß es zwangsläufig zu gewaltigen Kollisionen käme – Kollisionen, die große Ähnlichkeit mit den Vorgängen in Teilchenbeschleunigern hätten. Die resultierenden Explosionen sowie die Reibung und Wärme, die dadurch entstünden, daß verschiedene Materieteile mit unterschiedlichen Geschwindigkeiten und Richtungen um das Schwarze Loch kreisen, würden ungeheure Energien erzeugen, die ins All abgestrahlt würden. Vielleicht entstünde in einem bestimmten Stadium dieser Entwicklung so viel Licht, daß das Schwarze Loch als Quasar aufleuchten würde.

An das Unmögliche glauben

Angesichts solcher Szenarien, die die Phantasie beflügelten, war die wirkliche Beschaffenheit der Singularität für die Science-fiction-Gattung sicherlich lange nicht so wichtig und interessant wie die Möglichkeit, Schwarze Löcher zu entdecken. Und egal, ob sich die Physiker davon beeinflussen ließen oder nicht, sie gelangten zu der Überzeugung, daß die theoretischen Probleme, die die Singularität aufwarf, auf keinen Fall die Suche nach Schwarzen Löchern einschränken dürfe. Zum Teil lag das daran, daß sie doch zu der Auffassung gelangt waren, man müsse die Singularität ungeachtet aller Schwierigkeiten, die sie ihnen bereitete, als reale Gegebenheit des Universums akzeptieren.

Wahrscheinlich war das entscheidende Argument, daß einfach zu viele Anhaltspunkte für die Urknalltheorie sprachen, selbst wenn man Stephen Hawkings Singularitätstheoreme beiseite ließ. Und wenn der Urknall stattgefunden hatte, dann mußte es nach den Singularitätstheoremen auch eine Singularität gegeben haben. Infolgedessen setzte sich in der Physik zunehmend die Auffassung durch, daß Singularitäten als reale Phänomene zu akzeptieren seien, mochten sie auch dem gesunden Menschenverstand widersprechen. Damit stellte sich die Aufgabe, ein physikalisches Verfahren zu finden, das die Möglichkeit bot, die Singularität trotz ihrer paradoxen Natur zu behandeln. Ansätze dazu lieferte beispielsweise die Quantenmechanik (der Zweig der Physik, der das Verhalten von Teilchen und Kräften der subatomaren Welt zum Gegenstand hat). Schon lange war den Physikern klar, daß die kleinsten Materieteilchen Probleme ganz besonderer Art aufwarfen. Vielleicht ähnelte das Verhalten einer Singularität von subatomarer Größe in mancherlei Hinsicht ja dem Verhal-

Vorherige Doppelseite: Die lebhafte künstlerische Darstellung von Cygnus X-1, einer starken Röntgenquelle in unserer Galaxis, die als Schwarzes Loch gilt. Dem Begleitstern von Cygnus X-1 – HDE226868, hier dargestellt als riesige weiße Kugel – wird Materie entrissen und spiralförmig zu einer Akkretionsscheibe gebündelt, bevor sie ins Schwarze Loch stürzt.

AUF DER SUCHE NACH SCHWARZEN LÖCHERN

ten von subatomaren Teilchen und Energien? Schließlich schlägt sich die Quantenmechanik mit Paradoxa herum, die ebenso schwer zu erklären und vorzustellen sind wie Singularitäten.

Man wußte damals schon, daß in der Welt der Quantenmechanik das Licht in Gestalt kleiner Energiepakete mit Teilchen wechselwirkt. Wie erwähnt, hatten die Detektoren in Teilchenbeschleunigern gezeigt, daß sich nach Teilchenkollisionen Energie in Teilchen verwandelt und umgekehrt. Um diese Vorgänge zu verstehen, kann man sich die Energie auch in Teilchenform vorstellen; das kleinste mögliche Lichtpaket oder »Quantum« bezeichnet man als Photon. Im allgemeinen bewährt sich dieses Konzept auch, wenn wir das Verhalten von Licht in anderen Situationen erklären.

Wenn Sie beispielsweise eine Taschenlampe anknipsen, besteht der Lichtstrahl aus Millionen Photonen. Richten Sie den Strahl auf eine Trennwand mit zwei Spalten, gelangen mehrere Photonen durch je einen der Spalte und bilden zwei neue Lichtstrahlen. Wenn man nun aber nicht Millionen Photonen auf den Weg schicken würde, sondern nur eines – wie würde sich das verhalten? Müßte es sich nicht für einen der beiden Spalte entscheiden?

Um diese Frage zu klären, entwickelte man ein höchst sinnreiches Experiment und gelangte zu einem verblüffenden Ergebnis. Obwohl man es nur mit einem einzigen Photon zu tun hatte, zeigte sich, daß es irgendwie durch beide Spalte gelangte. Der Nachweis wurde mit Hilfe des Interferenzbildes geführt, das entsteht, wenn sich Lichtwellen überlagern. Als die beiden Lichtstrahlen, jeder aus einem Spalt, aus zahlreichen Photonen bestanden hatten, war das Interferenzbild dort entstanden, wo sich die Lichtwellen aus den beiden Spalten überlagert hatten. Doch auch als das Experiment nur noch mit einem einzigen Photon durchgeführt wurde, zeigte sich das Interferenzbild auf dem Sichtschirm hinter den beiden Spalten. Wäre das Photon nur durch einen Spalt gelangt, hätte es kein Interferenzbild auf den Schirm werfen können. Irgendwie mußte es Licht aus beiden Spalten erzeugt haben; nur so war das Interferenzbild zu erklären. Daraus folgt, daß sich solch ein winziges Lichtpaket einerseits wie ein Teilchen verhalten kann (als Photon in Teilchenbeschleuniger-Experimenten zum Beispiel) und andererseits wie eine Welle, die sich nach allen Richtungen ausbreitet. Als man das Experiment mit Elektronen anstelle von Photonen wiederholte, war das Ergebnis noch erstaunlicher. Auch ein einzelnes Elektron rief ein Interferenzbild hervor, als hätte es sich wie eine Welle verhalten und wäre durch beide Spalte gedrungen. Dieser »Welle-Teilchen-Dualismus«, wie man das Phänomen nennt, gilt heute als ein Grundpfeiler der Quantenmechanik, obwohl die Vorstellung, daß ein Ding zwei Dinge zugleich sein soll, niemandem so recht einleuchten will.

AUF DER SUCHE NACH SCHWARZEN LÖCHERN

Die Quantenmechanik weist noch weitere physikalische Besonderheiten auf. Am wichtigsten für die theoretische Kosmologie ist vielleicht die Unschärferelation des Physikers Werner Heisenberg. Danach lassen sich der Impuls und der Ort eines Teilchens nicht gleichzeitig bestimmen. Mit anderen Worten: Es bleibt immer ein Rest von Unbestimmtheit, wenn wir die mikroskopische Welt der Teilchen untersuchen. Wir können beim besten Willen nicht in Erfahrung bringen, wie sich ein Teilchen verhält, und müssen uns daher mit der Unbestimmtheit der Situation abfinden. Dazu gehören auch so unwahrscheinlich klingende Ereignisse wie Teilchen, die plötzlich entstehen und wieder verschwinden. Und es erscheint zumindest möglich, daß diese merkwürdigen Gesetze auch für ein so winziges Objekt wie eine Singularität gelten – ein Objekt, das ungeheuer dicht, aber kleiner als ein Atom ist. Dank der Quantentheorie verlieren einige physikalische Probleme, die lange als unlösbar galten, viel von ihrer Schwierigkeit. Durch Anwendung der Quantentheorie auf die Singularität am Anfang des Universums, insbesondere durch Rückgriff auf die Unschärferelation und eine Quantentheorie der Gravitation, läßt sich vielleicht eine Möglichkeit finden, den Urbeginn des Universums zu untersuchen, meint Stephen Hawking. Das hat nichts mit der Frage zu tun, ob es Schwarze Löcher nun tatsächlich gibt oder nicht – sieht man davon ab, daß alles, was zur Klärung der paradoxen Singularität beiträgt, die Existenz Schwarzer Löcher wahrscheinlicher erscheinen läßt.

Eine wunderbare Darstellung der Symmetrie in einer aktiven Galaxie. Als aktiv wird eine Galaxie bezeichnet, wenn irgendeine gewaltige Kraft im Zentrum – wahrscheinlich ein Schwarzes Loch – Materiejets aus dem galaktischen Zentrum ins All schleudert. Die beiden Jets schießen in genau entgegengesetzte Richtungen.

Die Wette auf Schwarze Löcher

Während diese Konzepte über Singularitäten entwickelt wurden, fragten sich andere Theoretiker, an welchen aufschlußreichen Anzeichen man die Existenz Schwarzer Löcher wohl erkennen könnte. Der Russe Jakow Seldowitsch hatte sich überlegt, daß sogenannte Doppelsterne – Doppelsysteme, in denen beide Sterne umeinander kreisen – aufschlußreich sein müßten. Es scheint auf der Hand zu liegen, daß ihr wechselseitiger Gravitationseinfluß ihre Bewegungen erklärt. Wenn nun einer der beiden Sterne zu einem Schwarzen Loch zusammengestürzt ist, würde sein Begleiter ihn auch weiterhin umkreisen. Das Schwarze Loch behielte die Masse des Sterns, aus dem es kollabiert wäre, sein Gravitationseinfluß auf den anderen Stern wäre also unverändert. Das heißt, man würde den Stern einen einsamen Kreis beschreiben sehen, anscheinend ganz ohne Fremdeinfluß. Mit der Sichtung eines solchen Sterns hätte man daher einen verheißungsvollen Kandidaten gefunden und könnte ihn in regelmäßigen Intervallen beobachten. Der Doppler-Effekt würde sich von einer Beobachtung zur nächsten verändern, da der Stern während seiner Reise auf seiner Umlaufbahn mal auf uns zukäme und mal von uns fortstrebte. Wenn sich zeigen ließe, daß ein solcher Stern eine Umlaufbahn nach der anderen beschreibt,

STEPHEN HAWKINGS UNIVERSUM

AUF DER SUCHE NACH SCHWARZEN LÖCHERN

ohne daß ein Begleitstern zu sehen ist, der für die Bewegung verantwortlich sein könnte, dann wäre die plausibelste Erklärung, daß die Hauptkomponente des Systems ein Schwarzes Loch ist.

Doch wo soll man mit der Suche nach einem solchen Objekt beginnen? Da die Astronomen unter Billiarden Sternen wählen können, wäre es zu zeitraubend und aufwendig, einen Stern zufällig zu bestimmen, ihn monatelang zu beobachten und zu hoffen, daß er zufällig die Komponente in einem Doppelsystem mit einem Schwarzen Loch als der anderen Komponente ist. Glücklicherweise hatte Seldowitsch errechnet, daß der ungeheure Gravitationssog, den ein Schwarzes Loch auf seinen Begleitstern ausübte, diesem beträchtliche Mengen Materie von der Oberfläche entrisse, wodurch ungeheure Energien in Form von Röntgenstrahlen freigesetzt würden. Nun können Röntgenstrahlen auch von anderen Phänomenen hervorgerufen werden, so daß sie allein keinen eindeutigen Beweis für ein Schwarzes Loch liefern. Aber sie sind zumindest nützliche Erkennungszeichen: Wo Röntgenstrahlen entdeckt werden, könnte ein Schwarzes Loch sein. Wenn also entsprechend ausgerüstete Teleskope irgendwo Röntgenstrahlen be-

Oben: Jakow Seldowitsch (1914-1987) war, wie seine amerikanischen Kollegen Wheeler und Oppenheimer, einerseits theoretischer Physiker und andererseits am Atombombenprojekt seines Landes beteiligt. In typisch sowjetrussischer Diktion heißt es, er habe »an militärischen Projekten mitgearbeitet«. *Rechts:* Dieses erstaunliche Bild eines Radioteleskops zeigt, welche Energie ein Schwarzes Loch entfalten kann. Die gesamte aktive Region des Schwarzen Lochs ist der winzige helle Fleck, der eine Radioquelle im Mittelpunkt des Bildes anzeigt. Zu beiden Seiten sehen wir zwei riesige Materiejets, enorme Gaswolken, die Radiosignale emittieren, während sie ungefähr 450 000 Lichtjahre weit in beide Richtungen geschossen werden.

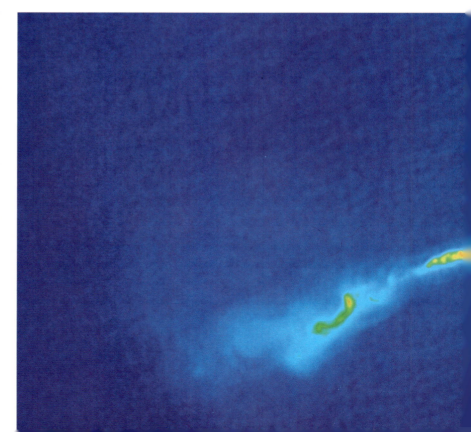

AUF DER SUCHE NACH SCHWARZEN LÖCHERN

obachteten, könnte man die betreffende Region mit einem optischen Teleskop nach einem Doppelsystem absuchen. Falls dort nur ein einziger Stern zu entdecken wäre, könnte es sich lohnen, das System etwas genauer in Augenschein zu nehmen. Ließe dieser Stern das richtige Bewegungsmuster erkennen, so daß der Schluß naheläge, ein unsichtbares Objekt mit ausreichender Masse könnte für die Umlaufbahn des sichtbaren Sterns verantwortlich sein, dann würde sich diese Kombination aus charakteristischer Bewegung und Röntgenstrahlen am ehesten durch die Existenz eines Schwarzen Lochs erklären lassen. Tatsächlich könnten die beobachtenden Astronomen davon ausgehen, daß sie ein Schwarzes Loch entdeckt hätten.

Inzwischen lassen andere Berechnungen darauf schließen, daß es noch eindeutigere Hinweise auf Schwarze Löcher gibt. Die Materie, die sich an den äußeren Rändern sammelt, verlöre durch die heftige Rotation des Schwarzen Lochs einen Teil ihrer Masse, die mit enormer Energie in gerader Linie Milliarden von Kilometern ins All geschleudert würde, wie Kaffee, der über den Rand einer Tasse schwappt, wenn man sie herumwirbelt, um Milch und Zucker ohne Teelöffel mit dem Kaffee zu ver-

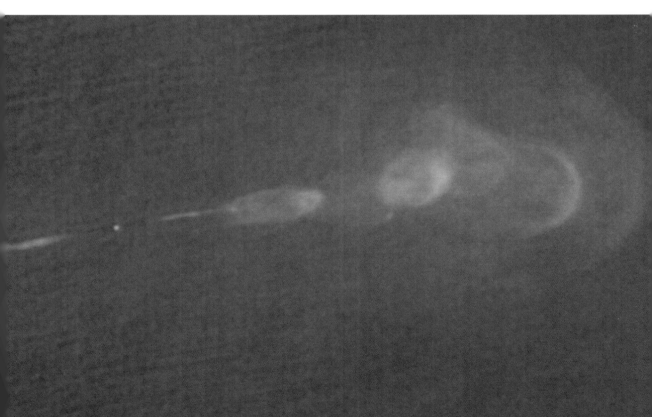

AUF DER SUCHE NACH SCHWARZEN LÖCHERN

mischen. Das wäre also ein weiterer Effekt, den das Schwarze Loch hervorrufen und nach dem ein Astronom suchen könnte. Leider sind auch andere Objekte von großer Dichte – zum Beispiel Neutronensterne, die in Supernova-Explosionen entstehen – in der Lage, solche Materiestrahlen oder »Jets« zu erzeugen. Wieder haben wir es also nur mit einem *möglichen* Hinweis auf ein Schwarzes Loch zu tun. Zusätzlich sind andere Anhaltspunkte wie Röntgenstrahlen oder ein unvollständiges Doppelsternsystem erforderlich; erst dann könnte man mit Sicherheit von einem Schwarzen Loch ausgehen.

Natürlich waren die ersten interessanten Beobachtungen unvollständig. Riesige Materiejets wurden gesichtet, oft in galaktischen Zentren. An zahlreichen Punkten beobachtete man verheißungsvolle Röntgenaktivitäten, aber nichts war eindeutig, alles blieb in der Schwebe. Würde sich eine der beobachteten Regionen als Schwarzes Loch erweisen? Oder waren die Schwarzen Löcher am Ende doch nur Phantasiegebilde, Produkte mathematischer Gleichungen, die reich an imaginären Möglichkeiten, aber eben doch nur von theoretischem Wert waren?

Da sich Stephen Hawking so intensiv mit Schwarzen Löchern beschäftigte, ging er eine Wette mit Kip Thorne ein, einem Amerikaner, der auf dem gleichen Gebiet arbeitete. (Vielleicht erinnern Sie sich: Kip Thorne war als Student von John Wheeler auf der Texaskonferenz von 1963, die Stephens Doktorvater Dennis Sciama ebenfalls besucht hatte.) Stephen verstand die Wette als eine Art geistige Versicherungspolice. Er wettete, daß sich ein bestimmter, vielversprechender Ort am Himmel nicht als Schwarzes Loch erweisen würde. Kip Thorne dagegen vertrat die Ansicht, es handle sich um ein solches. Die Einsätze waren ein Vierjahresabonnement von *Private Eye*, falls Stephen gewann, und ein Einjahresabonnement von *Penthouse* für Kip Thorne im Falle seines Sieges. Obwohl Stephen glaubte, das Objekt *werde* sich als Schwarzes Loch herausstellen, wettete er dagegen. Sein Grund: Falls es ein Schwarzes Loch war, hatte er die viele Arbeit nicht umsonst geleistet, und es machte ihm nichts aus, Kip Thorne ein Jahr lang *Penthouse* zu bezahlen. War es dagegen kein Schwarzes Loch, dann hatte er zwar viel Zeit mit überflüssiger Mühe vergeudet, konnte sich aber immerhin mit einer vierjährigen kostenlosen Lektüre von *Private Eye* trösten.

Nach und nach kamen immer mehr Beweise zusammen. 1979 wurden in der Region von Cygnus X-1, einem Stern, der der Begleiter eines Doppelsystems ohne Hauptkomponente war, Röntgenstrahlen entdeckt. Das war der Ort, um den es in der Wette von Stephen und Kip Thorne ging. Erst als alle anderen Möglichkeiten ausgeschlossen waren, gelangte man übereinstimmend zu dem Schluß, daß es sich tatsächlich um ein Schwarzes Loch handelte. In der *Kurzen Geschichte der Zeit* schrieb Stephen Hawking Ende der achtziger Jahre, 1975, als die Wette abgeschlossen worden war, hätten die Chancen 80 zu 20 gestanden, daß Cygnus X-1 ein Schwarzes

Stephen Hawkings Wettpartner Kip Thorne arbeitet am California Institute of Technology. Noch immer besucht Stephen ihn regelmäßig, meist am Jahresende.

AUF DER SUCHE NACH SCHWARZEN LÖCHERN

Loch sei. 1987 betrug die Gewißheit 95 Prozent. Wenige Jahre später gestand Stephen seine Niederlage ein. Er nahm die Notiz, die ihn an die Wette erinnern sollte, von der Pinnwand, und Kip Thorne erhielt das Objekt seiner Begierde: die Zeitschrift *Penthouse*.

Stephen hat zweifellos einen beträchtlichen Beitrag zum theoretischen Verständnis Schwarzer Löcher geleistet, indem er komplizierte Berechnungen anstellte, aus denen sich dann die Merkmale dieser Objekte ergaben. Am bekanntesten ist wohl die Entdeckung der Hawking-Strahlung. Eingehend hatte sich Stephen zuvor mit den Ereignissen am Rand eines Schwarzen Lochs beschäftigt, der Grenze zwischen dem Bereich, wo Licht und Materie gerade noch dem Schwarzen Loch entweichen, und dem Bereich, wo sie endgültig hineingezogen werden. Eine seiner Berechnungen ergab, daß die Aktivitätszone, die von dieser Grenze umschlossen wird, der sogenannte »Ereignishorizont«, in dem Maße anwachsen würde, wie das Schwarze Loch Materie verschlang. Das war eine höchst wichtige Entdeckung, weil sie theoretisch zeigte, daß ein Schwarzes Loch bei seiner Entwicklung nicht unbedingt gegen bestimmte, die Energie betreffende Gesetze verstößt.

Der amerikanische Doktorand Jacob Bekenstein von der Princeton University äußerte die These, wenn man von den Eigenschaften eines Schwarzen Lochs ausgehe, die Stephen dafür errechnet habe, dann müsse es auch eine Temperatur haben. Zunächst hielt Stephen diese Annahme für falsch. Alles, was Temperatur hat, strahlt Wärme ab. Da nun ein Schwarzes Loch definitionsgemäß nichts wieder hergibt, was es einmal gepackt hat, kann es auch keine Strahlung abgeben. Auf einem ganz anderen Weg kam Stephen dann doch zu dem Ergebnis, daß ein Schwarzes Loch bei seiner Rotation Teilchen emittieren könnte. Zu seiner Überraschung entdeckte er, daß die Gleichungen, die er entwickelt hatte, vorhersagten, ein Schwarzes Loch würde Teilchen unabhängig von seiner Rotation abstrahlen. Und diese Emissionen entsprachen genau der Temperatur, die Bekenstein in seiner Hypothese postuliert hatte. Stephen Hawking hatte entdeckt, wie ein Schwarzes Loch Strahlung emittieren und gleichzeitig den Energie-Gesetzen gehorchen kann.

Während Stephen und viele Kollegen sich der komplizierten theoretischen Aufgabe unterzogen, das Schwarze Loch zu definieren, stießen die Astronomen in der Wirklichkeit auf immer mehr Beispiele für Schwarze Löcher. Mit einer gewissen Regelmäßigkeit entdeckten sie sie in den Zentren von Galaxien. Obwohl Quasare zu weit entfernt sind, als daß sich ihre Verbindung zu Schwarzen Löchern durch detaillierte Beobachtungsdaten belegen ließen, gelang es Susan Wyckhoff und

Seltsamer als Science-fiction

AUF DER SUCHE NACH SCHWARZEN LÖCHERN

Peter Wehninger 1980, einen wichtigen Hinweis zu finden. In der Umgebung von 3C273 – wie erwähnt, einer der ersten Quasare, die beobachtet worden waren – spürten die beiden Astronomen eine Nebelregion auf. Die Nebel, die die frühen Astronomen entdeckt hatten, stellten sich später als Galaxien heraus, sobald man sie genauer in Augenschein nehmen konnte. War nun der Quasar von Nebelbereichen umgeben, dann legte dieser Umstand den Schluß nahe, daß er, wie offenbar so viele andere Schwarze Löcher, ein galaktisches Zentrum war. Das wiederum schloß man aus der Tatsache, daß immer häufiger gewaltige Materiejets – mögliche Anhaltspunkte für Schwarze Löcher – im Zentrum uns benachbarter Galaxien beobachtet wurden.

Doch wenn es diesen Zusammenhang zwischen Quasaren und Schwarzen Löchern gibt, warum erblicken wir dann nicht das Licht von Quasaren auch in nahen Galaxien? Eine sehr plausible Erklärung liefert der Umstand, daß die Quasare die fernsten Objekte sind, die wir sehen können. Mit anderen Worten, ihr Licht ist viel länger zu uns unterwegs als das Licht näherer Galaxien. Wir sehen sie so, wie sie vor Milliarden Jahren waren, zu der Zeit, als sich die Galaxien gerade bildeten. Die näheren Galaxien nehmen wir, astronomisch betrachtet, in einem sehr viel älteren Zustand wahr. Sie haben sich also erheblich über das Stadium hinausentwickelt, in dem die Quasare ihren Kern bildeten. All das läßt darauf schließen, daß die enormen Energien der Quasare eine wichtige Rolle bei der Galaxienentstehung spielten, später aber nicht mehr in Erscheinung getreten sind.

Eine mögliche Erklärung wäre, daß die Schwarzen Löcher mit ihrer Gravitation wesentlich dazu beigetragen haben, die Materie zu jenen Klumpen zusammenzuziehen, aus denen sich die Galaxien gebildet haben. Wenn in den wirbelnden, siedenden Materieströmen, die so ein Schwarzes Loch umkreisen, Teilchen kollidierten, kam es zu Kernreaktionen, die das Licht des Quasars erzeugten. Allmählich hat das Schwarze Loch jedoch, so diese Erklärung, die kollidierende Materie in sich hineingezogen, und alles hat sich beruhigt. Ein erheblicher Teil der Materie knapp außerhalb des Schwarzen Lochs wurde in die entgegengesetzte Richtung gezerrt – das Schwarze Loch zog sozusagen in die eine Richtung, doch Sterne und Gas auf der anderen Seite zogen die Materie vom Schwarzen Loch fort. So stabilisierte sich die Situation: Ein Materiering umkreiste das Schwarze Loch, ohne hineinzufallen. Das Licht des Quasars, das aus den Kollisionen in der Materiescheibe stammte, war, wie gesagt, erloschen, so daß nur das Licht der Sterne blieb, die sich um das galaktische Zentrum drängten. Das Licht, das wir in benachbarten Galaxien sehen, ist nicht annähernd so hell wie das Licht der Quasare. Es ist das Licht aus den zentralen Sternenhaufen, die sich aus dieser frühen Quasaraktivität entwickelt haben. Die zentral gelegenen Sterne der uns benachbarten Galaxien gehören zu einer Region, die zwar noch außerordentlich energie-

AUF DER SUCHE NACH SCHWARZEN LÖCHERN

reich ist, aber doch sehr viel gemäßigter im Vergleich zu den doch sehr heftigen Energieausbrüchen der frühen Quasare.

Wenn diese Erklärung richtig ist, dann haben wir endlich die geheimnisvollen Radiosignale erklärt, die unsere Teleskope vor knapp fünfzig Jahren aufgefangen haben. Vielleicht haben wir nicht all das entdeckt, was die Phantasie der ersten Science-fiction-Autoren beflügelte, doch erstaunlich viele Ideen, von denen man einst annahm, sie würden wohl bizarre Theorien bleiben, haben sich als wissenschaftliche Tatsachen herausgestellt. Bislang gibt es kein Anzeichen für intelligentes Leben in anderen Regionen des Universums. Doch die fremdartigen Schwarzen Löcher mit ihren rätselhaften Singularitäten, die uns immer noch Kopfzerbrechen bereiten, gelten heute bei fast allen Fachleuten als eindeutig erwiesen. Auch hat man für sie und die Quasare einen höchst einleuchtenden Platz in der Ordnung der Dinge gefunden.

Aus allen diesen Entwicklungen läßt sich ein Schluß ziehen: Egal, welche Vorhersagen sich aus den kosmologischen Gleichungen noch ergeben, wir sollten sie ernst nehmen, auch wenn sie uns angesichts unseres begrenzten Erfahrungshorizonts unwahrscheinlich vorkommen. Häufig bereitet die Science-fiction-Literatur die Akzeptanz von Ideen vor, die sich später als wissenschaftliche Tatsachen erweisen. Beispielsweise lassen sich aus Einsteins Gleichungen mühelos Veränderungen der Raumzeit vorhersagen, deren Auswirkungen sich dem Zugriff unserer Erfahrung entziehen. Das gilt zum Beispiel für Zeitkrümmungen.

Die meisten Menschen stellen sich das Universum als Ballon vor, der stetig aufgeblasen wird, und wir befinden uns irgendwo darin. Doch vielleicht ist der Ballon alles andere als stramm, sondern eine ziemlich schlaffe Hülle. Vielleicht befinden wir uns in einem Universum, in dem Zeit und Raum so gekrümmt und flexibel sind, daß sich die Hülle beliebig verwerfen kann. Dadurch könnten sich zwei Teile der Außenhaut so nahe kommen, daß sie durch »Wurmlöcher« verbunden wären – exotische Tunnel in der Raumzeit, durch die man eines Tages möglicherweise von einem Ende des Universums zum anderen gelangen könnte.

Die Science-fiction-Autoren entwickeln abenteuerliche Geschichten aus diesen Konzepten, sind dabei aber der wissenschaftlichen Forschung, die sich mit geradezu atemberaubendem Tempo entwickelt, nur um einen oder zwei Schritte voraus. Die Vorstellung, wir könnten unser eigenes Universum verlassen, will uns nicht recht in den Kopf. Immer sind wir davon ausgegangen, das Universum umfasse definitionsgemäß alles Vorhandene. Doch einige Wissenschaftler erwägen heute ernsthaft die Möglichkeit, daß es noch andere Universen gibt – vielleicht sogar unendlich viele (eine Idee, die von Science-fiction-Autoren natürlich begeistert aufgegriffen wurde). Wenn wir verstehen wollen, wie unser Universum angefangen hat, dann dürfen wir uns solchen Konzepten nicht verschließen, mag sich der gesunde Menschenverstand auch noch so heftig dagegen sträuben.

KAPITEL 12

KOSMISCHES WACHSTUM

Das Hubble-Space-Teleskop offenbart, was das menschliche Auge nicht wahrzunehmen vermag: lichtschwache Galaxien in ungeheurer Entfernung von der Erde. Das Teleskop braucht nur ein Dreißigstel des Lichtbedarfs unseres Auges, um ein Bild aufzuzeichnen. Doch selbst mit solchen technischen Möglichkeiten sind unserer Fähigkeit, in das frühe Universum zurückzublicken, Grenzen gesetzt.

KOSMISCHES WACHSTUM

Denken Sie an Fred Astaire und Ginger Rogers; an einen Schäfer und seinen Hund; oder an Francis Crick und James Watson, die die DNS-Struktur entdeckt haben: Es gibt zahllose Beispiele für ideale Partnerschaften, wo das Ganze weit mehr ist (und leistet) als die Summe seiner Teile. Das verhält sich auch in der Kosmologie nicht anders. Beispielsweise war Keplers theoretisches Genie auf die methodischen Beobachtungen von Tycho Brahe angewiesen, um die wirkliche Form der planetarischen Umlaufbahnen zu entdecken: ein sehr schönes Beispiel für das Zusammenwirken von Theorie und Beobachtung, das immer erforderlich war, um die wirkliche Beschaffenheit des Universums zu enthüllen. Anfangs zeigte die Beobachtung von Schiffen am Horizont, daß die Erde rund ist. Die ersten theoretischen Modelle des Universums mußten diese Beobachtungsdaten erklären. Sie hatten auch die beobachteten Positionen von Sonne, Mond, Sternen und Planeten zu berücksichtigen. Das erste theoretische Modell, dem dies umfassend gelang, war das ptolemäische System, und es gelang ihm so gut, daß es überlebte, bis Galileis Beobachtungen seine Mängel offenbarten. Newtons Theorien lieferten ein neues Modell für ein statisches Universum. 300 Jahre später führten Hubbles Beobachtungen zum dynamischen Modell des Urknalls. Bislang haben alle Beobachtungen diese Theorie gestützt: Penzias und Wilson haben die Hintergrundstrahlung des Urknalls entdeckt, während George Smoot und sein Team dank des COBE-Satelliten auf die winzigen Temperaturschwankungen in der Hintergrundstrahlung gestoßen sind, die den Ursprung der Galaxienentwicklung erkennen lassen.

Little Bangs und die Grenzen der Beobachtung

Oft ist schwer vorstellbar, was die rein theoretischen Modelle von der Entwicklung des Universums bedeuten. Selbst alltägliche Ereignisse, etwa der Tropfen, der von einem regennassen Baum in eine Pfütze fällt, können sehr ungewöhnlich aussehen, wenn wir einen Sekundenbruchteil dieses Geschehens herausgreifen. Die Inflationstheorie betrachtet einen winzigen Zeitraum in der Entwicklung des frühen Universums und verwendet häufig Blasen als Beschreibungsmodelle.

Leider stößt diese fruchtbare Partnerschaft zwischen Theorie und Beobachtung jetzt an ihre Grenzen. Wenn wir bis zu den allerersten Anfängen des Universums, dem Augenblick, da der Urknall begann, zurückgehen wollen, gibt es gute Gründe für die Annahme, daß die Beobachtung uns nicht mehr weiterhelfen kann. Es ist ohnehin erstaunlich genug, daß wir noch immer die Strahlung der Urknallexplosion auffangen können. Am absoluten Nullpunkt, bei minus 273° Celsius, ist definitionsgemäß keine Wärme mehr nachzuweisen. Was die Temperatur des absoluten Nullpunkts angenommen hat, läßt sich durch Temperaturmessung folglich nicht mehr entdecken. Nun hatte man theoretisch herausgefunden, daß die Wärme des Urknalls auf wenige Grad über dem absoluten Nullpunkt abgesunken sein müßte. Dieses Relikt des Urknalls, die Hintergrundstrahlung, haben wir nicht nur entdeckt und beobachtet, wir haben darin auch winzige Temperaturschwankungen nachgewiesen und damit den Ursprung der Galaxien mit den Mitteln unserer Beobachtung offengelegt.

Wie es am unteren Ende der Skala eine Grenze für unsere Temperaturbeobachtungen gibt – den absoluten Nullpunkt –, so existiert auch eine Grenze am oberen

KOSMISCHES WACHSTUM

Ende, im Bereich der extrem hohen Temperaturen. Nach der Theorie müßte bei solchen Temperaturen alles milchig-trüb sein; wir wären nicht in der Lage, Formen und Strukturen zu erkennen. Alles wäre in einen extrem heißen Nebel gehüllt. Auch wenn es uns also gelingt, immer leistungsfähigere Teleskope zu bauen und mit ihnen über die Quasare hinaus ins All zu blicken, werden wir, das wissen wir bereits jetzt, nicht bis zum Urknall zurücksehen können. Erinnern wir uns: Je weiter wir ins All hinausblicken, desto länger braucht das Licht, um uns, die Beobachter, zu erreichen. Wir bemessen die Entfernung solcher Objekte in Lichtjahren, also in der Zeit, die das Licht von ihnen aus unterwegs ist, bis es uns erreicht. Das heißt, wenn wir in der Lage wären, ein Objekt zu sichten, dessen Licht 15 Milliarden Jahre braucht, um uns zu erreichen, dann hätten wir den Urknall vor Augen. Aber das wird nie möglich sein, egal wie leistungsfähig unsere Teleskope auch werden. Auf unserer Reise zurück in die Zeit werden wir etwa 300000 Jahre vor Erreichen des Urknalls auf einen dichten Nebel intensiver Hitze stoßen.

In dem Bemühen, die allerersten Augenblicke des Universums zu beobachten, werden wir allenfalls die Bedingungen erblicken können, die theoretisch kurz nach dem Urknall geherrscht haben müßten. Mit den Mitteln der heutigen Technik lassen sich diese Bedingungen nachahmen, aber nur für Sekundenbruchteile in Teilchenbeschleunigern. Im Augenblick der heftigsten Kollisionen entstehen kurzfristig Drücke und Temperaturen, die, wie man meint, den Verhältnissen innerhalb einer Sekunde nach dem Urknall entsprechen. Doch diese Augenblicke, von Physikern gelegentlich als *Little Bangs,* »kleine Urknalle«, bezeichnet, sind viel zu kurz, um uns mehr als vage Hinweise auf das wirkliche Urgeschehen zu liefern. Im übrigen simulieren sie nur die Bedingungen, die Sekundenbruchteile nach dem Urknall geherrscht haben sollen. Was in dem entscheidenden Augenblick zuvor geschehen ist, läßt sich beim besten Willen nicht sagen. Dazu sind die Anhaltspunkte zu schwach. Wir können weder angeben, wie diese Bedingungen zustande gekommen sind, noch, wie sie ausgesehen haben müssen, damit sich ein so immenses Gebilde wie das Universum entwickeln konnte.

Allerdings zeigen die Beobachtungen in Teilchenbeschleunigern eines mit aller Deutlichkeit: Unter solch extremen Temperaturen und Drücken kann nur reine Energie existieren. Wie geschildert, beginnen die Teilchenspuren nicht im Augenblick der Kollision, sondern werden erst einen Sekundenbruchteil später sichtbar, nachdem sich die Teilchen aus reiner Energie gebildet haben. Was hat den Urknall ausgelöst? Was hat die Expansion hervorgerufen und die Kettenreaktionen gespeist, die dem Universum seine schier grenzenlose Ausdehnung ermöglichten, so daß es jetzt, 15 Milliarden Jahre später, noch immer expandiert? Es wäre natürlich ein unvorstellbarer Gewinn für die Kosmologie, wenn wir in entsprechend

KOSMISCHES WACHSTUM

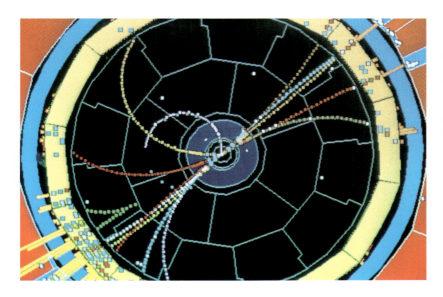

Näher als mit dieser Computerdarstellung einer Teilchenkollision werden wir dem Anblick des Urknalls womöglich nie kommen. Einige sehr heftige Kollisionen in Teilchenbeschleunigern schaffen über sehr kurze Zeiträume die Drücke und Temperaturen, die innerhalb einer Sekunde nach dem Urknall geherrscht haben müssen.

konstruierten Teilchenbeschleunigern die noch extremeren Bedingungen hervorrufen könnten, die kurz vor den *Little Bangs* geherrscht haben müssen. Vielleicht könnten wir Phänomene beobachten, die uns eine Antwort auf all diese Fragen liefern. Aber auch hier gilt es festzustellen, daß unseren Beobachtungen Grenzen gezogen sind.

Die ersten Teilchenbeschleuniger, die rund einen Meter lang waren, konnten Teilchen trotz dieser geringen Entfernung auf Geschwindigkeiten beschleunigen, die ausreichten, um Atome zu spalten. Nun schickte man die Teilchen über immer längere Distanzen, wobei man nur winzige Geschwindigkeitszuwächse erzielte. Man braucht eine Strecke von ungefähr 27 Kilometern im Beschleuniger des CERN, um die Teilchen auf Geschwindigkeiten zu bringen, die *Little Bangs* erzeugen. Die Berechnungen, die zeigen sollen, wie groß ein Beschleuniger sein müßte, der die Bedingungen zu Beginn des Urknalls simulieren würde, weichen in ihren Ergebnissen erheblich voneinander ab. Einige Physiker meinen, eine Anlage von der Größe des Sonnensystems würde ausreichen. Andere behaupten, sie müßte schon die Ausmaße des ganzen Universums haben! Egal, wer recht hat – realisieren läßt sich natürlich weder das eine noch das andere Projekt. Abermals scheinen wir also an die Grenzen der Beobachtung gestoßen zu sein.

KOSMISCHES WACHSTUM

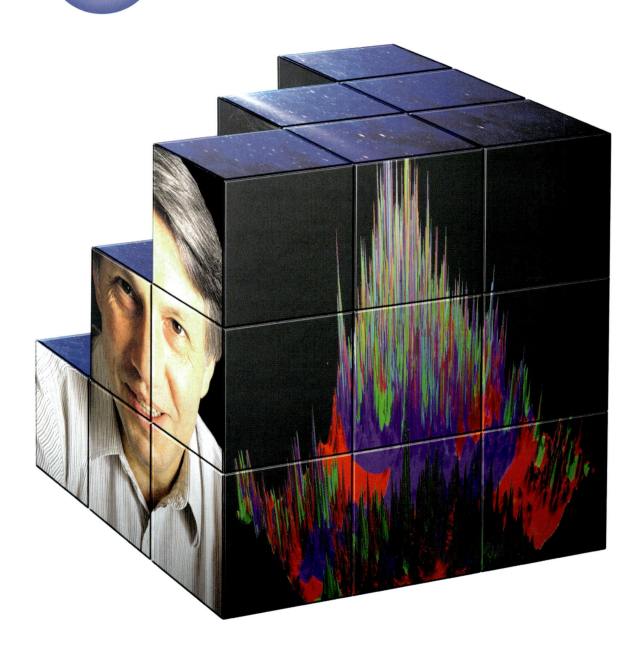

KOSMISCHES WACHSTUM

Bilder aus Bauklötzen

Es sieht so aus, als ließen sich dem Universum die letzten Geheimnisse nur theoretisch entreißen. Das birgt natürlich die Gefahr, daß sich die lautesten und wortreichsten Vertreter bestimmter Theorien durchsetzen und nicht mehr experimentell überprüfbare Fakten. So könnte man meinen, allein auf dem Boden der Theorie lasse sich nicht beweisen, daß eine Auffassung richtig und eine andere falsch sei. Tatsächlich aber weist jede Theorie schon in ihrer Entwicklung bestimmte Aspekte auf, die den Keim zu dem erforderlichen Beweis in sich tragen.

Theoretische Physiker sind wie Kinder, die mit Bildklötzen spielen – auf jedem Klotz sind sechs Bildausschnitte, daher lassen sich mit ihnen sechs verschiedene Bilder zusammensetzen. Natürlich kann man immer nur ein sinnvolles Bild legen. Durch Versuch und Irrtum werden die Klötze wie Puzzleteile zusammengelegt, neu geordnet und wieder verändert, bis ein sinnvolles Bild entsteht. Auf die gleiche Weise läßt sich eine gute kosmologische Theorie bilden. Die Frage lautet: Wie können wir beweisen, daß das Bild stimmt und nicht einfach eine überzeugend aussehende Hypothese ist?

Bei den erwähnten Bildklötzen besteht in der Regel die Möglichkeit, den vollständigen Satz so umzudrehen, daß die gefundene Anordnung erhalten bleibt. Dadurch kommt die Unterseite nach oben. Wenn sich nun ein neues, vollständig klares und sinnvolles Bild zeigt, das aber ein ganz anderes Motiv präsentiert, dann können wir sicher sein, daß auch das erste Bild richtig war. Ähnlich verhält es sich mit kosmologischen Theorien: Wenn die eine sich als ideales Pendant einer anderen erweist, dann ist das eine Art Beweis dafür, daß die erste Theorie stimmen muß.

Ein schönes Beispiel ist Stephens Entdeckung der Hawking-Strahlung. Wie erwähnt, versuchte er, ein elegantes mathematisches System zu entwickeln, um zu zeigen, daß die Rotation eines Schwarzen Lochs eine Teilchenemission hervorruft. Dabei stützte er sich auf Theoreme, die russische Kosmologen entwickelt hatten. Stephen bemerkte, daß seine Gleichungen ein etwas anderes Bild lieferten. Sie zeigten nämlich, daß ein Schwarzes Loch unabhängig von seiner Rotation Strahlung emittieren würde. War dieses Bild – das dem auf der einen Seite der geordneten Klötze entsprach – richtig oder nicht? Als Stephen die Konsequenzen seines Bildes untersuchte (was gleichbedeutend mit dem Wenden des Klotzarrangements war), stellte er fest, daß es für das Schwarze Loch genau die Temperatur vorhersagte, die erforderlich war, um Jacob Bekensteins Theorie eine vernünftige Grundlage zu geben. Stephen hatte gewissermaßen ein zweites sinnvolles Bild auf der bislang unsichtbaren Rückseite seiner Anordnung von Klötzen entdeckt.

Wenn die Bildausschnitte auf einer Seite der Klötze so angeordnet worden sind, daß sie einen sinnvollen Zusammenhang ergeben, offenbart sich auf der entgegengesetzten Seite der Klötze automatisch ein anderes Bild. Das ist eine Art Beweis dafür, daß das erste Bild richtig ist. Unsere Klötze zeigen Andrej Linde und ein Computerbild, das seine dritte Inflationstheorie illustriert.

KOSMISCHES WACHSTUM

Auf derartige Beweise gestützt, haben schon zwei oder drei rein theoretische Konzepte weithin Anerkennung gefunden. Sie sind erste Ansätze zum Verständnis jenes Sekundenbruchteils ganz zu Anfang des Universums, der sich jeder Beobachtung entzieht. Auf die gleiche Weise sind aber auch andere Ideen entwickelt worden, die weit weniger Zustimmung fanden. Wir werden also sorgfältig zu unterscheiden haben zwischen Theorien, die heute in kosmologischen Kreisen weitgehend akzeptiert sind, und anderen, die nur von einzelnen Wissenschaftlern vertreten werden.

Ein winziges Vakuum

Ein wichtiges Konzept, das von den meisten Kosmologen anerkannt wird, ist die sogenannte Inflationstheorie, die Ende der siebziger Jahre entwickelt wurde. Zwar wurde das Klima des kalten Krieges zunehmend vom Tauwetter bestimmt, doch in Rußland waren alle Veröffentlichungen noch immer staatlicher Zensur unterworfen. Das galt insbesondere für die Bekanntgabe wissenschaftlicher Entdeckungen. In Moskau beschäftigte sich Andrej Linde, ein begabter junger Physiker, in einer theoretischen Arbeit mit den möglichen Ursachen jener raschen Expansion des Universums, die unmittelbar nach dem Urknall stattgefunden haben muß. Von einem solchen Vorgang ist auszugehen, denn sonst wären die heutige Größe und Expansionsrate des Universums nicht erklärbar.

Eines Tages hatte Linde eine Idee. Wie er sich entsann, war einige Jahre zuvor die Auffassung vertreten worden, daß sich Energie im Prinzip aus dem Nichts entwickeln könne, wenn man die Quantentheorie auf die Gesetze anwende, denen das Vakuum gehorcht. Damit ließ man die Unschärferelation für ein winziges Vakuum genauso gelten wie für subatomare Teilchen. Das Quantenprinzip, nach dem Teilchen plötzlich entstehen und wieder verschwinden können, wurde auf winzige Vakuen angewendet. Da die Erfahrung mit Schwarzen Löchern die Physiker gelehrt hatte, alle denkbaren Konsequenzen aus vernünftigen mathematischen Theorien zu respektieren, so unglaublich sie auch auf den ersten Blick erscheinen mögen, hielten sie es für angebracht, dieses Konzept ernsthaft in Betracht zu ziehen.

Allerdings gab es ein Problem: Selbst wenn man von der Hypothese ausging, daß ein winziges Vakuum plötzlich entstehen und eine gewisse Energiemenge enthalten kann, ließ sich nicht vorstellen, wie daraus alle Materie des Universums werden sollte. Hier kam Lindes Idee ins Spiel. Er erinnerte sich nämlich, daß man das Verhalten von Energie in einem Vakuum untersucht hatte, wobei man von einer spontanen Expansion ausgegangen war. Was würde geschehen, so fragte er sich, wenn das Energievakuum plötzlich entstünde, rasch expandierte und

KOSMISCHES WACHSTUM

nicht wieder verschwände? Würde die Energieexpansion fortdauern und lange genug beibehalten werden, um die Entstehung eines Universum voller Materie zu ermöglichen, mit anderen Worten, eines Universums, wie wir es heute beobachten?

Von dieser Möglichkeit elektrisiert, ging Linde die Gleichungen durch und stellte fest, daß sich theoretisch aus einer raschen Expansion dieser Art tatsächlich ein Universum entwickelt haben könnte. Erneut tauchte ein Problem auf: Dieses Universum würde nicht dieselben Eigenschaften aufweisen wie das unsere. Lohnte es sich also überhaupt, die Idee ernst zu nehmen? Linde war davon überzeugt und entschlossen, seine Theorie so zu überarbeiten, daß sich daraus ein wirklichkeitsgetreueres Universum ergab. Allerdings dachte er damals noch nicht daran, seine Ideen zu veröffentlichen. In dem Klima, das zu jener Zeit die russische Wissenschaft beherrschte, sah er keine Chance, dem Zentralkomitee die Zustimmung zu einer Veröffentlichung abzuringen. Man hätte ihm erklärt, das sei nicht mehr als eine interessant klingende Theorie, die sich nicht beweisen lasse und die noch nicht einmal ein Universum hervorbringe, das mit dem unseren Ähnlichkeit habe. Jeder Artikel, den er geschrieben hätte, wäre sofort abgelehnt worden.

Inzwischen arbeitete ein Physiker in den Vereinigten Staaten an einer ganz ähnlichen Theorie. Auch er hatte eine bahnbrechende Idee gehabt. Die ersten Berechnungen hatte Alan Guth noch an dem Abend begonnen, an dem ihm der Gedanke gekommen war. Am nächsten Morgen kam er ins Institut gestürzt, weil er es kaum erwarten konnte, seinen Kollegen die Neuigkeit mitzuteilen. Dabei hielt er das Heft umklammert, in dem er seine Gleichungen entwickelt hatte. Es trug die Aufschrift »Spektakuläre Idee«. Als er seine Inflationstheorie erläuterte, erkannten seine Kollegen sofort, daß sie einen wichtigen Fortschritt darstellte. Auch Guth erklärte, daß eine frühe »Energie-Inflation« – Energie-Aufblähung oder -Expansion – am Anfang des Universums stattgefunden haben müsse. Und auch er mußte eingestehen, daß sich die Art Universum, die sich aus seinen Gleichungen ergab, keine Ähnlichkeit hatte mit dem, was wir vor Augen haben. Doch im Gegensatz zur Sowjetunion gab es in den Vereinigten Staaten eine Tradition der wissenschaftlichen Veröffentlichungen, die auch viel-

Andrej Linde, einer der Begründer der Inflationstheorie, hat seine wissenschaftliche Tätigkeit in Rußland begonnen, lehrt aber heute an der Stanford University in den Vereinigten Staaten.

KOSMISCHES WACHSTUM

Alan Guth befindet sich in der ungewöhnlichen Situation, daß ihm Beifall und öffentliche Anerkennung für eine Theorie zuteil wurde, die, wie er selbst zugibt, nie zu befriedigenden Ergebnissen geführt hat. Trotzdem wird das Prinzip seiner Inflationstheorie noch immer als wichtiger Erklärungsansatz für das frühe Universum betrachtet. Man geht davon aus, daß man sie eines Tages in den Gesamtzusammenhang des Urknallmodells einfügen kann.

versprechende Ansätze berücksichtigte, selbst wenn die Ergebnisse noch zu wünschen übrigließen. Ohne Schwierigkeiten konnte Guth seine Auffassung in einer wissenschaftlichen Zeitschrift der USA veröffentlichen und galt fortan zu Recht als Entdecker der Inflationstheorie.

Geht man über die Frage hinweg, wer den entscheidenden Einfall zuerst hatte, steht fest, daß Linde und Guth die Inflationstheorie unabhängig voneinander entwickelten. Linde erkennt heute an, daß Guth den Mut besaß, die Theorie schon zu einem Zeitpunkt zu veröffentlichen, als beiden klar war, daß sie die Entstehung eines Universums in der uns bekannten Form nicht erklären konnte. Zweifellos hat aber auch das unterschiedliche wissenschaftliche Klima in beiden Ländern die Entscheidung, zu veröffentlichen beziehungsweise mit der Publikation noch zu warten, beeinflußt.

Blasenbildung

Viele Kosmologen sind heute der Ansicht, daß die Inflationstheorie zwar einen Aspekt des frühen Universums erkläre, aber ganz andere Theorien erforderlich seien, um darzulegen, warum es ihr nicht gelingt, ein überzeugendes Modell unseres Universums zu entwickeln. Linde war jedoch überzeugt, man könne die Inflationstheorie so abändern, daß dieses Problem entfiele. Eines Abends fiel ihm urplötzlich eine mögliche Lösung ein. Er telefonierte gerade, und um seine Frau nicht zu stören, die bereits zu Bett gegangen war, hatte er sich mit dem Telefon ins Badezimmer zurückgezogen. Plötzlich hielt er inne und schenkte dem Gespräch keine Aufmerksamkeit mehr, weil ihm mit einem Mal aufgegangen war, daß es noch einen weiteren Ansatz für die Inflationstheorie gab. Er ließ den Hörer fallen, vergaß den Freund am anderen Ende der Leitung und stürzte ins Schlafzimmer, um seine Frau zu wecken. Aufgeregt überfiel er sie mit der Neuigkeit: »Ich glaube, ich weiß, wie das Universum begonnen hat.«

Welcher Gedanke hatte Linde in solche Begeisterung versetzt? Bislang hatte er angenommen, alle Energie des Vakuums sei zum Uruniversum expandiert. Doch was, wenn es anders vonstatten gegangen wäre? Nehmen wir an, alle Energie im Vakuum wäre freigesetzt worden wie das Gas in einem Sprudel, wenn die Flasche geöffnet wird. Wenn dort der Verschluß geöffnet und der Druck vermindert wird, steigen viele Gasblasen – nicht nur eine einzige große – zur Öffnung empor. Könnte das nicht bedeuten, daß sich die Energie im Vakuum analog dazu ebenfalls in Milliarden ähnlicher Blasen teilte? Und daß nur eine dieser Blasen zu unserem Universum expandierte? Als Linde die entsprechenden Gleichungen entwickelte, stellte er fest, daß er jetzt aus der Inflation ein Universum ableiten konnte, dessen Eigenschaften sich mit denen des unseren deckten. Offenbar hatte er seiner Frau nicht zuviel versprochen.

Natürlich warf der neue Entwurf eine Frage auf, die Linde beantworten mußte: Wenn sich nur eine winzige Energieblase inflationär zum Universum aufbläht, was geschieht dann mit all den anderen Blasen? Schließlich hätte jede Blase die gleiche Möglichkeit, sich zu einem Universum aufzublähen wie jene, aus der sich unser Universum entwickelte. Logischerweise gab es nur zwei Optionen: Entweder wurde aus jeder Blase ein Universum außerhalb des unseren, das wir weder sehen noch entdecken können, oder irgendein zusätzlicher Faktor kam ins Spiel, der alle anderen Blasen eliminierte, so daß nur unser Universum blieb. Da nicht ersichtlich war, wie dieser Faktor aus den Gleichungen abgeleitet werden konnte, die die Inflation vorhersagten und erklärten, sah es so aus, als müßte ein neues physikalisches Gesetz her.

Wiederum hinderten die sowjetischen Verhältnisse Linde daran, seine Viele-Universen-Version der Inflationstheorie zu veröffentlichen. Obwohl er seine Theorie dann doch als erster publizieren konnte, hatten zwei Amerikaner, die ebenfalls über die Inflationstheorie arbeiteten, weit weniger Mühe, einen Artikel zu veröffentlichen, der diese Idee und ihre Mängel erläuterte. Der Russe glaubte nicht mehr daran, daß die staatlichen Organe in der Sowjetunion ihm jemals erlauben würden, die theoretische Physik so offen und ungehindert auszuüben, wie es seinen Kollegen im Westen gestattet war. Doch inzwischen hatten Kosmologen in aller Welt Lindes Theorien zur Kenntnis genommen, und zu Recht wurde ihm die zweite Version der Inflationstheorie zugeschrieben. Allerdings erfreute sie sich zunächst bei anderen Kosmologen, unter ihnen auch Stephen Hawking, keiner großen Beliebtheit.

1981 besuchte Stephen eine internationale Konferenz in Moskau, wo die Dolmetscher Schwierigkeiten hatten, ihn zu verstehen. Durch die Krankheit hatte sich seine Sprechfähigkeit beträchtlich verschlechtert, und um die fachlichen Einzelheiten zu erörtern, um die es ihm ging, bediente er sich eines Spezialwortschatzes, dessen Verständnis man nur von einem anderen Kosmologen erwarten konnte. Daher

Nach der Inflationstheorie wird Energie in einem Vakuum zur Expansion gebracht und freigesetzt – ganz ähnlich wie die Gasblasen in Sprudelwasser. Das Problem für theoretische Kosmologen wie Linde und Guth besteht darin, daß sie zeigen müssen, wie unser reales Universum sich aus diesem Zustand entwickeln konnte.

KOSMISCHES WACHSTUM

übernahm Linde das Dolmetschen, während Stephen sein Referat hielt. Linde berichtet, es sei etwas peinlich für ihn gewesen, als Stephen seine Argumente dargelegt habe. Er unterzog nämlich Lindes Theorie der vielen Universen einer herben Kritik und wies auf ihre Mängel hin. So mußte Linde seinen russischen Kollegen die Schwächen seiner eigenen Theorie darlegen!

Offenbar haben Hawking und Linde die Gleichungen anschließend in Stephens Hotelzimmer noch einmal durchgerechnet. Aber es gab keinen echten Streitpunkt mehr zwischen ihnen, da Linde sich inzwischen selbst über die Mängel seiner Theorie klargeworden war. Wenn man davon ausgeht, daß alle Energieblasen eigene Universen hervorbringen, liegt ein Problem natürlich darin, daß es mathematisch eine unendliche Zahl möglicher Universen gäbe. Das heißt, daß irgendwo jedes denkbare Szenario stattfindet. Statt die Zahl der Möglichkeiten einzuschränken und zu erklären, warum unser Universum so geworden ist, wie es ist, besagt die Theorie einfach, unser Universum sei so, wie es ist, weil alle Möglichkeiten, also auch unser Universum, vorhanden sein müssen. Daß wir in diesem Universum sind, wissen wir natürlich aus unseren Beobachtungen. Mehr erfahren wir von der Viele-Universen-Theorie nicht. Sie läßt alle Möglichkeiten zu und sagt damit nichts vorher.

Die andere Interpretation der Theorie, die nur unser Universum zuläßt, ist genauso unbefriedigend. Wenn sich diese Möglichkeit aus keinem physikalischen Gesetz ableiten läßt, dann nützt es natürlich nichts, einfach eines zu erfinden, denn das beeinträchtigt die Glaubwürdigkeit der Theorie. Es läuft auf die Behauptung hinaus, daß alle Möglichkeiten existieren, daß aber nur unser Universum überlebt, weil irgendein Gesetz dafür sorgt. Abermals zeigt sich, daß die Theorie nichts vorhersagt.

Ein Kaninchen aus dem Hut

All das sah Andrej Linde ein. Gleichzeitig empfand er den Umgang mit dem bürokratischen russischen Wissenschaftsbetrieb als zunehmend schwierig. Er war sehr niedergeschlagen und verlor die Freude an seiner Arbeit. Seine einst so brillanten Versuche, die Inflationstheorie zu verbessern, kamen fast ganz zum Erliegen. Da erhielt er eine Anweisung von ganz oben. Er sollte als Vertreter der UdSSR eine internationale Physiktagung besuchen. Ferner teilte man ihm wenige Tage vor Beginn der Tagung mit, man erwarte von ihm, daß er ein aufsehenerregendes Referat halte, das die Qualität der sowjetischen Wissenschaft unter Beweis stelle. Das spornte ihn an und half ihm, wie er sagt, ein Kaninchen aus dem Hut zu zaubern. Es war aber auch der letzte Anstoß zu dem Entschluß, die Sowjetunion zu verlassen und seine Arbeit in den USA fortzusetzen.

Das dergestalt produzierte Kaninchen hat Linde später zu einer dritten Inflationstheorie ausgearbeitet, die er heute stolz mit aufwendiger Farbgrafik auf dem Computer in seinem Haus in Stanford erklärt, wo er und seine Frau am physikalischen Fachbereich lehren. Es handelt sich um einen revolutionären Ansatz, der nur bei wenigen Kosmologen Unterstützung findet, von dem Linde aber kühn erklärt, er löse alle Probleme des Urknalls und mache den Augenblick der Schöpfung zugänglich. Grundlage seiner Überlegungen ist das Konzept der physikalischen Felder.

Es ist wohl allgemein bekannt, daß sich die Eigenschaften des Magnetismus in einem magnetischen Feld zeigen. Die Bewegung eines elektrisch geladenen Teilchens hängt von seiner Position in einem solchen Feld ab. Linde meint nun, in einem Feld anderer Art, einem sogenannten Skalarfeld, könnten winzige Energieblasen entstehen und sich durch inflationäre Expansion ständig zu Universen entwickeln. Gruppen von Universen mit ähnlichen Eigenschaften seien miteinander verbunden wie die Blasen an der Oberfläche von kochendem Wasser. In diesen Gruppen würden sich einige Blasen schneller oder langsamer entwickeln, je nachdem, wie das Skalarfeld sie aufgeworfen habe. Unser Universum sei ein Universum in einer Gruppe, die sich zufällig mit genau der Geschwindigkeit entwickle, die wir beobachten.

Linde glaubt, er habe das Muster entdeckt, nach dem sich die Entwicklung eines ewigen Netzwerks von Universen vollzieht, die sich alle spontan aus einem Skalarfeld bilden. Zur Entwicklung jedes Universums gehört ein Urknall, der aber seine fundamentale Bedeutung verloren hat und nicht mehr die Probleme aufwirft, die mit der Singularität verknüpft zu sein scheinen. Allerdings muß Linde viele seiner Kollegen erst noch von verschiedenen Aspekten seiner Theorie überzeugen. Vielleicht steht er mit seiner Skalarfeldtheorie ziemlich allein da, doch der Grundgedanke, daß ganz am Anfang eine Inflationsphase stattgefunden hat, wird weitgehend als Erklärung der ersten Augenblicke des Universums akzeptiert. Das Problem besteht darin, eine Methode zu ihrer Überprüfung zu finden. Einerseits ist es noch nicht gelungen, sie zu bestätigen, andererseits gibt es aber auch nichts, was sie widerlegen könnte. Es bleibt abzuwarten, ob die Inflationstheorie ein überzeugendes Bild auf der Rückseite der Bildklötze vorzuweisen hat. Jedenfalls hat noch niemand besser erklärt, wie die frühe Expansion des Universums entstanden sein könnte.

KAPITEL 13

STRINGS ODER DIE FUNDAMENTALE EBENE

Mit Hilfe von Satelliten können Wissenschaftler heute ins All blicken, ohne daß die Störeinflüsse der Erdatmosphäre die Daten beeinträchtigen, die sie sammeln. Das Hubble-Space-Teleskop und COBE sind schöne Beispiele dafür. Durch immer neue, einfallsreiche Satellitenexperimente werden die Astronomen weitere Einblicke in den Ursprung des Universums gewinnen.

STRINGS ODER DIE FUNDAMENTALE EBENE

Der Bestangepaßte überlebt

Unten: Lee Smolin überlegt, ob die Physik nicht Hilfe bei der Biologie finden könnte.
Rechts: Gibt es in der irdischen Natur Hinweise, die zur Lösung der kosmologischen Rätsel beitragen könnten? Ungeheure Mengen von Fischeiern sind erforderlich, damit genügend Exemplare überleben und heranwachsen, um den Fortbestand der Art zu sichern. Könnte unser Universum nicht in ähnlicher Weise der einzige Überlebende einer Riesenzahl von embryonalen Universen sein?

ls Andrej Linde in die Vereinigten Staaten emigrierte, schlug er sich noch mit den Problemen seiner zweiten Inflationstheorie herum, unter anderem mit der Frage, welches neue physikalische Gesetz ihn von den unerwünschten zusätzlichen Universen befreien könnte, die das Modell vorhersagte. Schließlich fand er mit der Stanford University an der amerikanischen Westküste eine neue Heimat. Zur gleichen Zeit dachte im Osten des Kontinents, in Pennsylvania, ein anderer Kosmologe über neue Naturgesetze nach, die sich möglicherweise auf die Kosmologie anwenden ließen. Allerdings war sein Ausgangspunkt nicht die Quantenwelt, in der Linde seine winzigen, im Vakuum inflationär expandierenden Energiepakete entdeckt hatte. Lee Smolin beschäftigte sich mit Folgerungen aus Einsteins Gleichungen, mit Schwarzen Löchern, Singularitäten und der Entwicklung des Universums aus einer Singularität, so wie Stephen Hawking sie beschrieben hatte.

Unter anderem überlegte er sich, wie viele Singularitäten es im Universum gibt, wenn man die Zahl der inzwischen entdeckten Schwarzen Löcher zugrunde legt. Warum entwickeln sie sich nicht – zumindest einige von ihnen – zu neuen Universen? Ihm fiel kein physikalisches Gesetz ein, das ihm eine überzeugende Erklärung dafür hätte liefern können, und so ließ er seine Gedanken ein bißchen schweifen. Es gibt durchaus Situationen in der Natur, wo sich nicht aus jedem möglichen Ausgangspunkt das entwickelt, was daraus entstehen könnte. Die Biologie kennt zahllose Beispiele dafür. Fische legen Millionen von Eiern, von denen nur vergleichsweise wenige befruchtet werden. Große Teile der geschlüpften Fischbrut werden gefressen oder verenden aus anderen Gründen. Beim Menschen und den meisten Säugetieren sind Millionen Spermien erforderlich, damit ein einziges ans Ziel seiner ungewissen Reise gelangt und eine Eizelle befruchtet, aus der sich dann ein Fötus entwickelt. Alle diese Vorgänge fallen unter das biologische Gesetz, das man als Überleben des Bestangepaßten bezeichnet – der entscheidende Mechanismus des Evolutionsprozesses, den Charles Darwin beschrieb und der für die bunte Vielfalt des Lebens auf der Erde sorgt.

Lee Smolin fragte sich nun, ob möglicherweise ein ähnliches Gesetz die Entwicklung des Universums bestimmt habe. Vielleicht wurden in dessen Geschichte eine

STRINGS ODER DIE FUNDAMENTALE EBENE

große Zahl von Singularitäten erzeugt, aber nur einer war es bestimmt zu überleben. Nur die geeignetste, die »bestangepaßte« Singularität hätte danach das Universum hervorgebracht.

Obwohl Lee Smolins Idee eine interessante Lösung für Lindes Viele-Universen-Problem darzustellen scheint, ist sie bei den Kosmologen auf kein großes Interesse gestoßen. Als Theorie läßt sie sich nur schwer den Gleichungen und Beweisen der Physik unterwerfen. Natürlich möchten die meisten Kosmologen eine allumfassende Beschreibung des Universums auf dem Boden der physikalischen Gesetze finden. Diesem Ziel sind sie inzwischen so nahe gekommen, daß es den meisten reichlich überflüssig erscheint, die Gesetze einer ganz anderen wissenschaftlichen Disziplin zu bemühen. Gleichzeitig ist den Physikern aber klar, daß es ein entscheidendes Problem gibt, das erst überwunden werden muß, bevor ihre Wissenschaft wirklich erklären kann, wie alles zusammenhängt. Dieses Problem ist die Unvereinbarkeit der Physik der sehr großen Dinge (Relativitätstheorie) mit der Physik der sehr kleinen

Eine allumfassende Theorie

STRINGS ODER DIE FUNDAMENTALE EBENE

Dinge (Quantenmechanik). Stellen Sie sich vor, Sie würden einen riesigen Tunnel bohren. Wenn sie mit den Bohrungen von beiden Seiten des Berges beginnen und sich nach sorgfältig entworfenen Plänen richten, dann haben Sie ein ernsthaftes Problem, falls sich die beiden Bohrungen trotz sorgfältigster Berechnungen nicht in der Mitte treffen.

Einsteins allgemeine Relativitätstheorie bildet gewissermaßen die eine Hälfte des Tunnels und erklärt auf wunderbare Weise die großräumige Dynamik des Universums. Ihre Gravitationsgleichungen sind so zuverlässig, daß sich die beobachteten Umlaufbahnen aller Planeten des Sonnensystems genau vorhersagen lassen, trotz der riesigen Entfernungen, um die es dabei geht. Wenn wir die richtige Menge dunkler Materie mit den richtigen Eigenschaften entdecken können, dann wird diese Theorie auch die Bewegungen ganzer Galaxien befriedigend erklären. Die andere Hälfte des Tunnels, die Quantenmechanik, beschreibt auf ebenso eindrucksvolle Weise das Verhalten subatomarer Teilchen. Ihre theoretischen Aspekte, etwa die Heisenbergsche Unschärferelation oder der Welle-Teilchen-Dualismus, werden von den Beobachtungen in Teilchenbeschleunigern in allen Einzelheiten bestätigt. Doch wenn man versucht, diese beiden großen Bereiche der physikalischen Theorie zusammenzufügen, dann stellt sich heraus, daß die beiden Tunnelhälften sich nicht treffen. Die Physik des großräumigen Universums (das von der Gravitation bestimmt wird und sich aus einer winzigen Singularität entwickelt hat) muß sich mit der Physik der kleinsten Dinge, der Quantenmechanik, vereinigen, um erklären zu können, wie diese Singularität entstanden ist, wie sich aus ihr der Urknall entwickelt hat und welche Gravitationseffekte daraus das Universum geformt haben.

Vermutlich hat die Kosmologie Albert Einstein mehr bedeutende Ideen zu verdanken als irgendeinem anderen Wissenschaftler – und doch ist es Einstein nicht gelungen, die Physik durch eine allumfassende Theorie zu vereinigen.

Das Bemühen, die Beziehung zwischen den beiden Seiten der Physik zu klären, hat man die Suche nach einer allumfassenden Theorie genannt. Wenn sie entdeckt ist, so nimmt man an, wird man alle Abläufe im Universum beschreiben können. Sie wird alle bekannten Kräfte vereinigen und erklären, wie sie einerseits für die Prozesse auf atomarer und subatomarer Ebene und andererseits für die Dynamik des Kosmos verantwortlich sind. Einstein hatte erkannt, wie wichtig es wäre, die betreffenden Gleichungen zu finden, und war davon überzeugt, daß sie sich am Ende als so ein-

STRINGS ODER DIE FUNDAMENTALE EBENE

fach, so kompakt und so immens mit Bedeutung erfüllt herausstellen würden wie seine berühmte Gleichung $E = mc^2$. Seine letzten Jahre an der Princeton University verbrachte er fast ausschließlich mit der Suche nach der allumfassenden Theorie. Noch an seinem Todestage war sein Schreibtisch mit Papieren bedeckt, auf denen er unzählige Gleichungen notiert hatte. Bislang hat aber noch niemand unter allen diesen Berechnungen Anzeichen dafür entdecken können, daß er seinem Ziel nahegekommen wäre.

Quarkstrings

Erst einige Jahre nach Einsteins Tod stieß man auf eine vielversprechende Möglichkeit. Anfang der sechziger Jahre erkannten die Teilchenphysiker allmählich, daß es eine noch fundamentalere Art von subatomaren Teilchen geben müsse als die, die man regelmäßig in Teilchenbeschleunigern beobachtete. Schließlich vermuteten sie eine Gruppe von sechs solcher Teilchen, die sie »Quarks« nannten. Für jedes nahmen sie unterschiedliche Eigenschaften an und gingen davon aus, daß sie zu wechselnden Dreiergruppen angeordnet werden können. Diese Gruppen bilden die Teilchen auf der nächsten Stufe der Materie und ihre verschiedenen Eigenschaften. Eine Zeitlang handelte es sich nur um die Vorhersagen einer plausiblen Theorie. Doch als die ersten Beobachtungsdaten die Theorie bestätigten, waren die Physiker zunächst verwirrt. Aus irgendeinem Grund schien es unmöglich zu sein, einzelne Quarks isoliert von den anderen zu beobachten; stets waren sie miteinander verbunden.

So nahm allmählich die Idee Gestalt an, daß die größeren Teilchen, die von Quarks zusammengesetzt werden, kleinen Saitenstücken – englisch *string* – gleichen, mit einem Quark an jedem Ende des String. Manchmal haben die Strings, so stellte man sich vor, lose Enden, manchmal verbinden sich die Enden, so daß die Strings winzige Schleifen bilden. In jedem Fall sind die Quarks nicht zu trennen, weil sie zu einem String gehören. Und je nach der Beschaffenheit der drei Quarks, aus denen der gerade oder schleifenförmige String besteht, schwingt er auf eine ganz bestimmte Art, die für das charakteristische Verhalten des betreffenden Teilchens verantwortlich ist. Man verlieh den Quarks sehr unwissenschaftlich klingende Namen, um möglichst allgemein zum Ausdruck zu bringen, wie sie zur Dynamik eines Teilchens beitragen: So gibt es Top- und Bottom-Quarks, Up- und Down-, Strange- und Charme-Quarks. Nun verstand man Teilchen also nicht mehr als einzelne Punkte, sondern als Strings, deren Schwingungen zu bestimmten Aspekten der in den Atomen entdeckten Kräften beitrugen.

So seltsam diese Stringtheorie auch klingt, sie führte zu einer erheblichen Vereinfachung der Berechnungen, in denen man untersuchte, welche Rolle die Teilchen beim Aufbau größerer Strukturen spielen. All das wäre ohne Bedeutung für die Kos-

STRINGS ODER DIE FUNDAMENTALE EBENE

mologen geblieben, hätte sich die neue Theorie der subatomaren Teilchen nicht der Topologie bedient, also jenes mathematischen Teilgebietes, mit dessen Hilfe Stephen Hawking und Roger Penrose die Singularität im Inneren Schwarzer Löcher und am Anfang des Universums erklärt hatten. Diese Gleichungen hatten sie wiederum aus Einsteins Gravitationstheorie entwickelt. Damit erwies sich die Topologie einerseits als zuständig für die Mathematik der Relativität und Gravitation und andererseits für die Mathematik der subatomaren Teilchen, zumindest soweit es um die Stringtheorie ging. Folgte daraus, daß Stringtheorie und Topologie in irgendeiner Weise den Weg zu der sich so hartnäckig allen Zugriffen entziehenden allumfassenden Theorie vorzeichneten, die die Physik vereinigen und vielleicht auch erklären würde, wie es zum Beginn des Universums gekommen ist?

Jedes Atom besteht aus einem Kern, der von Elektronen umgeben ist (*unten*). Der Kern setzt sich aus Protonen und Neutronen zusammen – Teilchen, die ihrerseits jeweils aus drei Quarks bestehen (*Mitte*). Jede Gruppe aus drei Quarks – diese (*rechts*) bilden ein Proton – wird durch Strings zusammengehalten. Stellen Sie sich vor, daß das Atom so groß wie das Sonnensystem ist. Dann hätte ein String die Größe eines Atoms.

STRINGS ODER DIE FUNDAMENTALE EBENE

Die elfte Dimension

Man erzählt, ein Physiker habe sich auf einer Fähre in Griechenland die Zeit damit vertrieben, wahllos in einem mathematischen Lexikon zu blättern. Dabei sei er zuerst in dem Bereich der Topologie, zu dem auch die Stringtheorie gehört, auf die Formel für Gravitation gestoßen. Anschließend sei sein Blick auf die Gleichungen gefallen, die die elektromagnetische Kraft beschrieben, einen zentralen Aspekt der subatomaren Physik. Egal, wie diese Verbindung tatsächlich zustande kam, die Physiker, die nach der allumfassenden Theorie suchten, machten sich sofort an die Arbeit, sich durch die vielen komplexen Gleichungen hindurchzuarbeiten, die zur Stringtheorie gehören. Anfangs waren die Erwartungen groß, daß man am Ende eine Formel erkennen werde, die die ersten Augenblicke des Universums erklären könne. Doch Anfang der achtziger Jahre hatte man noch immer keinen wirklich erfolgver-

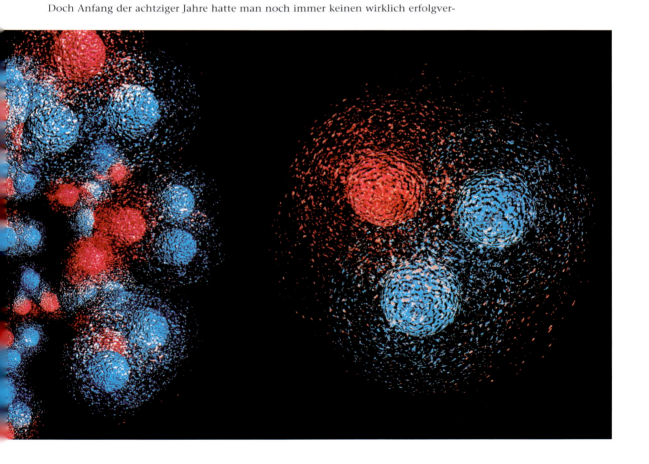

STRINGS ODER DIE FUNDAMENTALE EBENE

Rechts: Auf Ed Witten ruhen die Hoffnungen vieler Fachkollegen. Ihm trauen sie zu, daß er einen Weg durch das Labyrinth der Stringtheorie findet und auf die allumfassende Theorie stößt. *Folgende Doppelseite:* Man hofft, der nächste Satellit, der zur Untersuchung der Hintergrundstrahlung auf eine Erdumlaufbahn geschickt wird, werde in der Lage sein, eine ungeheure Fülle von Details zu registrieren. An der Übereinstimmung oder Nichtübereinstimmung seiner Daten mit den Mustern, die vorliegende Computermodelle vorhersagen, läßt sich die Plausibilität von Entwürfen wie dem der Inflations- oder Stringtheorie ablesen.

sprechenden Ansatz entdeckt, und allmählich wurde den Physikern, die auf diesem Gebiet arbeiteten, klar, wie komplex die Mathematik der Stringtheorie tatsächlich war.

Entscheidend war dabei, daß die Stringtheorie mindestens vier Dimensionen berücksichtigen muß, da die Schwingungen der Strings Bewegungen in Zeit und Raum umfassen. Erstens gibt es die drei Dimensionen des Raums: Denken Sie an eine Kiste mit Höhe, Breite und Tiefe. Außerdem gibt es die zusätzliche Dimension der Zeit. Diese vierte Dimension ist nicht schwer zu verstehen, wenn Sie sich vorstellen, daß die Kiste von einem Zimmer ins andere getragen wird. Höhe, Breite und Tiefe haben sich nicht verändert, doch in der Zeit, die sie brauchte, um von einem Zimmer ins andere zu gelangen, hat sie ihre Position gewechselt.

Leider läßt sich die Mathematik der Strings nicht so leicht auf diese vier Dimensionen einschränken. Nehmen wir an, wir verändern die Kiste. Eine Veränderung der Höhe, Breite oder Tiefe läßt sich leicht vorstellen, auch noch die Veränderung der Position mit der Zeit. Aber können Sie sich eine ganz andere Veränderung der Kiste vorstellen, die völlig unabhängig von diesen vier Dimensionen ist? Das dürfte wohl nur den wenigsten gelingen. Doch die Gleichungen der Stringtheorie sagen noch eine fünfte und viele andere Arten von Veränderungen voraus. Am einfachsten lassen sich diese verschiedenen Verhaltensaspekte als fünfte, sechste, siebte Dimension und so fort bezeichnen. So schwer diese Vorgänge auch vorstellbar sind, der Physiker muß mit ihnen arbeiten, um die Gleichungen der Stringtheorie zu lösen. Gegenwärtig gehen die führenden Stringtheoretiker davon aus, daß mindestens elf Dimensionen beteiligt sind.

Das allein macht die Berechnungen schon kompliziert genug. Noch entmutigender war der Umstand, daß die ersten herkulischen Anstrengungen, sich durch das Labyrinth aus Tausenden und Abertausenden Gleichungen hindurchzufressen, nirgendwo hinzuführen schien. Einige der Beteiligten gewannen den Eindruck, daß sie sich in einem riesigen, weglosen Sumpf aus Zahlen verirrt hätten. Ganz ähnlich wie die Theorie der unendlich vielen Universen schien die Stringtheorie alle denkbaren Ergebnisse vorherzusagen und damit keine vernünftige Lösung für irgendein Problem zu bieten. Nach der anfänglichen Euphorie setzte die unvermeidliche Ernüchterung ein. Unter diesen Physikern waren auch einige Kosmologen, die der Stringtheorie nun nicht mehr zutrauten, sie könne dazu beitragen, dem Universum dessen letzte Geheimnisse zu entreißen. Wäre da nicht die Beharrlichkeit einiger weniger entschlossener Forscher gewesen, die sich nicht entmutigen ließen, dann wäre die Stringtheorie wohl begraben und vergessen worden.

STRINGS ODER DIE FUNDAMENTALE EBENE

M-Theorie

Zu denen, die die Stringtheorie nicht aufgeben wollten, gehörte auch Ed Witten, Professor am Institute of Advanced Studies in Princeton. Von Kollegen hat er den Spitznamen »der Papst« bekommen, womit sie wohl etwas ironisch ihre Hochachtung vor seinen Fähigkeiten und seiner Bedeutung zum Ausdruck bringen wollen. Wenn einer einen Weg durch das Labyrinth der Stringtheorie finden konnte, dann war es nach Ansicht der anderen Physiker Ed Witten. In den neunziger Jahren gelang es ihm tatsächlich, die Hoffnung wiederzubeleben, aus dem komplexen Geflecht lasse sich doch noch die erhoffte allumfassende Theorie entwickeln. Ihm war aufgefallen, daß viele Gleichungen gewissermaßen Spiegelbilder anderer Gleichungen waren. Solche Gleichungspaare nannte er »Dualitäten«; er untersuchte sie genauer. In der Regel treten sie in verschiedenen Dimensionen auf, wobei sie dort meist entgegengesetzte Rollen übernehmen. Beispielsweise hatte ein starker Einfluß in einer Dimension als Dualitätspartner einen schwachen Einfluß in einer anderen.

Wittens Ausgangspunkt ist die Überlegung, was wohl passiert, wenn man eine möglichst große Zahl solcher Dualitäten zusammenstellt. Vielleicht zeigt sich, wenn er sie alle zusammenbringt, ein gemeinsamer Kern, gewissermaßen ein »Hauptstamm« der Stringtheorie. Tatsächlich glaubt er, daß sich allmählich ein sehr viel sinnvolleres Bild abzeichne. Diese Version der Stringtheorie bezeichnet er als »M-Theorie«, die die Überarbeitung einer überarbeiteten Form der Stringtheorie darstellt, der »Superstringtheorie«. Witten glaubt zuversichtlich daran, daß man nur die Rechnungen sorgfältig vereinfachen müsse, um eine Gleichung von überschaubarer Länge zu erhalten, die beide Seiten der Physik vereinige. Das wäre eine allumfassende Theorie, die die Dynamik am Anbeginn des Universums erklären könnte.

Doch wenn sie das denn wirklich leistet, wie können wir sichergehen, daß sie tatsächlich die Antwort auf die uralte Frage ist? Wir können nur hoffen, daß es »ein Bild auf der andern Seite der Klötze« gibt, eine andere Theorie, die sich aus den Gleichungen der M-Theorie ableiten läßt. Eine Garantie dafür gibt es jedoch nicht, und

es ist durchaus denkbar, daß das Theorem, das sich am Ende ergibt, nur mit größten Vorbehalten aufgenommen und einer langen Folge von Tests und Prüfungen unterzogen wird. Schließlich liegt die Stärke der wissenschaftlichen Methode darin, daß nichts als wahr gilt, bevor es nicht experimentell überprüft worden ist. Nun dürfte es aber ein bißchen schwierig sein, ein Experiment zu finden, mit dem sich eine allumfassende Theorie überprüfen läßt.

Das Planck-Explorer-Projekt

Trotz der Grenzen, die unserer Beobachtung des Universums gezogen sind, wird gegenwärtig ein Experiment vorbereitet, das zumindest dazu beitragen könnte, mit falschen Vorstellungen aufzuräumen. Man baut einen zweiten Satelliten, der das COBE-Experiment wiederholen soll, aber mit noch empfindlicheren Detektoren ausgestattet ist. Natürlich wird dieser Satellit nicht weiter in die Zeit zurückblicken oder näher an den Urknall herankommen können. Aber man hofft, daß er in der Lage ist, die von COBE entdeckte Hintergrundstrahlung genauer zu untersuchen und vielleicht noch geringfügigere Temperaturschwankungen festzustellen.

Verantwortlich für den Bau des Satelliten ist die ESA, die Europäische Weltraumorganisation. Auch sie wird am Ende eine Computerkarte präsentieren, wie es das COBE-Team tat. Diese Karte wird man mit zahlreichen Computerkarten vergleichen, die man aus verschiedenen theoretischen Modellen des Universums gewonnen hat, wobei jede Karte voraussetzt, daß eine bestimmte Theorie über das frühe Universum richtig ist. Um solche Karten anzufertigen, entwickeln die Kosmologen aus den Gleichungen einer bestimmten Theorie ein Computermodell, das simuliert, wie das Universum angefangen und wie es sich entwickelt hat. In jedem Fall wird eine erkennbar andere Karte der Hintergrundstrahlung vorhergesagt. Eine Theorie braucht beispielsweise eine Anzahl heißer Regionen, um ein Universum wie das unsere hervorzubringen, während eine andere das nur leisten kann, wenn es große Haufen winziger heißer Flecken gibt.

Nehmen wir Andrej Lindes Version der Inflationstheorie, die eine unendliche Anzahl von Universen wie das unsere erzeugt. Die Programmierer entwickeln nun ein Modell der Hintergrundstrahlung, wie es von dieser Theorie vermutet wird. Sobald der Planck-Explorer die wirkliche Karte geliefert hat, können die Forscher feststellen, ob die beobachtete Karte mit der theoretischen Karte übereinstimmt, die nach Maßgabe der Viele-Universen-Theorien angefertigt worden ist. Zumindest wird man dann in der Lage sein, auf entscheidende Unterschiede zwischen den beiden Karten hinzuweisen. Vielleicht setzt die Theorie Muster in der Hintergrundstrahlung voraus, die sich in den Beobachtungsdaten des neuen Satelliten beim besten Willen nicht entdecken lassen. Auf diese Weise könnte der Planck-Explorer eine ganze

STRINGS ODER DIE FUNDAMENTALE EBENE

Anzahl von Theorien über das frühe Universum ausschließen, so daß möglicherweise nur noch eine übrigbliebe, die plausibel wäre. Solche Computermodelle haben bereits gezeigt, daß die Karte der Hintergrundstrahlung in vier verschiedenen Fällen jeweils ganz anders aussehen würde. Beispielsweise sind die Fluktuationen in der Hintergrundstrahlung eines Universummodells, das man aus der Stringtheorie entwickelt hat, ganz anders als diejenigen die man in einem Modell der Viele-Universen-Theorie vorfindet.

Doch egal, welche Ergebnisse das Planck-Explorer-Projekt zeitigt, wir können von ihnen bestenfalls den Beweis erhoffen, daß einige der Theorien über das frühe Universum nicht haltbar sind. Nur weil eine bestimmte Theorie nicht im Widerspruch zu den Beobachtungen des Satelliten steht, muß sie noch lange nicht die einzige Theorie sein, die sich mit diesen Beobachtungen verträgt. Je genauer wir das Universum verstehen, desto schwieriger wird der Beweis, daß eine bestimmte Theorie richtig ist.

Das eint die Kosmologen und entzweit sie zugleich. Einig sind sie sich beispielsweise darin, daß eine Theorie vielversprechend aussieht und einen wichtigen Beitrag leisten könnte. Sie sind sich vielleicht auch darin einig, daß eine andere Theorie einen interessanten Ansatz zur Lösung eines bestimmten Problems bietet. Gewöhnlich weisen sie keinen intelligenten Vorschlag einfach von der Hand. Die meisten werden daher sowohl die Inflationstheorie als auch die Stringtheorie als wichtige Beiträge zu einer Erklärung des frühen Universums gelten lassen. Und viele werden auch darin übereinstimmen, daß wir nicht weit von der Entdeckung einer solchen Erklärung entfernt sind. Doch in der Regel hört die Übereinstimmung damit auf. Die individuellen Vorstellungen vieler Kosmologen verbinden Elemente aus anderen Theorien, ergänzen sie aber durch eigene Ideen, die bislang noch keine Anerkennung bei ihren Kollegen gefunden haben. Stephen Hawking bildet da keine Ausnahme.

Professor Neil Turok, der wie Stephen Hawking an der Cambridge University tätig ist, hat wesentlichen Anteil am Planck-Explorer-Projekt. Hier sehen wir ihn in Schutzkleidung bei einem Besuch in dem sterilen Raum, in dem der Satellit gebaut wird.

KAPITEL 14

STEPHEN HAWKINGS UNIVERSUM

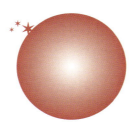

Stephen Hawkings Konzept eines »unbegrenzten« Universums ist auf keinen Schöpfungsaugenblick mehr angewiesen, sondern gänzlich in sich abgeschlossen. Dennoch ist es ein dynamisches Universum, in dem sich Gebilde wie die außergewöhnliche Spiralgalaxie NGC 3718 entwickeln können.

Als George Smoot das Bild in Rot und Blau präsentierte, das ihm sein Computer gezeichnet hatte und das die kleinen Unregelmäßigkeiten im Kosmos deutlich zeigte, erschien es auf den Titelseiten der Zeitungen in aller Welt. Es dürfte wohl kein zweites kosmologisches Experiment gegeben haben, das eine solche Resonanz in den Massenmedien fand. Vielleicht war der Grund – zumindest teilweise – eine oft zitierte Äußerung von Stephen Hawking, der kein Blatt vor den Mund nahm und erklärte, das sei »die größte Entdeckung des Jahrhunderts – wenn nicht aller Zeiten«.

Das war im April 1992 – vier Jahre nach der Veröffentlichung der *Kurzen Geschichte der Zeit*. Nach dem beispiellosen Erfolg seines Buchs war Stephen weltberühmt, und die Kosmologie erfreute sich eines immensen Interesses. Es hätte also keinen Grund für ihn gegeben, mit sensationellen Äußerungen Aufmerksamkeit erregen zu wollen. Er verlieh damit einfach seiner grenzenlosen Freude über den Erfolg des COBE-Unternehmens Ausdruck. Zweifellos waren die COBE-Ergebnisse eine wichtige Bestätigung der Urknalltheorie. Das konnte man auch in den Titelgeschichten der meisten Zeitungen nachlesen. Aber ein anderer Umstand blieb dort meist unerwähnt, der ebenfalls große Bedeutung für Stephen hatte. Die Ergebnisse zeigten, daß es im frühen Universum winzige Fluktuationen gegeben haben muß; nur so sind die Temperaturschwankungen zu erklären, die COBE in der Hintergrundstrahlung entdeckt hat. Das waren die Fluktuationen, aus denen sich die Galaxien und Lücken in dem heute sichtbaren Universum entwickelt haben, Fluktuationen, die vorhanden sein müssen, wenn die Erklärung, die Stephen für die frühesten Augenblicke des Universums vorschlägt, richtig sein soll.

Quantengravitation und imaginäre Zeit

Stephen hat in der Kosmologie immer mit der Physik der großräumigen Verhältnisse gearbeitet. Seine Singularitätstheoreme hat er direkt aus Einsteins Gleichungen abgeleitet. Während sie einerseits für die Urknalltheorie sprachen, hatten sie andererseits auch eine beunruhigende Konsequenz. Wie wir gesehen haben, verlieren die physikalischen Gesetze, die die Singularität vorhersagen, an eben dieser Singularität ihre Geltung. Was für physikalische Regeln sollten dann die ersten Augenblicke des Universums erklären? Nachdem sich Stephen einige Zeit mit diesem Problem auseinandergesetzt hatte, legte er eine äußerst kühne Lösung vor. Auf den ersten Blick schien sie in direktem Widerspruch zu seinen früheren Arbeiten zu stehen. Nachdem er gezeigt hatte, daß das Universum sich aus einer Singularität entwickelt haben muß, schien er das Problem, das die Singularität aufwarf, durch den Nachweis lösen zu wollen, daß die Auswirkungen der Singularität nichts mit der Entwicklung des Universums zu tun haben!

STEPHEN HAWKINGS UNIVERSUM

Nach Stephens Auffassung ist der entscheidende Faktor für die Entwicklung des Universums die Gravitation. In einer der wichtigsten Vorhersagen aus Einsteins allgemeiner Relativitätstheorie erfahren wir, wie die Gravitation alles beeinflußt, was sich durch Raum und Zeit bewegt. Doch was geschieht mit der Gravitation in der Quantenwelt? Am vernünftigsten scheint die Annahme zu sein, daß die gleichen Gesetze der Quantenmechanik, die für die subatomaren Teilchen gültig sind, auch auf alle anderen Ereignisse von subatomarer Größe anzuwenden sind. Und da das sehr frühe Universum Materie und Kräfte von immenser Dichte enthalten haben muß, alle von äußerst geringer Ausdehnung, müssen in diesem Stadium die Gravitation und alle anderen Phänomene im Universum von den Quantengesetzen bestimmt worden sein. Folglich braucht die Kosmologie eine Quantentheorie der Gravitation, die eine Verbindung zwischen dem Begriff der Gravitation schafft, wie wir ihn aus der allgemeinen Relativitätstheorie kennen, und Konzepten wie dem Welle-Teilchen-Dualismus und der Unschärferelation, die Grundpfeiler der Quantenmechanik sind. Das wäre im Prinzip die allumfassende Theorie, nach der auch die Stringtheoretiker suchen.

Stephen vertritt die Auffassung, daß man, auch ohne bislang eine überzeugende und befriedigende Theorie gefunden zu haben, vorhersagen kann, wie einige ihrer Ergebnisse aussehen könnten. Auf diese Weise läßt sich eine Art Quantenkosmologie entwerfen: eine Reihe von Quantenbedingungen, unter denen sich das Universum entwickelt haben könnte.

Doch wenn man eine Formel finden will, die wirklich erklärt, wie der ganze Prozeß in Gang gekommen ist, darf man sich nicht auf die konventionelle Mathematik von Zeit und Raum verlassen. Wir haben bereits gehört, daß die betreffenden Gesetze am Singularitätspunkt ihre Gültigkeit verlieren, aus dem sich ihrer Vorhersage zufolge das Universum entwickelt haben muß.

Stephen verwendete dazu ein Verfahren, das man als »Aufsummierung von Möglichkeiten« oder »Pfadintegralmethode« bezeichnet. Es ist von dem amerikanischen Physiker Richard Feynman vorgeschlagen worden. Im Prinzip betrachtet man dabei alle Verhaltensweisen eines Ereignisses, die möglich sind. Anschließend geht man sie noch einmal durch und schließt die am wenigsten wahrscheinlichen aus. Auf diese Weise erhält man am Ende die wahrscheinlichste Möglichkeit. Das Ganze hat eine gewisse Ähnlichkeit mit dem Versuch herauszufinden, wie ein Brief, der in London aufgegeben wurde,

Stephen Hawking hat so viele unkonventionelle wie herkömmliche Auszeichnungen empfangen.

an seinen Bestimmungsort New York gelangt ist. Er kann auf dem direkten Weg von London nach New York geflogen worden sein, aber auch von London nach Boston oder von London nach Washington, bevor er in ein Anschlußflugzeug nach New York gebracht wurde. Es wäre sogar denkbar, daß er über Moskau oder Tokio nach New York gelangt ist. Wenn Sie sich dann alle Routen, die denkbar sind, vor Augen halten – also eine Aufsummierung von Möglichkeiten vornehmen –, können Sie untersuchen, welches die wahrscheinlicheren Möglichkeiten sind. Die Routen über Moskau und Tokio können Sie zum Beispiel schon ziemlich früh als sehr unwahrscheinlich ausschließen. Ernsthaft ziehen Sie am Ende nur die wahrscheinlichen Routen in Betracht.

Bei der Suche nach dem besten mathematischen »Werkzeugkasten« zur Definition des frühen Universums ergibt sich aus der Aufsummierung von Möglichkeiten ein Ansatz, der, betrachtet man ihn mit einer zu konventionellen oder konservativen Einstellung, wohl zunächst befremdlich wirkt. Es zeigt sich nämlich, daß sich die Gleichungen am besten lösen lassen, wenn man die Zeit mit imaginären Zahlen mißt. So erhält man eine »imaginäre« Zeit. Aber wer kann schon mit Gewißheit sagen, welche Form die Zeit tatsächlich hat? Es gibt keinen wissenschaftlichen Grund, der die Existenz einer imaginären Zeit ausschlösse.

Das ist so, als wenn Sie beim Rechnen negative Zahlen verwendeten. In der »wirklichen« Welt können Sie nicht weniger als keine Eier in einem Karton haben. Doch in der mathematischen Welt macht das Ergebnis von minus zwei Eiern in der Schachtel durchaus Sinn. Addieren Sie vier Eier, und Sie haben zwei Eier in der Schachtel. Durch die Verwendung von imaginärer Zeit konnte Stephen fast alle für eine Erklärung des frühen Universums erforderlichen Elemente in einen sinnvollen Zusammenhang bringen. Und er war in der Lage, das Ergebnis mit den wahrscheinlichsten Konzepten der »realen« Zeit zu vergleichen.

Bei einem Vergleich der wahrscheinlichsten Modelle gelang es ihm zu zeigen, daß im wesentlichen drei verschiedene Versionen der Ereignisse möglich sind. Die erste ist ein Universum in der realen Zeit, das mit einem Urknall beginnt. Da stellt sich das Problem, das uns bereits bekannt ist: Es beginnt mit der mathematisch mißliebigen Singularität. Die zweite Möglichkeit, ebenfalls in der realen Zeit angesiedelt, setzt voraus, daß das Universum seit jeher existiert. Doch auch da gibt es Probleme. Vor allem wäre zu erklären, wie sich Einsteins Entwurf der Raumzeit in ein solches Modell eingliedern läßt. Doch die dritte Option, ein Universum in der imaginären Zeit, das es seit jeher gibt, erwies sich als vielversprechender Ansatz. Solange Stephen das Universum im Rahmen der imaginären Zeit beschrieb, traten keine Singularitäten auf. Alles, was für die Entwicklung des Universums wesentlich ist, einschließlich der Raumzeit, wie wir sie heute verstehen, ließ sich vollständig krümmen und im Uruniversum unterbringen. Das Universum hatte keinen Anfang und kein Ende. Es gab keine Ausgangselemente, die, wie Lemaîtres Uratom, hätten erschaffen werden müssen. Indem Stephen diesen Anfang vermied, ging er auch dem Problem der Singularität und der Aufhebung der physikalischen Gesetze aus dem Wege.

Das Verfahren hatte noch einen weiteren Vorteil: Stephen brauchte nur eine bestimmte Einschränkung hinsichtlich der Natur des Universums vorzunehmen, um zeigen zu können, daß nach seiner Theorie der »imaginären« Zeit nur ein Universum existieren kann, das dem unseren gleicht oder ganz ähnlich ist.

Ein grenzenloses Universum

Kennzeichnend für Stephens Modell des Universums ist das »Unbegrenztheits-Postulat«. Er erkannte, daß das Universum unbegrenzt sein muß, damit sichergestellt ist, daß sich aus der unbestimmten Quantennatur des frühen Universums nur unser Universum entwickelt. Ohne Einschränkung wären nach einem Quantenbeginn, wie ihn Stephen vorschlägt, alle Universen gleich möglich. Das wäre prinzipiell keine Verbesserung gegenüber Andrej Lindes zweiter Version der Inflationstheorie gewesen, aus der sich ja ebenfalls eine unendliche Zahl möglicher Universen ergab. Unser Universum war eine der Möglichkeiten, aber die Theorie sagte nicht vorher, wie oder warum es zu dem wurde, in dem wir uns befinden. Nach Stephens Ansicht läßt sich dieses Problem vermeiden, wenn sich das Quantenuniversum zu einem »unbegrenzten« Universum entwickelt. Das heißt im wesentlichen, daß es keine Grenzen gibt, die das Ende von Raum und Zeit markieren, obwohl das Universum als Ganzes von begrenzter Größe ist.

Vielleicht ist dieses etwas schwierige Konzept leichter zu verstehen, wenn Sie sich vorstellen, daß Sie über die Oberfläche einer Kugel wie der Erde gehen. Egal, wie weit und in welche Richtung Sie gehen, nie stoßen Sie an eine Grenze, die das Ende der Fläche kennzeichnet. Sie können immer weiter gehen, die Erde ein um das andere Mal umrunden. Das gleiche würde natürlich gelten, wenn Sie sich – statt auf der Erde – auf der Oberfläche eines Riesenballons bewegten. Dabei würde es keine Rolle spielen, ob Sie auf der Außenseite der Oberfläche gingen oder auf der Innenseite. Mit anderen Worten, das »unbegrenzte« Universum müßte keine bestimmte Form oder Größe haben, sondern nur Raum und Zeit jene besondere Art von unbegrenzter Kontinuität verleihen, die die Innen- oder Außenseite eines Ballons bietet.

Es gibt mathematische Gründe, warum das Universum, wenn es diesen »Unbegrenztheits«-Charakter hat, die wahrscheinlichste Konsequenz jenes Quantenbeginns ist, den Stephen Hawking vorgeschlagen hat, um die ersten Augenblicke im Leben des Universums zu erklären. Außerdem läßt sich das Unbegrenztheits-Postulat auch sehr eindrucksvoll auf eine Reihe anderer Theorien anwenden, zum Beispiel auf die Inflationstheorie, die offenbar einige Aspekte des frühen Universums erklären kann. Es besitzt also einige sehr interessante Eigenschaften. Aber natürlich gibt es dafür nicht mehr Beweise als für die anderen rein theoretischen Konzepte, die als Erklärungen für das frühe Universum vorgeschlagen worden sind. Stephen Hawking selbst hat in der *Kurzen Geschichte der Zeit* darauf hingewiesen, daß es sich lediglich um ein Postulat handle, das sich nicht aus anderen Gegebenheiten herleiten lasse. Im Prinzip ist es nur eine brauchbare Arbeitshypothese, die er in Zusammenarbeit mit Jim Hartle von der University of California entwickelte.

Auch wenn er die verschiedenen Prinzipien und Gesetze noch so geschickt miteinander verknüpfte, kam er, das wußte Stephen, um ein Problem nicht herum: Er mußte eine Möglichkeit finden, die Gravitation mit den Quantengesetzen zu verbinden. Auch wenn es ihm gelang, die meisten der Schwierigkeiten zu vermeiden, die er mit seinen Singularitätstheoremen selbst aufgeworfen hatte, brauchte er doch eine allumfassende Theorie, mit deren Hilfe er Gravitation und Quantenmechanik vereinigen konnte.

Wenn wir davon ausgehen, daß es einmal eine befriedigende Quantentheorie der Gravitation geben wird, dann folgt aus Stephen Hawkings Modell des Universums, daß in den allerersten Augenblicken des Universums winzige Fluktuationen auftreten, deren Entstehung aus dem Vakuum die Unschärferelation ermöglicht. Wenn dann das Uruniversum nach den Gesetzen der Inflationstheorie expandiert, werden diese winzigen Fluktuationen zu den Temperaturunterschieden, die COBE in der Hintergrundstrahlung des Urknalls entdeckt hat. Für Stephen Hawking bedeuteten die COBE-Ergebnisse also, daß sein Modell des Universums zumindest möglich ist.

Kritiker bringen vor, Stephen sei es lediglich auf sehr einfallsreiche Weise gelungen, den fundamentalen Schwierigkeiten aus dem Wege zu gehen, die die Vereinigung von Relativitätstheorie und Quantentheorie aufwirft. Oder sie weisen darauf hin, daß sein ganzer Entwurf auf einer Quantentheorie der Gravitation beruht, die noch nicht entdeckt worden ist. Die ist vielleicht am ehesten von der Stringtheorie zu erwarten. Aber selbst wenn eine solche Theorie über kurz oder lang vorliegen sollte, würde sie nach Meinung der meisten Physiker noch lange nicht das Ende der Physik bedeuten. Ed Witten glaubt, daß jeder Entwurf, der komplex genug ist, um die allumfassende Theorie zu liefern, auch komplex genug sein müßte, eine Reihe neuer Probleme aufzuwerfen.

Wo wir heute stehen

Offenbar gibt uns Ed Witten in dieser Äußerung kaum verhüllt zu verstehen, daß wir einer vollständigen Erkenntnis des Universums niemals näher kommen können, als wir ihr heute sind. Zwar sind wir nicht mehr weit davon entfernt, alles zu wissen, werden diesen Punkt aber möglicherweise nie erreichen. Je mehr Schichten wir von der Zwiebel entfernen, desto mehr Schichten kommen zum Vorschein. Die endgültige Lösung des Rätsels ist vielleicht genauso schwer zu fassen wie zu definie-

STEPHEN HAWKINGS UNIVERSUM

ren. Doch auch wenn heute noch Unklarheit herrscht über den Sekundenbruchteil, in dem der Urknall zustande kam, sind die meisten Kosmologen, auch Stephen Hawking, außerordentlich stolz über die Fortschritte, die sie erzielt haben. Immerhin ist es nur ein Sekundenbruchteil, der noch zu erklären bleibt. Und wir haben einen weiten Weg zurückgelegt, denkt man an die ersten Erklärungsversuche, zum Beispiel den Deckel über der Erde, durch dessen Löcher das Himmelsfeuer als Sternenlicht leuchtete. Alle Erkenntnisse, die die Menschheit über das Universum gewonnen hat, zeugen von der glücklichen Ehe zwischen sorgfältiger wissenschaftlicher Beobachtung und kühnem theoretischem Denken. Und das Modell des Universums, das Stephen Hawking vorschlägt, unterscheidet sich nur in winzigen Details von dem, das praktisch jeder andere Kosmologe beschreiben würde.

Vielleicht liefert die Stringtheorie schon bald eine Gleichung, die erklärt, wie sich Energie spontan aus dem Vakuum gebildet hat und dann gemäß der Inflationstheorie expandiert ist. Dabei haben Quantenfluktuationen im Vakuum für winzige Unregelmäßigkeiten in der Urknallexplosion gesorgt. Diese Unregelmäßigkeiten äußerten sich als Temperaturschwankungen von lediglich 0,002 Grad in dem Stadium, in dem sie vom COBE-Satelliten entdeckt wurden – etwa 300 000 Jahre nach dem Urknall. Aber sie waren noch groß genug, um die Materie zu einer ungleichförmigen Entwicklung zu veranlassen, als sich die gewaltige Hitze des Urknalls abzukühlen begann.

So könnte es passiert sein: Sekundenbruchteile nach der Explosion begann die Energie der Explosion Urteilchen der Materie, Quarks zum Beispiel, in großen Mengen zu erzeugen. Allerdings war ihre Entstehung kein irreversibler Prozeß. In der ersten Sekunde des Universums kollidierten diese Teilchen, verwandelten sich wieder in reine Energie und wurden abermals zu Teilchen. In einem undurchdringlich heißen Plasma wiederholten sich diese Vorgänge mehrfach, bis der wilde Schöpfungstaumel schließlich jene Art von Wechselwirkungen hervorbrachte, die wir bei den Kollisionen in den leistungsfähigsten Teilchenbeschleunigern beobachten. Innerhalb von drei Minuten begannen sich die ersten Kerne zu bilden, aus denen später Atome entstehen sollten. Die Hitze kühlte soweit ab, daß die ersten Teilchen sich verbinden konnten. Aber es war noch immer extrem heiß, und kein Blick hätte den weißglühenden Hexenkessel des entstehenden Universums durchdringen können.

300 000 Jahre müssen wir warten, bis das Universum endlich aufklart und die Elektronen anfangen, Kerne zu umkreisen,

Stephen Hawking.

Der Pferdekopfnebel im Sternbild Orion ist sicherlich eines der beliebtesten Fotomotive des Universums. Der Pferdekopf ist die deutlich erkennbare dunkle Staubwolke rechts von der Bildmitte.

so daß sich Atome bilden können – ungefähr 80 Prozent Wasserstoff und 20 Prozent Helium. Erst eine Milliarde Jahre nach dem Urknall formt der Gravitationsdruck die ersten Sterne, Quasare und die unruhigen Materieklumpen, aus denen sich die Galaxien bilden. In den ersten Sternen verschmilzt Wasserstoff zu Helium, und die Sterne beginnen zu leuchten. Im Mittelpunkt von Quasaren ziehen Schwarze Löcher mit der Kraft ihrer Gravitation Materie aus der weiteren Umgebung an. Dadurch bilden sich wirbelnde Materiescheiben, die immer heißer werden und zur Entstehung neuer Sterne führen. Ältere Sterne werden von den riesigen Klumpen dunkler Materie angezogen, die sich in der Umgebung der hellen Quasare sammeln. Manchmal fallen sie in diese riesigen rotierenden Räder und ordnen sich zu den Spiralarmen an, deren Anblick uns heute vertraut ist.

Als die frühesten Sterne das Ende ihres Lebenszyklus erreichen, entwickeln sich die ersten weißen Zwerge und kühlen allmählich zu unsichtbaren braunen Zwergen ab. Die größten Exemplare der frühesten Sterne implodieren, so daß sich Supernovae bilden, die Neutronensterne erzeugen und die schwereren Elemente ins All schleudern. Unser Stern, die Sonne, entsteht und hält mit seiner Gravitation die Planeten auf ihrer Umlaufbahn. Schließlich ist die Erde soweit abgekühlt, daß sich Leben entwickeln kann, und irgendwann tritt der erste Mensch auf – nur eines der seltsamen Gebilde, die sich aus dem Sternenstaub gebildet haben. Und vor nicht allzu langer Zeit, rund 15 Milliarden Jahre nach den ersten Anfängen, begannen seine Nachfahren die Hinweise zu entdecken, die sie schließlich dazu brachten, fast jede Einzelheit dieser schier unglaublichen Ereigniskette zu verstehen.

Gottes Plan?

Es liegt nahe, den gleichen Fehler zu begehen wie die Generationen vor uns und anzunehmen, daß unsere heutige Auffassung vom Universum die endgültige Erklärung sei. Doch bedenken wir, daß zu ihrer Zeit auch das ptolemäische System und das Newtonsche Modell als der Wahrheit letzter Schluß galten. Im Vergleich zu ihnen steckt das Urknallmodell noch in den Kinderschuhen. Doch diese früheren Systeme wurden durch spektakuläre Fortschritte in den Beobachtungstechniken widerlegt. Ptolemäus und die Kosmologen seiner Zeit haben mit unglaublichem Einfallsreichtum nur aus den Beobachtungsdaten, die sie mit bloßem Auge sammeln konnten, ein befriedigendes Modell des Universums entwickelt. Galileis Teleskop zeigte mehr Einzelheiten des Sonnensystems und brachte den Beweis, daß das ptolemäische System falsch war. Vor 300 Jahren entwickelte Newton eine Theorie der Gravitation, die das Sonnensystem, soweit es damals beobachtet war, überzeugend erklärte. Dann offenbarten Hubbles Beobachtungen, die weit über das Sonnensystem hinausreichten, daß Newtons unendliches und ewiges Modell viel zu statisch war.

Und in der vergleichsweise kurzen Zeit, die seit Hubbles Beobachtungen vergangen ist, haben wir es geschafft, Teleskope ins All zu befördern und die Geschichte des Universums so weit zurückzuverfolgen, wie sie sich nach unserem Wissen beobachten läßt. Im Augenblick sieht es nicht so aus, als könnten Verbesserungen der Beobachtungstechniken uns sehr viel mehr Daten offenbaren. Anscheinend haben wir bereits fast das ganze sichtbare Universum im Blick.

Angesichts der vielen Erkenntnisse, die wir über das Universum zusammengetragen haben, dürfen wir wohl, ohne vermessen zu sein, behaupten, daß wir fast völlige Klarheit darüber gewonnen haben, wie es beschaffen ist und wie es funktioniert. Obwohl womöglich 90 Prozent des Universums noch unentdeckt sind – denken wir an die dunkle Materie –, ist uns die Rolle dieser unentdeckten Teilchen doch weitgehend klar. Bis wir sie entdeckt und ihre Gesamtmasse bestimmt haben, wird uns das endgültige Schicksal des Universums zwar ein Rätsel bleiben, aber auch so haben wir eine ziemlich klare Vorstellung, welche Möglichkeiten sich da ergeben.

Das heißt aber keineswegs, daß wir damit so gut wie alle Fragen beantwortet haben, die das Universum betreffen. Obwohl wir seine Geschichte kennen, haben wir noch nicht einmal damit begonnen, die philosophischen Fragen zu stellen, die sich grundsätzlich an seine Existenz knüpfen, wie zum Beispiel: Warum gibt es das Universum? Oder: Welchen Zweck hat es? Allein mit den Mitteln der Wissenschaft lassen sich diese Fragen möglicherweise nicht beantworten. Doch Stephen Hawking glaubt zuversichtlich daran, daß uns Fortschritte in der Kosmologie mit Sicherheit auch bei solchen Überlegungen weiterbringen werden. Wenn wir wissen, wie das Universum beschaffen ist und wie es sich entwickelt, dann sind wir auch, so meint er, besser gewappnet für die Frage, warum es vorhanden ist, ob es erschaffen wurde und ob es einen Zweck hat. Am Ende der *Kurzen Geschichte der Zeit* erklärt Stephen, wenn wir eine wirklich allumfassende Theorie hätten, müßte sie in ihren Grundzügen und ihrer Bedeutung für jedermann verständlich sein. Sobald wir wirklich begriffen haben, wie das Universum beschaffen ist, können wir uns alle mit der Frage auseinandersetzen, warum es existiert. Sollten wir diese Frage jemals beantworten, so meint er, wäre das »der endgültige Triumph der menschlichen Vernunft – denn dann würden wir Gottes Plan kennen«.

Sicherlich wird das vielen Lesern zu weit gehen. Aber es gibt Millionen Menschen, die heute mehr über das Universum wissen, als sie je zu hoffen wagten. Sie haben sich vorher nie mit diesen Dingen beschäftigt. Vielleicht waren sie auch davon überzeugt, daß sie dergleichen nie verstehen könnten. Den meisten wird es deshalb genügen, die Erkenntnisse, die Stephen Hawking und seine kosmologischen Kollegen im Laufe der Geschichte zusammengetragen haben, wenigstens in den Grundzügen zu verstehen. Auf diese Weise ist ihr Leben in einen vollständigeren und befriedigenderen Erkenntniszusammenhang eingebettet.

REGISTER

Die kursiven Ziffern verweisen auf Abbildungen

A

Adler-Nebel *79*
Akkretionsscheibe *195*
Alchemisten, Alchemie
116 ff., *117*, 134
Alpha Centauri 70 f., *70*
Alpha-Strahlung *133*, 136
Alpher, Ralph 97, *97*
Anderson, Carl 145, *145*
Andromedagalaxie 153,
157
Annihilation 144, 148 f.
Antimaterie 144-149,
144 f.
Aristoteles 23, 30
Astrologie 21, 116
Atheismus 64, 88, 92, 128
Atombombe *169*
Atome, Atommodell 115-
119, 135 ff., 140
Attraktor, Großer 179

B

Babajew, Eugeni *121*
Babylonier 21
Becquerel, Henri 122 ff.,
123
Bekenstein, Jacob 211,
221

Beschleunigung 81
Beta-Teilchen 136
Bethe, Hans 97, 98
Bewegungsgesetze 50
Big Bang (s. Urknall) 96
Blasen-Modell 225
Blattgold-Experiment
136, *136*, 170
Blauverschiebung 70
Bohr, Niels 137
Bondi, Hermann 89
Boys-Ballot, Christopher
66
Brahe, Tycho *40*, 42,
216

C

Cepheiden 74, 77, 86,
155
CERN 137, *138 f.*, *143*,
219
COBE (Cosmic Back-
ground Explorer) 103,
108 ff., *108 f.*, 216, *228*,
240, 244, 248
Cockroft, John 146
Curie, Marie u. Pierre
124-129, *124*, 132
Cygnus X-I *202 f.*, 210

D

Declais, Yves 172 ff., *172*,
178
Dicke, Robert 98 f.
Dimension, vierte, fünfte
236
Dirac, Paul 15, *144*
Doppelsterne 207
Doppler, Christian 65 f.,
65, 69 ff., 114
Dopplereffekt 65-71, *65*,
76, 207
Dualitäten 237

E

Eddington, Stanley 158 f.,
158
*Eine kurze Geschichte der
Zeit* (s. Hawking, St.)
Einstein, Albert 80-86,
81, *87*, 100, 103, *111*,
114, 141 f., 148, 157,
188-190, 195, 213, 230,
232 f., 246
Eisenstern 159
Elementarteilchen 122
Elemente
– chemische 118-122,
128

– vier Grund- 114 f.,
115
Emanation 124, 128, 132
Endkollaps des Univer-
sums 20, 163, 179
Epizyklen 30 f., *31*, 36 ff.
Eratosthenes 24-29, 32,
74, 114
Erdumfang 29
Ereignishorizont 211
Escher, M.C. 198, *199*
Expansion (d. Univer-
sums) 76 f., *78*, 85 f.,
100, 163 ff., 184 f., 195,
199

F

Faber, Sandra *179*
Faraday, Michael 124
Feynman, Richard 245 f.
Fleury, Joseph-Nicolas-
Robert *48*
Fliege (Sternbild) *95*
Fluktuationen 244
Fraunhofer, Joseph von
61-64, 114
Fraunhoferlinien 62 ff.,
63, *66*, 70, 76, 97, 128,
184 f.

Frenk, Carlos 174-178, *174*

G

Galilei, Galileo 42-49, *43, 48,* 71, 114, 151, 250
Gamma-Strahlen 136
Gamow, Georg 97 f., *97*
Geiger, Hans *133*
Geigerzähler *133,* 140
Gravitation 42, 50-53, *51, 82,* 83 f., 150, 155, 158 f., 164 f.
Gravitationslinse 159, *162*
Griechisches Weltbild 23 f., 29-32, 114 ff.
Guth, Alan 223 f., *224*

H

Hawking, Stephen 12-17, *13, 16,* 20, 42, 50, 96, *100 f.,* 102 f., 110 f., 188, 190, 199 f., 204, 207, 210 f., 221, 225 f., 230, 241, 244-248, *245, 249,* 252
– *Eine kurze Geschichte der Zeit* 6, 9, 15 f., 22, 210, 244, 248, 252
Hawking-Strahlung 211, 221
Heisenberg, Werner 207

– Unschärferelation 207, 222, 232, 245, 248
Heliumballons 106
Herschel, William u. Caroline 60
Hintergrundstrahlung 97 f., *99,* 103, 106, 110, 216
Hipparch 29, 32
Hornantenne *98 f., 110*
Hoyle, Fred(erick) 88-92, *89, 96,* 150
Hubble, Edwin 71-77, 86, 111, 114, 137, 151, 163, 216, 252
Huggins, William 63, 76

I

Impuls 81
Inflationstheorie *217, 220,* 222-227, *224 f.,* 230, *236,* 240 f., 248 f.
Infrarotlicht 69
Interferenzbild 205

J

Jupiter, -monde 45, *47,* 52

K

Kant, Immanuel 58
Kathodenstrahlröhre 134, *135*

Kepler, Johannes 37-42, *39,* 52, 216
Kernfusion 91
Kernreaktion 169
Klotzarrangement 221
Konzept der physikalischen Felder 227
Kopernikus, Nikolaus 36 f., *36, 39*
kosmische Konstante 85
kosmisches Ei *110*
kreatinistische Auffassungen 65, 128

L

Leavitt, Henrietta 74
Lemaître, Georges 80, *84,* 85-88, 103, 188, 247
Leeuwenhoek, Anton van 45
Lichtgeschwindigkeit 141
Linde, Andrej *221,* 222-227, *223,* 230, 240, 247
Linsen, optische 62
Lithiumspaltung 146
Little Bangs 218 f.
Luftballon-Modell 77

M

MACHO (Massive Astrophysical Compact Halo Objects) 157-165, *156, 162,* 168, 178 f.
Magellan-Wolke *8, 160 f.*

Mars 42, 52
Materie
– dunkle 154 f., *156,* 157, 159, *160 f.,* 163 f., 168, *174,* 176, *177,* 232, 250, 252
-jets *112, 194, 196 f., 206, 208,* 210, 212
-kollaps 190
-scheiben 250
McCarthy, Senator Joseph *188,* 189
Mendelejew, Dmitrij 119-122, *119, 121,* 128 f.
Merkur (Planet) 52 f., 84
Messier, Charles 58
Mikrowellen 69
Mount-Wilson-Observatorium 71, *72 f.,* 86, *87*
M-Theorie (Superstringtheorie) 237
Mystizismus 116

N

NASA 108
Nebel *2,* 58, *78, 105, 166, 250*
Neutrinos *157,* 168-176, *172,* 179
Neutronenstern 92, 210, 250
Newton, Isaac 15, 49-55, *50, 53,* 62, 83 f., 114, 216, 250

– Principia Mathematica
  53
Nullpunkt, absoluter 97,
  99, 216

O

Oppenheimer, Robert
  188 f., *188, 190*
Orion, -nebel *2, 55,
  250*

P

Parsons, William 60, *61*
Pauli, Wolfgang *168,* 169
Penrose, Roger 100-103,
  101 f., 188, 190, 198 f.,
  198
Penzias, Arno *98,* 99 f.,
  108, 111, 216
Periodensystem 121 f.,
  121, 129
Pfadintegralmethode 245
Pferdekopfnebel *251*
Photon 205
Planck-Explorer-Projekt
  240 f., *241*
Plato 30
Plejaden *57*
Positron 145
Prisma 62
Ptolemäus 31 f. *31,* 36,
  216, 250 f.
Pulsar 92
Pythagoras 29 f., 114,
  116

Q

Quanten
  -beginn 247
  -fluktuationen 249
  -mechanik 178, 204-
    207, 232, 245
  -physik 176
  -theorie 114, 207, 222
  -theorie der Gravitation
    207, 245, 248 f.
  -universum 247
Quarks 233, *234,* 249
Quasare *162, 184,* 190,
  195, 211 ff., 218, 250

R

Radio
  -emissionen 184
  -signale 182 f.
  -teleskop 182, *183,*
    185
  -wellen 69
Radium *125 ff.,* 128
Reines, Frederick 169-
  172, *169,* 178
Relativitätstheorie (s. Einstein) 80-84, *82,* 100,
  103, 141, 231
Ripples *110*
Röntgenstrahlen 69,
  208
Rotverschiebung 70, 77
Rubin, Vera 154 f., *155,*
  163, 174
Rutherford, Ernst 132 ff.,
  133, 136 f., 146, 170

S

Satellit *228, 238 f.*
Saturn (Planet) 52
Schattenstab-Experiment
  24-29, 74
Schildkröten-Modell 22 f.
Schmidt, Marteen *184,*
  185
Schöpfungsidee 55, 86
Schwarzes Loch 6, 20,
  90 f., 102 f., *102, 180,*
  191 ff., *192,* 194 f., *195,*
  197-214, *207 f., 211,*
  230, 250
Sciama, Dennis 96, 100,
  101, 190
Science-fiction 198, 213
Seldowitsch, Jakow
  207 ff., *208*
SETI (Search for Extra-Ter-
  restrial Intelligence)
  -Institut 183 f.
Singularität, Singularitäts-
  prinzip 100, 102, *103,*
  199 f., 204-208, 213,
  230, 244-247
Skalarfeldtheorie 227
Smolin, Lee 230 f., *230*
Smoot, George 106-
  111, *107, 110,* 216,
  244
Soddy, Frederick 133
Sonne 64
Sonnenfinsternis 158
Spektralanalyse 155
Spektrum
  – des Lichts 63, *63*

  – der elektromagneti-
    schen Wellen 69
Sphärenharmonie 29
Spiralgalaxie *61, 75,* 153
Spooner, Neil *178*
Stabexperiment (s. Schat-
  tenstab-Experiment)
Steady-state-Theorie 88-
  92, 89, 96, 103
Stier (Sternbild) *57*
Streckeffekt 70
Strings, Stringtheorie
  233-237, *234, 236,*
  249
Supernova *92 f.,* 150,
  191, *195, 197,* 210,
  250
Szintillation 136

T

Teilchenbeschleuniger
  137, 140-144, 146 f.,
  205, 219
Teleskop *43,* 45, 55, 58,
  183, 186 f.
  – computergesteuertes
    159-162
  – Hooker- *72, 73*
  – Hubble- *93, 162,
    177, 200, 215*
  – Leviathan- 60, *61*
  – Newtonsches *53, 55*
  – Radio- *180,* 182,
    186 f., 208 f.
Texaskonferenz 185,
  188 ff., 198

Theorie der vielen Univer-
sen 226
Thomson, Joseph J.
134f., *135*
Thorium (Element)
133
Thorne, Kip 190, 210f.,
210
Topologie 198, 234f.
Tornado *20*
Transmutation 116,
133f.
Trifidnebel *166*
Tunnel (d. Universums)
213
Turok, Neil *241*
Twister-Theorie *199*

U

Ultraviolettes Licht 69
Unbegrenztheits-Postulat
247
Unschärferelation (s. Heisenberg)
Uran (Element) 122f.,
123
Uranus (Planet) 60
Uratom 85, 92
Uratom-Theorie *83*, 85f.,
92, 110, 247
Urknall 6, 20, 96, 103,
105, 106, 110f., 137,
147-150, 199, 204, 219,
219, 227, 244, 246,
249f.

V

Voyager (Raumfähre) *46*,
47

W

Walton, Ernest 146
Wandelsterne *29*, 30
Wehninger, Peter 212
Weight, Thomas *59*
Welle-Teilchen-Dualismus
205f., 232, 245
Wellen, elektromagneti-
sche 69
Wheeler, John 189-192,
190
Wilkinson, David 98

Wilson, Robert 99f., *99*,
108, 111, 216
WIMP (Weakly Interac-
ting Massive Particle)
20, *157*, 178f.
Witten, Ed 237, *237*,
248f.
Wright, Thomas 58, *59*
Wurmlöcher 20, 213
Wyckhoff, Susan 211f.

Z

Zeit, imaginäre 246f.
Zwerge, braune u. weiße
6, *90*, 91, 150, 159, 250
Zyklotron 146

BILDNACHWEIS

Bildredaktion: Frances Topp und Vivien Adelman
Artwork: Colin Pilgrim S. 26/7, 148/149, 220

Ace 225; Advertising Archives 127 (rechts); AIP Emilio Segrè Visual Archives 65 84, 97, 190;
Ancient Art and Architecture Collection 115, 117; Astronomical Society of the Pacific 155;
BBC Picture Archives 89; BFI 201 (oben); Birr Castle 61; Bridgeman Art Library 31, Giraudon (rechts),
33, 39 (rechts), 41(British Library), 48, 49; British Library 48 (links); Caltech145 (rechts), 184, 210;
Camera Press 169, 232; Carnegie Institution of Washington 72, 73; Cavendish Laboratory 135, 136,
137; Corbis 31 (links), 127 (links), 145 (links), 168 (links), 189; Cordon Art 199; ET Archive 40
(links); 55; Mary Evans 43 (oben); David Filkin 98 (links), 110, 121, 172, 178, 230, 237, 241; John
Frost 164, 245;Genesis Picture Library 93; Hulton Getty 26, 39 (links), 87, 99 (links), 191; Illustrated
London News 126; Image Bank 28, 66, 67; Kobal 201 (unten); Dmitri Linde 221; Magnum 188;
Manni Mason's Pictures 13, 16, 100; NASA 109; National Trust 53; Network Images 223; NHPA 231;
Novosti 208 (links); Roger Penrose 101; PhotoScala, Florence 43 (unten), 44, 45: Pictor 217; Popper-
foto 124, 168 (rechts); Justin Pumfrey/© BBC 249; St John's College, Cambridge 144; Science
Museum 50, 132, 135 (links), 158; Science Photo Library 8, 10, 18, 25, 34, 36, 40, 46, 47, 51, 54, 56,
59, 60, 67, 70, 75, 78, 81, 82, 83, 91, 94, 99 (rechts), 102, 108, 109, 111, 112, 119, 123, 125, 130,
133, 138, 139, 143, 152, 156, 160, 161, 162, 166, 173, 174, 177, 180, 182, 183, 186, 187, 192, 193,
194, 196, 198, 200, 202, 203, 206, 208, 209, 214, 219, 224, 228, 238, 239, 243, 251; Tony Stone 20,
21; Telegraph Colour Library 120; University of California 107,179